首批国家级一流本科课程
配套教材
江苏省高等学校重点教材

普通高校本科计算机专业特色教材·算法与程序设计

数据结构原理与应用学习及实验指导

徐　慧　主　编

周建美　丁　红　朱玲玲　副主编

清华大学出版社
北京

内 容 简 介

本书是江苏省高等学校重点教材《数据结构原理与应用》及《数据结构原理与应用实践教程》两本教材的配套教材。全书分两篇：学习辅导篇和实践指导篇。学习辅导篇对应《数据结构原理与应用》的 8 章。每一章有 4 部分：本章导学——给出本章知识架构；谜点解析——对教学过程中发现的学生理解不够充分的问题进行深度或广度上的剖析；要点集锦——给出归纳性和综合性的知识要点；习题解答——给出主教材每章习题解答和补充习题及解答。实践指导篇分为 8 章，包括两部分：《数据结构原理与应用》习题中的上机练习题题解和《数据结构原理与应用实践教程》"第 3 篇 设计篇"中实验任务源码。

本书源程序在 Visual Studio 6.0、VS 2010、Dev-C++ 等编译器中调试通过。源码可以在清华大学出版社官网下载。

本书作为配套教材，补充与拓展课堂教学内容，为学生课后学习与练习提供辅导。本书也可以单独供"数据结构"及相关课程学习或考研复习使用。

图书在版编目（CIP）数据

数据结构原理与应用学习及实验指导/徐慧主编. —北京：清华大学出版社，2023.11
普通高校本科计算机专业特色教材・算法与程序设计
ISBN 978-7-302-64455-2

Ⅰ.①数… Ⅱ.①徐… Ⅲ.①数据结构－高等学校－教材 Ⅳ.①TP311.12

中国国家版本馆 CIP 数据核字（2023）第 154004 号

责任编辑：袁勤勇 杨 枫
封面设计：常雪影
责任校对：郝美丽
责任印制：丛怀宇

出版发行：清华大学出版社
   网 址：https://www.tup.com.cn，https://www.wqxuetang.com
   地 址：北京清华大学学研大厦 A 座   **邮 编**：100084
   社 总 机：010-83470000   **邮 购**：010-62786544
   投稿与读者服务：010-62776969，c-service@tup.tsinghua.edu.cn
   质量反馈：010-62772015，zhiliang@tup.tsinghua.edu.cn
   课件下载：https://www.tup.com.cn，010-83470236
印 装 者：大厂回族自治县彩虹印刷有限公司
经 销：全国新华书店
开 本：185mm×260mm **印 张**：19.25 **字 数**：445 千字
版 次：2023 年 12 月第 1 版 **印 次**：2023 年 12 月第 1 次印刷
定 价：59.00 元

产品编号：101941-01

前 言

"数据结构"是一门有关程序设计理论与实践的基础性课程。 数据结构及算法类课程一般包括两大部分: 一是典型结构,包括典型的逻辑结构、典型的物理结构及典型结构在计算机中的实现; 二是常用算法,如查找、排序类。 逻辑结构用于实体的抽象,高性能的算法需要合适的存储设计和算法设计。 数据结构作为程序设计基础课,是编程能力进阶的必修课。 有效的数据结构课程学习可以提高读者用计算机求解问题时问题建模、分析问题、方案设计和解决问题的能力。 但要达到此目的,需充分理解理论知识,并把理论落实到实践中。

本书是江苏省重点教材《数据结构原理与应用》(ISBN:9787302589327,清华大学出版社出版)与《数据结构原理与应用实践教程》(ISBN:9787302623434,清华大学出版社出版)的配套教材。 本书为读者进行理论知识上的答疑解惑和实践活动中的排忧解难。

1. 知识梳理。 本书的第一篇(学习辅导篇)与主教材对应,分为 8 章,每一章的第 1 部分为 "由根及脉,本章导学"。 基于知识结构图,梳理本章的主要内容。 该部分向读者展现本章知识的全貌和知识架构。

2. 指点迷津。 学习辅导篇每一章的第 2 部分为 "拨云见日,谜点解析",根据教学过程中发现的学生学习的难点、谜点,进行深入剖析与说明。 学习指导篇每一章的第 3 部分为 "积微成著,要点集锦",给出基本的、总结性的和综合性的知识点。 这些内容可以帮助学生加深对基本概念的记忆与理解,提升认识。

3. 答疑解惑。 学习辅导篇每一章的第 4 部分为 "启智明理,习题解答"。 给出教材中所有习题的解析和补充的习题及其解答。 教材上的习题围绕教学内容,根据将知识转变成智慧所需的记忆、理解与应用 3 个阶段精心设计了填空题、简答题、应用题和算法设计题等多种题型; 补充的判断题和单项选择题,是学生自检自测最直接、方便且客观的方式。

4. 直观可用。 实践指导篇分为 8 章,分别对应主教材的 8 章。 主要包括两部分内容:(1)主教材《数据结构原理与应用》习题中的上机练习题题解;(2)实践教程《数据结构原理与应用实践教程》"第 3 篇 设计篇"中各实验任务的源码。 对每个任务,因在实践教程中已给出了算法设计思路和算法描述,本书仅给出源码相关的【设计说明】和【参考源码】,前者帮助读者快速读懂源码,后者给出实现参考。

编者以近二十年的教学积累成功建设了"数据结构"国家级一流本科课程,凝聚而成了《数据结构原理与应用》《数据结构原理与应用实践教程》《数据结构原理与应用学习及实验指导》系列教材。 站在工科教育最新起点上,定位教与学时空的契合点,关注读者的求索目标和心态需求,展现课程教与学的设计、思考与内容。 经过编者近三年的坚持,终于完成了系列教材的最后一部。 路虽远,行则将至;事虽难,做则必成。 思考中摸索,实践中提升,传承中进步,希望本系列教材得到读者的支持,不断成长,为新工科人才培养做出一份贡献。

感谢周建美老师、丁红老师和朱玲玲老师为本书所做的工作:周建美老师主要编写了第 3 章和第 4 章的习题解答,丁红老师主要编写了第 7 章和第 8 章的习题解答,朱玲玲老师主要编写了第 2 章和第 5 章的习题解答,徐慧老师编写了其余部分并进行统稿。 4 位编者共同完成了全稿的审阅校对工作。 在本书的编写出版中得到清华大学出版社的大力支持,在此表示深深的谢意! 特别感谢袁勤勇、杨枫等编辑对本系列教材的辛勤付出!

由于编者水平和时间有限,书中涉及的编程工作量大,难免有缺点和错误,恳请同行专家和读者批评指正,使本书在使用中不断精进。

编　者
2023 年 10 月

目 录

CONTENTS

第一篇　学习辅导篇

第二篇　实践指导篇

学习辅导篇

第 1 章 绪 论

1.1 由根及脉，本章导学

本章知识结构如图 1-1-1 所示。

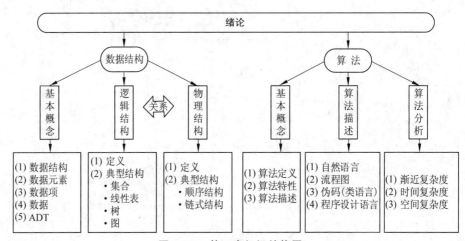

图 1-1-1　第 1 章知识结构图

本章内容分为两大部分：一是数据结构相关的基础知识，二是与算法相关的知识。

1.1.1 数据结构

与数据结构相关的内容分为 3 部分：基本概念、逻辑结构和存储/物理结构。

1. 基本概念

基本概念中包括下列术语：数据、数据元素、数据项、数据结构、抽象数据类型等，这些概念是学习与理解课程内容的基石。

2. 逻辑结构

逻辑结构是从具体问题域中抽象出的数学模型，从逻辑上描述数据元素之间的关系。典型的逻辑结构有集合、线性表、树和图。

3. 存储/物理结构

存储/物理结构是数据及其逻辑结构在计算机中的表示。典型的物理结构有顺序存储结构和链式存储结构。

1.1.2　算法

与算法相关的内容分为 3 部分：基本概念、算法描述及算法分析。

1. 基本概念

算法相关基本概念包括算法定义、算法特性及好算法特征。

算法是对特定问题求解步骤的一种描述，是指令的有限序列。其中每一条指令表示一个或多个操作。本课程中的"算法"仅狭义地指用计算机求解问题的方法。

算法具有有穷性、确定性、可行性、输入及输出 5 个特性。

好的算法应具有正确性、可读性、健壮性和高效性的特征。

2. 算法描述

算法描述用于给出问题求解方法（即算法）的步骤。算法描述语言有自然语言、流程图语言、伪码语言、程序设计语言等。在设计层面上一般不用源程序形式的算法描述。

3. 算法分析

算法分析包括时间和空间两方面，分别用算法的渐近时间复杂度和渐近空间复杂度表示，分析工具是函数的渐近上界 O。

1.2　拨云见日，谜点解析

1.2.1　数据元素

数据元素是数据的基本单位，在具体问题中，对应一个实体。如在学生信息管理系统中，一个数据元素表示一个学生的信息。客观世界实体有多个属性，属性对应于数据元素的数据项，在数据结构课程中要求属性具有原子性、整体性，所以，数据项是不可分割的最小的数据单位。

数据元素之间的关系具体指什么，由数据对象和问题域确定。例如：

（1）对于一维数组，下标的前、后有一对一的关系。

（2）对于表示目录结构的树，关系表示目录之间的所属关系，一个目录可能包含多个子目录，一个子目录只能隶属于一个上级目录。

（3）对于表示朋友关系的图，关系表示一个人可能有多个朋友，也可能多个人把他作为朋友。

1.2.2　数据结构、逻辑结构与物理结构

逻辑结构与存储结构是不同视角的数据结构。数据元素的逻辑关系表现为逻辑结构，数据元素存储上的关系表现为物理/存储结构。逻辑关系由问题域决定，是"面向问题"的；物理结构是逻辑结构在计算机上的实现，是"面向机器"的。

逻辑结构与物理结构两者有着紧密的关联。物理结构是逻辑结构在计算机上的实现。物理结构在实现逻辑结构时,需存储两方面内容:数据元素的值和数据元素之间的关系。

1.2.3 顺序存储与链式存储

顺序存储采用连续的内存空间,对内存的分配要求较高;顺序存储一般用存储位置表示数据元素之间的关系,存储密度高;顺序存储不能在原基础上进行扩容,可用容量有限。

链式存储采用不连续的内存空间,对内存分配的要求比较低;链式存储中一般用一个或多个指针表示数据元素之间的关系,存储密度<1;一个结点存储一个数据元素,对容量要求少;一般而言,链式存储在内存未用完时可以无限扩容。

1.2.4 数据结构的设计与选择

在选择或设计数据结构时,首先选择正确的逻辑结构,为所解问题建立正确的数学模型,即所选逻辑结构能够正确反映问题域中实体之间的关系。例如,学生人脉发现系统中,不能把学生看成按学号有序的线性表,需建立多对多关系的图模型。

其次,选择正确的物理结构。逻辑结构与存储结构形式之间没有必然的联系,同一种逻辑结构可以采用不同的存储结构。不同的存储结构决定解决问题的方法不一样,因此,要选择有利于高效算法设计的存储结构。

归纳起来,数据结构的选择与设计取决于以下3点。

(1) 逻辑结构正确表示问题域中数据元素之间的逻辑关系,并且此关系有利于算法设计;

(2) 物理结构有利于算法设计,最好是有助于高效算法的设计;

(3) 满足以上两点条件下,尽可能地高效使用内存。

1.2.5 程序与算法

算法与程序的定义和特性有共同之处,也有不同之处。

程序是一组按照特定顺序执行的指令集合,用于完成特定任务或解决问题。它由一系列编程语言中的语句和算法组成,可以在计算机或其他设备上运行。程序具备下列特性。

(1) 可执行性。程序可以被计算机或其他设备执行。

(2) 可编程性。程序可以被编写、修改和扩展。

(3) 输入和输出。程序可以接受输入数据,并产生相应的输出结果。

(4) 控制流。程序可以根据条件和循环来控制指令的执行顺序。

(5) 模块化和复用性。程序可以被分解为多个模块或函数,每个模块负责完成特定的功能。模块可以被复用。

算法是对特定问题求解步骤的一种描述,是指令的有限序列。其中每一条指令表示一个或多个操作。算法具有下列5个特性。

(1) 有穷性。指一个算法必须在有穷步之后结束,即必须在有限时间内完成。这里的有限时间指在可接受的时间范围内完成任务。不同性质的任务、不同的数据处理量,该时间范围都不一样。

（2）确定性。指算法的每一步必须有确切的定义,无二义性,即每个人的理解都一样。

（3）可行性。指每一步都可以通过已经实现的基本运算的有限次执行得以实现。一步可以是相对独立的一个操作,也可以是之前已实现的或可行的步骤组合。

（4）输入。指一个算法具有零个或多个输入。当一个算法不依赖于任何外部输入时,它可以被认为是具有零个输入。

（5）输出。指一个算法具有一个或多个输出。算法至少有一个输出结果,没有输出结果的算法,没有意义。

算法在计算机上实现后表现为程序,但程序不一定是算法。能够符合算法 5 个特性的程序,可以称为算法;不能具备算法 5 个特性的程序,不能称为算法。例如:

（1）死循环的程序不具有有穷性,不是算法;

（2）具有无限等待响应的程序,如操作系统,也不具备有穷性,也不是算法。

1.2.6 伪码与类语言算法描述

算法描述中的伪代码(简称为伪码)是介于自然语言和程序设计语言之间一种语言,它借用编程语言的基本语法,进行算法步骤描述。使描述简洁、少歧义、容易以任何一种编程语言实现。数据结构课程中常采用类语言的算法描述,是抽象级别较高的伪码形式。它将算法步骤和逻辑以类似代码的形式表示出来,包括变量、条件语句、循环语句等。类语言算法描述,抽象级别高但离源码最近,最易被转换成源码实现。本书采用的语言是 C++ ,称为"类 C++ "语言算法描述。

1.2.7 数据结构与抽象数据类型

数据结构研究"描述现实世界实体的数学模型(非数值计算)及其在计算机中的表示和操作实现"。在数据结构的研究内容中去掉与实现相关的部分,剩余部分(包括数据元素、数据元素之间的关系及其上操作的定义)即一个抽象数据类型。抽象数据类型常被作为定义数据逻辑结构和操作的一种工具。

抽象数据类型中操作集会因问题域不同而不同。为了不失一般性,数据结构课程中对每一种结构,定义其上的增、删、改、访问等最常用的操作。

1.2.8 数据结构与程序设计

数据结构是程序设计进阶的必修知识。数据结构的研究内容包括以下 3 个方面:

（1）描述现实世界实体的数学模型,即研究对象的逻辑结构;

（2）现实世界实体在计算机中的表示,即实体的存储/物理结构;

（3）操作的表示与实现,即算法的设计与实现。

用计算机求解问题时,有 3 件必须做的事:

（1）建立实体的逻辑结构;

（2）建立实体的存储结构;

（3）基于存储结构设计求解问题的算法。

显然，数据结构研究内容涵盖了程序设计的3件事。

数据结构相关知识是程序设计的指导；已实现的数据结构，可以作为程序设计的工具；课程学习中的编程训练有助于提高编程技能。

1.2.9　算法的时间复杂度分析

不同的算法，会采用不同的算法分析方法。如果语句频度可以直接计算出来，则用直接计算方法。如果语句频度不能直接计算，常用的分析方法如下。

（1）根据循环条件或其他条件建立相应的方程求解。

（2）如果能够穷尽所有可能，则可以通过等概率方式求解。线性表基本操作及查找算法性能分析多采用此方法。

（3）不能穷尽所有可能时，针对最坏情况进行分析。排序算法中多采用此方法。

（4）对于递归程序，可基于递归式子进行递推。但不是所有的递归程序均需由此思路进行。

1.3　积微成著，要点集锦

（1）数据是描述客观事物的数和字符的集合。

（2）数据元素是数据的基本单位，在计算机程序中通常作为一个整体进行考虑和处理。

（3）数据项是组成数据元素的、有独立含义的、不可分割的最小单位。

（4）数据对象是性质相同的数据元素的集合。

（5）数据结构指相互之间存在着一种或多种关系的数据元素的集合。

（6）逻辑结构和物理结构是不同视角的数据结构，前者是从逻辑上表现出的数据元素之间的关系，后者是从存储上体现出的数据元素之间的关系。

（7）逻辑结构表示数据元素之间的逻辑关系，与数据元素的值无关，与具体实现的计算机及编程语言无关。

（8）典型的逻辑结构以数据元素之间关系多少的区分如下。

集合：数据元素之间没有关系。

线性表：数据元素之间具有一对一的关系。

树：数据元素之间具有一对多的关系。

图：数据元素之间具有多对多的关系。

（9）物理/存储结构是逻辑结构在计算机上的实现。完备的存储设计，一要存储数据元素的值，二要存储数据元素之间的逻辑关系。

（10）顺序存储用一组连续的存储单元依次存储数据元素及其关系。顺序存储中常用下标映射元素之间的关系。

（11）链式存储采用不连续的存储空间存储数据元素及其关系。一般一个结点对应一个数据元素，数据元素之间的关系由指针表示。

（12）同一种逻辑结构可以采用不同的存储结构，不同的逻辑结构可以采用相同的存储结构。

(13) 抽象的数据类型由三元组(D，R，P)表示，其中，D 表示数据元素集合，R 表示数据元素之间关系集合，P 表示该结构上操作定义。D、R、P 称为抽象数据类型的三要素。

(14) 抽象的数据类型与数据结构的具体实现无关，仅表述数据结构的定义。

(15) 算法的有穷性指一个算法必须在有穷步之后结束，即必须在有限时间内完成。

(16) 算法的确定性指算法的每一步必须有确切的定义，无二义性。算法的执行对应着相同的输入，仅有唯一的路径。

(17) 算法的可行性指算法中的每一步都可以通过已经实现的基本运算的有限次执行得以实现。

(18) 算法的正确性指在合理的数据输入下，算法能够在有限的运行时间内得到正确的结果。

(19) 算法的可读性指算法描述应当思路清晰、层次分明、简单明了、易读易懂。

(20) 算法的健壮性指当输入数据非法时，算法能适当地做出正确反应或进行相应处理，不产生莫名其妙的结果。

(21) 算法的高效性指算法有较高的时间效率并能有效使用存储空间。

(22) 伪代码(简称为伪码)是介于自然语言和程序设计语言之间的一种语言，通过一定的抽象降低算法描述的冗长和歧义。

(23) 类语言算法描述是一种抽象级别最高的伪码，采用函数形式。简单的算法通常用一个函数，复杂算法可能需要几个函数。

(24) 算法通过编程在计算机上的实现表现为程序，即程序设计语言的源码。

(25) 算法分析采用事前估算法，因此，一般不用源程序进行分析。

(26) 常见的渐进复杂度有常量阶 $O(1)$、线性阶 $O(n)$、平方阶 $O(n^2)$、对数阶 $O(\log_2 n)$、指数阶 $O(2^n)$，增长率大小关系为 $O(1) < O(\log_2 n) < O(n) < O(n\log_2 n) < O(n^2) < O(n^3) < O(2^n)$。

(27) 算法分析包括时间和空间复杂度分析，分析算法的目的是分析算法效率以求改进。

(28) 算法的渐近时间复杂度 $T(n)$ 表示算法所需时间随问题规模 n 的渐近增长趋势。根据 O 计算的多项式规则，只需分析算法中频度最高语句的频度。

(29) 渐近空间复杂度 $S(n)$ 表示算法的执行过程中需要的辅助空间数量随问题 n 的渐近增长趋势。辅助空间指对数据进行操作的工作单元和存储一些为实现计算所需信息占据的存储空间。

1.4　启智明理，习题解答

1.4.1　主教材习题解答

一、填空题

1. 数据的基本单位是_____，通常对应现实世界的一个实体。

【答案】　数据元素

【知识点】　数据元素定义

2. 逻辑结构是根据____①____来划分的,典型的逻辑结构有___②___、___③___、___④___和____⑤____。

【答案】　①数据元素之间的关系;②集合;③线性表;④树;⑤图

【知识点】　逻辑结构

3. 存储结构指___①___,两种基本的存储结构是___②___和___③___,无论哪种存储结构,都要存储两方面的内容:___④___和___⑤___。

【答案】　①数据及其逻辑结构在计算机中的表示;②顺序存储;③链式存储;④数据元素;⑤数据元素之间的关系

【知识点】　存储/物理结构

4. 好的算法有4方面的要求,即___①___、___②___、___③___和___④___。

【答案】　①正确性;②可读性;③健壮性;④高效性

【知识点】　评价算法优劣的基本标准

5. 算法有5个特性,分别是___①___、___②___、___③___、___④___和___⑤___。

【答案】　①有穷性;②确定性;③可行性;④输入;⑤输出

【知识点】　评价算法优劣的基本标准

6. 算法的描述方法有___①___、___②___、___③___和___④___4种,类语言描述属于其中的___⑤___。

【答案】　①自然语言;②流程图;③伪码;④程序设计语言(源程序);⑤伪码

【知识点】　算法描述方法

7. 算法的效率度量包括两个方面,分别是___①___和___②___。

【答案】　①时间;②空间

【知识点】　算法分析

8. 运算符 O 表示___①___,用它度量算法效率的两个方面,分别称为___②___和___③___。

【答案】　①增长趋势;②渐近时间复杂度;③渐近空间复杂度

【知识点】　算法分析

9. 抽象数据类型的三要素分别是___①___、___②___和___③___。

【答案】　①数据元素集合;②数据元素之间关系集合;③操作定义

【知识点】　抽象数据类型定义

二、简答题

1. 有下列几种二元组表示的数据结构,试画出它们分别对应的图形表示,并指出它们分别属于何种结构。

(1) $A=(D,R)$,其中,$D=\{a_1,a_2,a_3,a_4\}$,$R=\{\ \}$。

(2) $B=(D,R)$,其中,$D=\{a,b,c,d,e\}$,$R=\{(a,b)(b,c)(c,d)(d,e)\}$。

(3) $C=(D,R)$,其中,$D=\{a,b,c,d,e,f,g\}$,$R=\{(d,b)(d,g)(b,a)(b,c)$,$(g,e)(e,f)\}$。

(4) $K=(D,R)$,其中,$D=\{1,2,3,4,5,6\}$,$R=\{\ <1,2>,<2,3>,<2,4>,<3,4>,<3,5>,<3,6>,<4,5>,<4,6>\}$。

【答】 (1) 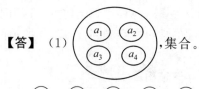,集合。

(2) ,线性表。

(3) 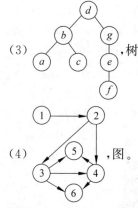,树。

(4) ,图。

【分析】 在(1)中,数据元素之间没有任何联系,只是同属一个集合。在(2)中,数据元素之间具有一对一的关系,为线性表。在(3)中,数据元素之间具有一对多的层次关系,为树。在(4)中,数据元素之间具有多对多的关系,为图。

【知识点】 典型的逻辑结构

2. 将下列函数按它们在 $n \to \infty$ 时从小到大排序。

$n, n-n^3+7n^5, n\log_2 n, 2^{n/2}, n^3, \log_2 n, n^{1/2}, n^{1/2}+\log_2 n, (3/2)^n, n!, n^2+\log_2 n$

【答】 $\log_2 n < n^{1/2} < n^{1/2}+\log_2 n < n < n\log_2 n < n^2+\log_2 n < n^3 < n-n^3+7n^5 < 2^{n/2} < (3/2)^n < n!$

【分析】 解此题,有以下 4 个关键点:

(1) $n^{1/2} < n < n^2 < n^3 < \cdots$,对于 n^k,k 越大,n^k 增长越快。

(2) $\log_2 n < n^{1/2}$。

(3) 在多项式中,取增长最快的,因此 $n-n^3+7n^5$ 中只需考虑 n^5,$n^{1/2}+\log_2 n$ 中只需考虑 $n^{1/2}$,$n^2+\log_2 n$ 中只需考虑 n^2。

(4) $2^{n/2} < (3/2)^n$,随着 n 的增大,指数的增长作用大于底数。

【知识点】 渐近复杂度

3. 当为某一问题选择数据结构时,应从哪些方面进行考虑?

【答】 见谜点解析 4。

4. 程序是算法吗?

【答】 符合算法 5 个特性的程序是算法;否则,不是算法。因此,有的程序是算法,有的程序不是算法。详见谜点解析 5。

【知识点】 算法定义

5. 举例说明:一种逻辑结构可以选择不同的存储结构。

【答】 如线性表,既可以采用顺序存储,也可以采用链式存储。

【分析】　逻辑结构与存储结构之间没有一一对应关系。一种逻辑结构可以选用不同的存储结构,形成不同特性,适合不同的问题域。后续的学习中会碰到许多这样的示例。

【知识点】　逻辑结构、存储结构

6.举例说明:不同的逻辑结构可以选择同一种存储结构。

【答】　例如,线性表和树属不同的逻辑结构,一个为线性结构,一个为树结构,但两者均可采用顺序存储。

【分析】　存储结构与逻辑结构之间没有一一对应关系。事实上,无论顺序存储还是链式存储,均可以实现集合、线性表、树和图的存储。后续的学习中将一一可见。

【知识点】　逻辑结构、存储结构

7.分析下列算法的时间复杂度。

(1)
```
void fun(int n)
{ x=0 ;y=0
 for(i=0; i<n; i++)
     for(j=0; j<n; j++)
         for(k=0; k<n; k++)
             x=x+y;            // ①
}
```

【答】　由算法描述可见,语句①是执行频次数量级最高的语句之一,其执行次数为 $f(n)=n*n*n$,算法的时间复杂度 $T(n)=O(n*n*n)=O(n^3)$。

【分析】　此题中,最高频语句执行次数可以通过已知的循环次数计算出,因此,采用直接计算的方法。

(2)
```
x=1;
for(i=1;i<=n; i++)
    for(j=1; j<=i;j++)
        x++;                // ②
```

【答】　该段算法描述中,语句 ②是执行频次数量级最高的语句之一,其执行次数为

$$f(n)=f(n)=\sum_{i=1}^{n}\sum_{j=1}^{i}1=\sum_{i=1}^{n}i=\frac{n(n+1)}{2}$$

因此该算法的时间复杂度 $T(n)=O(n^2)$。

【分析】　此题的最高频语句执行次数也可以通过已知的循环次数计算出,因此,同(1)采用直接计算的方法。

(3)
```
i=1; k=0;
while(i<=n)
{ k=k+2*i;         //③
  i++;             //④
}
```

【答】　语句③和④都是执行频次数量级最高的语句,以语句③为例,其执行次数

$f(n)=n$,因此算法的时间复杂度为 $T(n)=O(n)$。

　　【分析】　此题的最高频语句执行次数也可以通过已知的循环次数计算出,因此,同(1)采用直接计算的方法。

(4)
```
void fun(int n)
{ int y=0;
  while(y * y<=n)
      y++;
}
```

　　【答】　每循环一次,y 增 1,设循环次数为 $f(n)$,则 $y=f(n)$。

　　由循环条件可知:$f(n)^2<=n$,$f(n)<=n^{1/2}$,因此算法的时间复杂度 $T(n)=O(n^{1/2})$。

　　【分析】　此题中循环变量 y 在循环体中发生改变,因此不能直接计算出循环次数。但如果先假设循环次数,根据循环条件可以得到循环次数需满足的条件方程,由方程即可计算出循环次数。

　　此题采用了先假设语句频度,然后通过方程求解语句频度的方法。

　　【知识点】　时间复杂度分析

三、算法设计题

　　1. 求一组整型数组 $A[n]$ 中的最大值和最小值。给出求解问题性能尽可能好的算法类语言描述。

　　【解】　算法思想:扫描一遍数组,同时求最大值和最小值。时间复杂度为 $O(n)$。

　　算法描述如下:

```
void MaxMin(int A[], int n, int &max,int &min)
{ max=min=A[0];              //设第 1 个元素值为最大、最小值
  for(i=1;i<n;i++)           //扫描数组
  {
      if(a[i]>max)
         max=a[i];           //当前值大,替换最大值
      if(a[i]<min)
         min=a[i];           //当前值小,替换最小值
  }
}
```

　　【分析】　题目中要求"尽可能好的算法",因此,采用一遍扫描,同时求最大、最小值。

　　2. 有 N 枚硬币,其中至多有一枚假币,假币偏轻。设用一架天平找出假币,分别给出 $N=6$ 和 $N=7$ 时的算法的流程图描述,说明算法的时间复杂度和空间复杂度。

　　【解】　用天平求解问题,即通过比较硬币的重量解决问题。性能较好的是采用二分法查找,以 $N=6$ 为例,设 6 枚硬币的重量分别为 a,b,c,d,e,f,算法流程图如图 1-1-2 所示。

　　具体的查找过程如下。

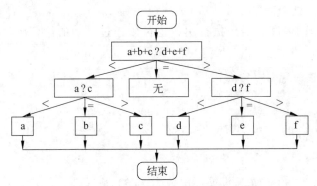

图 1-1-2　6 枚硬币的二分查找流程图

Step 1. 将 6 枚硬币每组 3 枚分为两组,放在天平两侧比重量;

Step 2. 如果两组一样重,无假币,查找结束;

Step 3. 如果两组不一样重,对轻的一组,进行二分比较。

　　3.1 对于 3 枚硬币,从中任取两枚放于天平两侧,轻的那枚为假币;

　　3.2 如果相等,剩余的那枚为假币。

6 枚硬币最多比较 3 次。N 枚硬币最多可进行 $\lceil\log_2(N+1)\rceil$ 次划分,因此,最多的比较次数为 $\lceil\log_2(N+1)\rceil$,算法的时间复杂度为 $O(\log_2 N)$。比较过程无须借用其他变量,空间复杂度为 $O(1)$。

【分析】　该问题也可以通过两两比较进行查找,采用如图 1-1-3 所示的方法一或方法二。

（a）方法一　　　　　　　　　　　　　　　（b）方法二

图 1-1-3　两两比较示意图

　　对于 N 枚硬币,方法一最多比较 $\lceil N/2\rceil$ 次,方法二最多比较 $N-1$ 次,时间复杂度均为 $O(N)$,效率比较低。

　　3. 假定一维整型数组 $a[n]$ 中的每个元素均在 $[0,200]$ 内,编写算法,分别统计落在 $[0,20]$,$[21,50]$,$[51,80]$,$[81,130]$,$[131,200]$ 等各区间的元素个数。给出算法描述并分析算法的时间复杂度。

　　【解】　设置两个工作数组:(1)设 5 个计数器 $c[5]$,依次对应 5 个区间,计数器初值为 0。(2)一维数组 $d[5]$,存储各区间上限。

　　最好的算法是扫描一遍数组。对每个数据与各区间上限比较,数据落在哪个区间,该区间计数器增 1。算法描述如下:

```
void Count(int a[],int n,int c[5])        //数据存储于 a[n],结果存于 c[5]
{   int d[5]={20,50,80,130,200};          //初始化存储各区间上限
    for(i=0;i<5;i++)                      //计数器初始化
```

```
        c[i]=0;
    for(i=0;i<n;i++)              //顺序处理各数据
    {   for(j=0;j<5;j++)          //从小到大与上界 d[j]比较
            if(a[i]<=d[j])        //小于或等于第 j 个上界
            {   c[j]++;           //第 j 个计数器 c[j]增 1
                break;
            }
    }
}
```

扫描数组一遍,5 个区间表明每个数最多比较 5 次,算法的时间复杂度为 $O(5n)=O(n)$。

4. 求多项式 $f(x)$ 的算法可以根据下列两个公式之一来设计。

(1) $f(x)=a_nx^n+a_{n-1}x^{n-1}+\cdots+a_1x+a_0$;

(2) $f(x)=a_0+(a_1+(a_2+\cdots+(a_{n-1}+a_nx)x)\cdots)x)x$, n 表示 n 层括号。

分析两种思路的算法时间复杂度。

【解】 式(1)的计算方法:分别计算每一项并进行累加。加法运算次数最多为 n;每一项乘法的运算次数分别为 $n+1,n,n-1,\cdots,2,1,0$,合起来,加法和乘法的运算次数为 $n+1+n+n-1+\cdots+1+n$,算法的时间复杂度 $T(n)=O(n^2)$。

式(2)的计算方法是高幂项是在低幂项基础上做乘法,循环中做一个加法和一个乘法,n 项共做 n 次乘法和 n 次加法。因此,算法时间复杂度为 $O(n)$。

【分析】 式(1)的算法描述如下。

```
float fun_1(float a[],int n,float x)
{   sum=a[0];                //和初值为第 1 个元素
    for(i=1;i<=n;i++)
    {   x=1;
        for(j=1;j<=i;j++)    //第 i 项做 i 次乘法
            x=x * x;
        sum=sum+a[j] * x;    //乘系数并累加
    }
}
```

从算法描述中可见,对第 i 项需做 $i+1$ 次乘法和做一次加法。因此,总的乘法次数为 $n+1+n+n-1+\cdots+1=n(n+1)/2$,总的加法次数为 n 次。算法的时间复杂度为 $T(n)=O(n(n+1)/2+n)=O(n^2)$。

式(2)的算法描述如下。

```
float fun_2(float a[],int n,float x)
{   sum=a[n];                //从幂最高项开始
    for (i=n; i>0; i--)      // n 项循环 n 次,a0 项不需要做乘法
        sum=sum * x+a[i-1];
}
```

从算法描述中可见，只有一层循环，循环次数为 n，因此，算法时间复杂度为 $O(n)$。

1.4.2　自测题及解答

一、判断题

1. 数据元素是数据的最小单位。

【答案】　错误

【解析】　数据元素是数据的基本单位，数据元素由多个数据项组成，因此，数据项是数据的最小单位。

【知识点】　数据元素定义、数据项定义

2. 数据的逻辑结构是指数据元素之间的逻辑关系。

【答案】　正确

【解析】　逻辑结构定义如此。

【知识点】　逻辑结构

3. 数据的逻辑结构说明数据元素之间的顺序关系，它依赖于计算机的存储结构。

【答案】　错误

【解析】　数据的逻辑结构表示数据元素之间的逻辑关系。该关系有多种，一般以元素之间关系多少区分，且不依赖于存储结构。

【知识点】　逻辑结构

4. 如果数据元素值发生改变，则数据的逻辑结构也随之改变。

【答案】　错误

【解析】　数据的逻辑结构指数据元素之间的逻辑关系，不会因数据元素值的改变而改变。

【知识点】　逻辑结构

5. 顺序存储方式只能用于存储线性结构。

【答案】　错误

【解析】　顺序存储和链式存储是两种最基本的存储结构。其中任何一种既可用于存储线性结构，也可以用于存储非线性结构。

【知识点】　存储结构

6. 链式存储结构通过指针表示数据元素之间的关系。

【答案】　正确

【解析】　链式存储中一般一个结点对应一个数据元素，数据元素之间的关系由指针表示。

【知识点】　链式存储

7. 顺序存储方式的优点是存储密度大，且插入、删除运算效率高。

【答案】　错误

【解析】　顺序存储的存储密度大，但是顺序存储要求数据元素一个挨一个按顺序存放，插入、删除时会涉及元素的移动，不具有效率高的特点。

【知识点】　顺序存储

8. 逻辑结构不同的数据必须采用不同的存储结构。

【答案】　错误

【解析】　逻辑结构不同的数据可以采用相同的存储结构,如线性表、堆栈、队列、树等都有顺序存储方式。

【知识点】　逻辑结构、存储结构

9. 抽象数据类型指的是某种特定的数据类型。

【答案】　错误

【解析】　抽象数据类型(ADT)是一个数据逻辑结构及定义在该结构上的一组操作的总称,不是某种特定的数据类型。

【知识点】　抽象数据类型定义

10. 抽象数据类型与计算机内部表示和实现无关。

【答案】　正确

【解析】　抽象的数据类型给出数据逻辑结构及其上的操作定义,与实现无关。因此,与计算机内部表示和实现无关。

【知识点】　抽象数据类型

11. 算法的可行性是指算法的步骤是有限的,且每一步在有限时间内可完成。

【答案】　错误

【解析】　算法的可行性是指算法中的每一步都可以通过已经实现的基本运算的有限次执行得以实现。

【知识点】　算法特性

12. 因为算法可以用计算机语言描述,所以算法等同于程序。

【答案】　错误

【解析】　程序不一定满足算法的 5 个特性,算法不能等同于程序,详见 1.2.5 节。

【知识点】　算法定义

13. 算法的优劣与算法描述语言无关,但与所用计算机有关。

【答案】　错误

【解析】　算法是对特定问题求解步骤的一种描述,是指令的有限序列。与算法描述语言无关,更与计算机无关。

【知识点】　算法定义

14. 健壮的算法不会因非法的数据输入而出现莫名其妙的状态。

【答案】　正确

【解析】　算法的健壮性指当输入数据非法时,能适当地作出正确反应或进行相应处理,而不产生莫名其妙的结果。

【知识点】　评价算法优劣的基本标准

15. 算法的确定性是指对于合理的输入,给出正确的结果。

【答案】　错误

【解析】　算法的确定性指算法的每一步必须有确切的定义,无二义性。算法的执行对应着相同的输入仅有唯一的路径。

【知识点】 算法特性

16．算法 A 和算法 B 用于求解同一问题，算法 A 的最好时间复杂度为 $O(n)$，而算法 B 的最坏时间复杂度为 $O(n^3)$，则算法 A 好于算法 B。

【答案】 错误

【解析】 应该同时比较最坏的情况。

【知识点】 时间复杂度

17．一个算法的空间复杂度为 $O(1)$，表示执行该算法不需要任何临时空间。

【答案】 错误

【解析】 空间复杂度为 $O(1)$，表示所需的辅助空间与问题规模无关，不会随问题规模的变化而变化。

【知识点】 空间复杂度

二、单项选择题

1．如果一个结构中数据元素之间存在一个对多个的关系，则此结构为（　　）。

    A．集合结构   B．线性结构   C．树形结构   D．图结构

【答案】 C

【解析】 树结构中数据元素之间存在一对多的关系。正确答案是 C。

【知识点】 逻辑结构

2．在数据结构中，从逻辑上可以将其分为（　　）。

    A．动态结构和静态结构   B．紧凑结构和非紧凑结构

    C．内部结构和外部结构   D．线性结构和非线性结构

【答案】 D

【解析】 典型的逻辑结构有集合、线性表、树和图。除线性结构外，其余 3 种属于非线性结构。正确答案是 D。

【知识点】 逻辑结构

3．顺序存储设计时，存储单元的地址（　　）。

    A．一定连续   B．一定不连续

    C．不一定连续   D．部分连续，部分不连续

【答案】 A

【解析】 顺序存储空间分配的是一组连续的内存空间，地址上一定是连续的。正确答案是 A。

【知识点】 顺序存储

4．数据采用链式存储结构时要求（　　）。

    A．每个结点占用一片连续的存储空间

    B．所有结点用一片连续的存储区域

    C．结点的最后一个数据域是指针类型

    D．每个结点有多少个后继就设多少个指针

【答案】 A

【解析】 链式存储按结点进行内存分配，一个结点占用一片连续的内存空间；但不同

结点一般不在连续存储区域。链式存储中用指针存储关系,指针域位置没有规定,任何位置均可,画图时经常放在最后,只是方便画图。多个后继可以设置多个指针域,也可以只设一个指针域指向其中某个后继,然后通过其他方式存储其他后继。正确答案是 A。

【知识点】 链式存储

5. 在计算机中算法指的是解决某一问题的有限运算序列,它必须具备输入、输出、( )。

    A. 可行性、可移植性和可扩充性   B. 可行性、有穷性和确定性
    C. 确定性、有穷性和稳定性   D. 易读性、稳定性和确定性

【答案】 B

【解析】 可行性、有穷性、确定性、输入和输出是算法的 5 个特性。正确答案是 B。

【知识点】 算法特性、评价算法优劣的基本标准

6. 若一个算法的时间复杂度用 $T(n)$ 表示,其中 n 的含义是( )。

    A. 语句条数   B. 循环层数   C. 函数数量   D. 问题规模

【答案】 D

【解析】 算法的时间复杂度表示算法所需时间随问题规模 n 的增长趋势。正确答案是 D。

【知识点】 算法分析

7. 已知 n 是一个正数,下面代码的时间复杂度是( )。

```
s=0;
for(i=1;i<=n; i++)
    for(j=1; j<=n; j+=n/2)
        for (k=1; k<=n; k=2*k)
            s=i+j+k;
```

    A. $O(n^3)$ B. $O(n(\log_2 n)^2)$
    C. $O(n^2\log_2 n)$ D. $O(n\log_2 n)$

【答案】 D

【解析】 外循环次数为 n,第 2 层循环次数为 2,第 3 层循环次数为 $\lfloor\log_2 n\rfloor$,因此,算法的时间复杂度为 $O(n\log_2 n)$。正确答案是 D。

【知识点】 时间复杂度分析

8. 下列求阶乘的递归算法的时间复杂度为( )。

```
int fact(int n)
{   if(n<=1)
        return 1;
    else
        return n*fact(n-1);
}
```

    A. $O(\log_2 n)$ B. $O(n)$ C. $O(n\log_2 n)$ D. $O(n^2)$

【答案】 B

【解析】 求 $n!$ 时递归调用 n 次 fact()，每次执行 0 或 1 次乘法，算法时间杂度为 $O(n)$。或分析"*"标记语句的执行频度，该语句的执行频度 $=0+1+1+\cdots+1=n-1$。正确答案是 B。

【知识点】 递归程序时间复杂度分析

9. 当输入非法时，"好"的算法会进行适当处理，而不会产生难以理解的输出结果，这称为算法的(　　)。

　　A. 可读性　　　　B. 健壮性　　　　C. 正确性　　　　D. 有穷性

【答案】 B

【解析】 算法"健壮性"的定义表明正确答案是 B。

【知识点】 评价算法优劣的基本标准

10. 算法分析的目的是(　　)。

　　A. 找出数据结构的合理性　　　　B. 研究算法中的输入和输出的关系
　　C. 分析算法的效率以求改进　　　　D. 分析算法的易读性

【答案】 C

【解析】 通过算法分析可知算法的时间效率与空间效率，由此可确定是否需改进提高性能。正确答案是 C。

【知识点】 算法分析

11. 计算算法的时间复杂度属于一种(　　)。

　　A. 事前统计的方法　　　　B. 事前分析估算的方法
　　C. 事后统计的方法　　　　D. 事后分析估算的方法

【答案】 B

【解析】 算法效能分析方法分为事后统计法和事前分析估算法。事后统计法是在算法实现后，通过运行程序测算其时间和空间开销。该方法的缺点是花费较多的时间和精力，并且所得实验结果依赖于计算机软、硬件等环境因素。因此，通常采用事前分析估算法，即不实现算法，就算法策略本身进行效能分析。正确答案是 B。

【知识点】 算法分析

12. 某算法的时间复杂度为 $O(n)$，表示该算法的(　　)。

　　A. 执行时间是 n　　　　B. 执行时间与 n 呈线性增长关系
　　C. 执行时间不受 n 的影响　　　　D. 以上都不对

【答案】 B

【解析】 $O(n)$ 表示函数的增长趋势与 n 增长趋势一致，即为线性增长关系。正确答案是 B。

【知识点】 时间复杂度定义

13. 算法的空间复杂度是指(　　)所占用的存储空间的大小。

　　A. 算法中的数据　　　　B. 算法的代码
　　C. 算法的代码与数据　　　　D. 算法中需要的临时变量

【答案】 D

【解析】　根据算法复杂度定义可知正确答案是 D。

【知识点】　算法分析

14. 设计一个"好"的算法应达到的目标为(　　)。

　　A. 正确性、可读性、健壮性及有穷性

　　B. 正确性、可读性、健壮性及可行性

　　C. 正确性、可读性、健壮性及确定性

　　D. 正确性、可读性、健壮性及效率与低存储量需求

【答案】　D

【解析】　可行性、有穷性、确定性是算法的特性,"好"算法要求：正确性、可读性、健壮性和高效率。正确答案是 D。

【知识点】　评价算法优劣的基本标准

第 **2** 章　　　　线　性　表

2.1　由根及脉，本章导学

本章知识结构如图 1-2-1 所示。

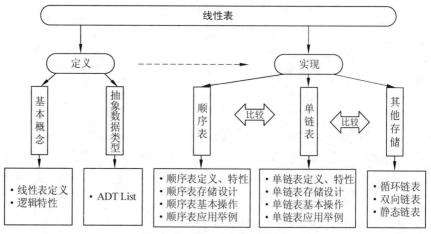

图 **1-2-1**　第 **2** 章知识结构图

　　本章内容分为两大部分：线性表的定义和线性表的实现，实现中包括顺序存储和链式存储等。链表存储以单链表为主要介绍内容，其余需学习者触类旁通。

2.1.1　线性表的定义

　　线性表的定义相关内容分为基本概念与抽象数据类型 ADT List。

1. 基本概念

基本概念包含线性表的定义和特性。

　　线性表是由零个或多个具有相同类型的数据元素的有限序列组成的线性结构，具有以下特性：①第一个元素（首元）没有前驱；②最后一个元素（尾元）没有后继；③其余元素有唯一前驱和唯一后继。

2. ADT List

线性表抽象数据类型 ADT List 给出线性表的逻辑结构及其上基本操作的定义。基本操作中定义了 13 种操作。

抽象数据类型中的基本操作集可以因不同的问题域进行增删。

2.1.2 顺序表

顺序表中包括顺序表定义和特性、存储设计、基本操作算法和应用举例 4 部分。

1. 顺序表定义和特性

顺序表是采用顺序存储结构的线性表。顺序表具有按位序访问的随机性、存储的连续性和容量的有限性。

2. 顺序表存储设计

顺序表的存储定义如下:

```
template <class DT>
struct SqList                        // 顺序表类型名
{  DT * elem;                        // 基址
   int size;                         // 表容量
   int length;                       // 表长,即表中数据元素个数
};
```

3. 顺序表基本操作算法

主教材中给出 ADT List 定义的 13 个基本操作中 9 个操作的算法设计、描述与分析。

(1) 初始化顺序表(算法 2.2):创建一个空的顺序表。在顺序表操作中,首先需执行该操作。

(2) 创建顺序表(算法 2.3):创建顺序表的 n(n 小于或等于表长)个数据元素,时间复杂度为 $O(n)$。

(3) 销毁顺序表(算法 2.4):释放顺序表所占内存。应用程序结束前应执行此操作。

(4) 按位序 i 查找(算法 2.5):返回位序为 i(i 为小于或等于表长且大于 1 的正整数)的数据元素,即 L.elem$[i-1]$,下标从 0 开始,与位序差 1,时间复杂度为 $O(1)$。

(5) 按值查找(算法 2.6):返回值为 e 的元素位序,采用顺序查找方法。等概率条件下,查找成功的平均查找长度为 $\dfrac{n+1}{2}$,时间复杂度为 $O(n)$。

(6) 按位序 i 插入元素(算法 2.7):在指定位序 i(i 为小于或等于表长+1 且大于 1 的正整数)处插入一个新元素。在表长小于表容量的条件下,插入元素需将第 n 个~第 i 个元素依次后移一个位序,表长增 1。等概率条件下,时间复杂度为 $O(n)$。

(7) 按位序 i 删除元素(算法 2.8):删除指定位序 i(i 为小于或等于表长且大于 1 的正整数)的数据元素。删除元素需将第 $i+1$ 个~第 n 个元素依次前移一个位序。等概率条件下,时间复杂度为 $O(n)$。

(8) 按位序 i 修改元素值(算法 2.9):即修改 L.elem$[i-1]$ 的值,i 为小于或等于表长且大于 1 的正整数,时间复杂度为 $O(1)$。

（9）遍历输出（算法 2.10）：按位序依次输出数据元素值，时间复杂度为 $O(n)$。

其余 4 个算法因非常简单仅给出了算法思想，它们是测表空、测表满、测表长和清空表。

4. 顺序表应用举例

顺序表应用举例给出了顺序表逆置和一元多项式求和两个问题的求解。

（1）顺序表逆置，即把元素的顺序由 $(a_1, a_2, \cdots, a_{n-1}, a_n)$ 变成 $(a_n, a_{n-1}, \cdots, a_2, a_1)$，最高效的方法是把正数第 i 个位置上的元素与倒数第 i 个位置上的元素互换，如图 1-2-2 所示，共需进行 $\lfloor n/2 \rfloor$ 次互换，时间复杂度为 $O(n)$，空间复杂度为 $O(1)$。

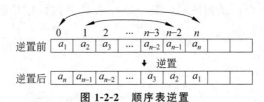

图 1-2-2　顺序表逆置

（2）一元多项式求和，按幂的升序依次把各项系数存入顺序表，求 $f_a(x) + f_b(x)$，只需相同下标项求和。时间复杂度为 $O(\max(m, n))$，m 和 n 分别为两个多项式的项数。

2.1.3　单链表

单链表中包括单链表定义和特性、存储设计、基本操作算法和应用举例 4 部分。

1. 单链表定义和特性

单链表是采用链式存储结构且只有一个指针域的线性表。单链表具有访问顺序性、结点存储独立性和空间的可扩性。

2. 单链表存储设计

单链表的结点定义如下：

```
template <class DT>
struct LNode                 //结点类型名
{  DT  data;                 //数据域,存储数据元素
   LNode * next;             //指针域,指向后继结点
};
```

单链表用头指针标识，变量申请语句为"LNode<DT>　*L;"。

3. 单链表基本操作算法

针对有头结点的单链表，给出了以下 10 个算法的设计、描述与分析。

（1）初始化单链表（算法 2.14）：创建仅有头结点的空单链表。单链表操作中，首先需执行该操作。

（2）创建单链表：创建单链表的 n 个数据元素，分别有尾插（算法 2.15）和头插（算法 2.16）两种方法。尾插法按元素顺序依次创建，头插法逆元素顺序依次创建，时间复杂度为 $O(n)$。

(3) 销毁单链表(算法 2.17)：释放单链表所有结点所占的内存,包括头结点。应用程序结束应该执行此操作,时间复杂度为 $O(n)$。

(4) 按位序 i 查找(算法 2.18)：顺序数结点,返回第 i 个结点位置或数据元素。等概率条件下,查找成功的平均查找长度为 $(n+1)/2$,时间复杂度为 $O(n)$。

(5) 按值查找(算法 2.19)：顺序查找和数结点,返回值为 e 的元素位序。等概率条件下,查找成功的平均查找长度为 $(n+1)/2$,时间复杂度为 $O(n)$。

(6) 按位序 i 插入元素(算法 2.20)：定位到第 $i-1$ 个结点处,定位成功后创建新结点并插在第 $i-1$ 个结点后。等概率条件下,时间复杂度为 $O(n)$。

(7) 按位序 i 删除元素(算法 2.21)：定位到第 $i-1$ 个结点处,定位成功后,从链表中摘除第 $i-1$ 个结点后的结点并释放其所占内存。等概率条件下,时间复杂度为 $O(n)$。

(8) 按位序 i 修改元素值(算法 2.22)：定位到第 i 个结点处,定位成功后,给该元素结点重新赋值。等概率条件下,时间复杂度为 $O(n)$。

(9) 测表长(算法 2.23)：顺序数结点,返回结点个数,时间复杂度为 $O(n)$。

(10) 遍历输出(算法 2.24)：从首元开始依指针方向顺序输出数据元素值,时间复杂度为 $O(n)$。

单链表中不存在表满,其余两个算法仅给出了算法思想,介绍如下。

(1) 测表空：头结点指针域为 NULL 时,为空表。

(2) 清空表：销毁除头结点外的所有结点。

4. 单链表应用举例

为了对比,单链表中给出了与顺序表相同的两个问题：逆置和一元多项式求和。

(1) 单链表逆置,即把 L1 变成 L2,如图 1-2-3 所示。最高效的方法是扫描单链表,用头插法重建单链表,首先把头结点从 L1 中摘除,作为 L2 的头结点;然后扫描 L1,依次摘除各结点,以头插法插到 L2 中。时间复杂度为 $O(n)$,空间复杂度为 $O(1)$。

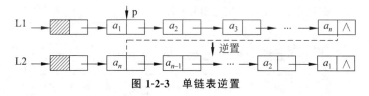

图 1-2-3　单链表逆置

(2) 一元稀疏多项式求和,用按幂升序有序、有头结点的单链表存储多项式,结点定义如下。

```
struct PloyNode
{   float coef;           //系数域,存放非零项的系数
    int exp;              //指数域,存储非零项的指数
    PloyNode * next;      //指针域,指向下一个结点
}
```

两个稀疏多项式求和,就是按幂进行两个有序表的合并,同幂系数相加,和为零的结点无须创建。时间复杂度为 $O(\max(m,n))$,m 和 n 分别为两个多项式的项数。

2.1.4　线性表的其他存储形式

1. 循环链表

单链表中将尾结点的指针域由空指针改为指向头结点或首元结点(无头结点时),形成循环单链表,如图 1-2-4 所示。

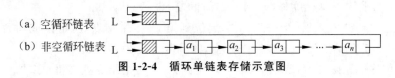

(a) 空循环链表　L

(b) 非空循环链表　L

图 1-2-4　循环单链表存储示意图

2. 双向链表

结点中设置了指向前驱的指针和指向后继的指针的链表,称为双向链表,如图 1-2-5 所示。

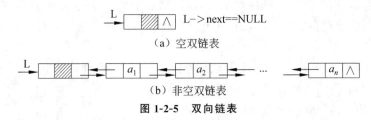

（a）空双链表

（b）非空双链表

图 1-2-5　双向链表

双向链表中:将尾结点的指针域由空指针改为指向头结点或首元结点(无头结点时),并且将头指针所指结点的前驱指针指向尾结点,形成双向循环链表,如图 1-2-6 所示。

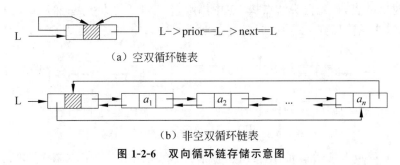

（a）空双循环链表

（b）非空双循环链表

图 1-2-6　双向循环链存储示意图

双向(循环)链表具有双向性和对称性。

3. 静态链表

静态链表指用顺序存储模拟的链表。线性的存储空间是连续的,每个数据元素由两个域组成:数据域 data 和指针域 next(也称为游标),通过游标表示数据元素之间的线性关系。这样可以避免数据元素增删时元素的移动。

2.2　拨云见日，谜点解析

2.2.1　线性表、顺序表、单链表

线性表的数据元素之间具有一对一的关系，属线性结构。顺序表和单链表是线性表的两种不同存储实现。前者采用顺序存储结构，后者采用链式存储结构，两者逻辑结构相同，但不同的存储结构决定了两者不同的特性，具体如表 1-2-1 所示。

表 1-2-1　顺序表与单链表的区别

序　号	内　　容	顺　序　表	单　链　表
1	内存分配	连续内存	非连续内存
2	属性	基址、长度、容量	头指针
3	可用容量	有限	不受限
4	存储密度	1	<1
5	表满	有	无
6	按位序访问	随机($O(1)$)	顺序($O(n)$)
7	按值查找	顺序($O(n)$)	顺序($O(n)$)
8	增、删元素	移动元素($O(n)$)	定位($O(n)$)，改变链接
9	删除尾元素	$O(1)$	$O(n)$

2.2.2　一维数组与顺序表

一维数组与顺序表均采用顺序存储结构，都可以通过下标进行数据元素的访问。两者的区别如下。

（1）类型提供方不同。数组一般是高级语言提供，顺序表是用户自定义的结构类型。

（2）属性不同使得访问限制不同。数组的属性有名称和容量，通过数组名和下标访问数组元素。设有数组 int $A[N]$，$A[k]$ 表示访问下标为 k 的元素，k 的有效取值为 $0 \sim N-1$。顺序表的属性有基址 L.elem、容量 L.size 和长度 L.length，L.elem$[k]$ 表示访问下标为 k 的元素，k 的有效取值为 $0 \sim$ L.length-1，L.length 的取值范围为 $0 \sim$ L.size。

顺序表可以看成增加了长度属性的一维数组。长度属性 L.length 丰富了线性表的状态和操作。顺序表的状态可以分为表空（L.length==0）、表满（L.length==L.size）、表不空（L.length!=0）、表不满（L.length!=L.size）等。相应地，数组的状态只有"满"一种。数组中不能增、删元素，顺序表可以。

2.2.3　顺序表的特性

随机性：顺序表的数据元素按位序顺序依次存储在连续的内存中，因每个元素长度一样，这就决定了顺序表可以按位序访问，此特性称为线性表按位序访问的随机性。

有限性：C++ 中连续的内存空间需一次性申请，因此，顺序表的容量是由申请的内存大小确定的，使用时不能超过。此特性称为线性表的容量有限性。在顺序表中增加数据元素时，需进行是否有可用空间的判断，表满不能增加元素。

连续性：顺序表中数据元素需按位序一个挨一个地存储，这是顺序表的连续性。该特性决定顺序表在元素增、删时需将插入或删除点后的数据元素后移或前移，如图 1-2-7 和图 1-2-8 所示。

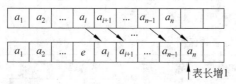

图 1-2-7　顺序表第 i 个位置插入元素

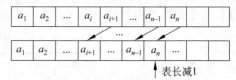

图 1-2-8　顺序表中删除第 i 个元素

2.2.4　单链表的特性

顺序性：单链表由头指针标识，且只有一个后继指针表示数据元素之间有关系，因此，单链表的遍历只能沿指针方向顺序进行，此特性称为单链表的顺序性。

独立性：单链表结点的存储地址没有相邻和连续关系，结点之间的关联由指针指向确定，改变指针域的值就可以改变前驱或后继关系，即改变结点的排列顺序，因此，单链表的结点具有相对独立性。这个特性使得单链表中插入或删除元素仅需改变指针指向，而不需要移动插入或删除点后的元素，如图 1-2-9 和图 1-2-10 所示。

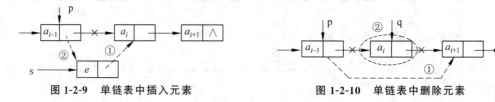

图 1-2-9　单链表中插入元素　　　　　**图 1-2-10　单链表中删除元素**

可扩性：单链表的结点是各自独立被创建的，理论上只要内存未用完，就可以申请内存创建新结点。一般认为，单链表容量不受限，此特性称为单链表的可扩性。因此，单链表中无表满操作。

2.2.5　头结点的作用

单链表由头指针标识。当有头结点时，头指针指向头结点，头指针不会因为首元结点的改变而改变。这使得有头结点的单链表，除销毁单链表操作外，其他操作均不需要改变头指针的值。而且，对带头结点的单链表进行插入或删除操作时，无论在什么位序上进行插入或删除，操作均一样。

例如：在位序 i 上插入新元素 e 的算法描述如下。

```
0   template <class DT>
1   bool InsertElem_i(LNode<DT> * &L, int i, DT e)
2   {  p=L;                        //工作指针 p 指向头结点
3      j=0;                        //计数器为 0
4      while(p && j<i-1)           //定位到插入点前驱,即第 i-1 个结点
5      {  p=p->next;
6         j++;
7      }
8      if (!p || j>i-1)            //定位失败,不能插入
9          return false;
10     else                        //定位成功
11     {  s=new LNode<DT>;         //新建结点 s
12        if (!s)                  //创建失败,不能插入,退出
13            return false;
14        s->data=e;               //赋值
15        s->next=p->next;         //s 插入 p 之后
16        p->next=s;
17        return true;             //插入成功
18     }
19  }
```

算法中只需考虑插入位序是否合理,在任何可插入位序,插入操作都一样。

对于不带头结点的单链表,头指针指向首元结点。当首元结点发生改变时,需改变头指针指向。这使得在插入、删除元素时,对插入或删除位序为 1 或非 1 需分别处理。以插入为例,按位序插入数据元素时,如果是在第 1 个位序插入元素,需将头指针指向新插入的结点。其余插入位置,同有头结点的插入操作相同。无头结点单链表中按位序插入数据元素的算法描述如下,其中粗体部分为区别于有头结点的单链表的部分。

```
0   template <class DT>
1   bool InsertElem_i(LNode<DT> * &L, int i, DT e)
2   {  if (i==1)                   //在第 1 个位序插入元素
3      {  s=new LNode<DT>;         //创建新结点
4         if (!s)
5            return false;
6         s->data=e;
7         s->next=L->next;         //插在首元结点前
8         L=s;                     //头指针指向新结点
9      }
10     else                        //其余同有头结点的插入操作
11     {  p=L;                     //定位到插入点前驱
12        j=0;
13        while(p && j<i-1)
14        {  p=p->next;
15           j++;
```

```
16          }
17          if (!p || j>i-1)              //定位失败,不能插入
18            return false;
19          else                         //定位成功,进行插入操作
20          { s=new LNode<DT>;
21            if (!s) return false;
22            s->data=e;
23            s->next=p->next;
24            p->next=s;
25            return true;
26          }
27      }
28 }
```

2.2.6　单链表遍历中的计数

单链表中数据元素非连续存储,存储地址与元素位序之间没有直接联系,因此,无法直接通过位序随机访问数据元素。要获知数据元素在表中的位序,或要按位序访问,需要数结点。结点计数器初始化有两种方式:①从头结点开始,计数器初值为 0;②从首元结点开始,计数器初值为 1。

1. 从头结点开始,计数器初值为 0

如果头结点是可能被处理的结点或需考虑空表的情况,则只能用方式①。如求表长,空表长度为 0,只能用方式①。算法描述如下:

```
0  template<class DT>
1  int ListLength(LNode<DT> * L)      //求表长
2  { p=L;
3    len=0;                           //初始化,工作指针从头开始,计数器初值为 0
4    while(p->next)
5    {  len++;                        //有后继结点,表长增 1,指针后移
6       p=p->next;
7    }
8    return len;                      //返回表长
9  }
```

语句 2 表示从头结点开始计数,语句 3 表示计数器初值为 0。

在按位序插入数据元素和按位序删除元素的操作中,如果插入或删除位序是第 1 个,则需定位在头结点处,此时,也只能用方式①。

2. 从首元结点开始,计数器初值为 1

在按位序查找数据元素(即获取第 i 个元素值)、按位序修改数据元素(即修改第 i 个元素值)及按值查找数据元素位序等操作中,头结点不可能是需处理的结点,此时初始化从首元结点开始,计数器初值为 1。按位序查找算法描述如下。

```
0   template <class DT>
1   bool GetElem_i(LNode<DT> * L, int i, DT &e)
2   { p=L->next;                        //从首元结点开始
3     j=1;                              //计数器初值为 1
4     while (p && j<i)                  //当 p 非空且未到第 i 个结点时
5     { p=p->next;                      //工作指针后移
6       j++;                            //计数器增 1
7     }
8     if (!p || j>i)                    //未找到
9        return false;
10    else                             //找到
11    { e=p->data;                      //取值
12      return true;
13    }
14  }
```

2.2.7　顺序表遍历结束条件

顺序表中有许多操作是基于遍历的,如:①按值查找;②修改数据元素值;③按值求元素前驱或后继等。遍历时以什么作为遍历结束条件呢?顺序表中设有表长属性,表示顺序表中元素的个数,因此,通常以表长作为遍历结束条件。按值查找数据元素的算法描述如下。

```
0   template <class DT>
1   int LocateElem_e(SqList<DT>L, DT e)
2   { for(i=0; i<L.length; i++)        //从首元开始依次与 e 比较
3       if(L.elem[i] ==e)              //找到停止比较
4         return i+1;
5     return 0;                        //未找到,返回 0
6   }
```

其中,i<L.length 为遍历查找的结束条件。在插入与删除操作中,也以表长作为判断插入/删除位置是否合理的条件。按位序插入算法的算法描述如下。

```
0   template <class DT>
1   bool InsertElem_i(SqList<DT>&L, int i, DT e)
2   { if(L.length>=L.size)             //表满,不能插入
3       return false;
4     if(i<1 || i>L.length+1)          //插入位置不合理, 不能插入
5       return false;
6     for(j=L.length;j>=i;j--)         //$a_n \sim a_i$ 依次后移
7       L.elem[j]=L.elem[j-1];
8     L.elem[i-1]=e;                   //第 i 个元素赋值 e
9     L.length++;                      //表长增 1
10    return true;                     //插入成功
11  }
```

在语句 4 中,用表长判断插入位置是否越界。

2.2.8　单链表遍历结束条件

单链表只能顺序访问,且许多操作是基于遍历的,如:①按位序查找;②求元素位序;③求表长;④按位序增、删元素操作中的定位。单链表中没有表长,遍历时以什么作为结束条件呢?

单链表尾结点指针域为空,是单链表的尾标志。因此,常以指针域不为空或指针域后继不为空为遍历结束或循环条件。例如,在销毁单链表算法中,以当前结点 L!=NULL 为循环条件。算法描述如下。

```
0   template <class DT>
1   void DestroyList(LNode<DT> * &L)
2   { while(L!=NULL)              //表非空
3     { p=L;                      //依次释放各结点所占内存
4       L=L->next;
5       delete p;
6     }
7     L=NULL;                     //头指针置空
8   }
```

语句 2 表示只要 L 有所指,则继续做结点销毁工作和指针后移。

在按位序查找和按值查找算法中,也均以当前结点 p 不空为循环条件之一。按位序查找算法的算法描述如下。

```
0   template <class DT>
1   bool GetElem_i(LNode<DT> * L, int i, DT &e)
2   { p=L->next;                  //从首元结点开始
3     j=1;                        //计数器初值为 1
4     while (p && j<i)            //p 非空且未到第 i 个结点
5     { p=p->next;                //工作指针后移
6       j++;                      //计数器增 1
7     }
8     if (!p || j>i)              //未找到
9       return false;
10    else                        //找到
11    { e=p->data;                //获取第 i 个结点的值
12      return true;
13    }
14  }
```

语句 4 表示在查找位置不合理时以当前结点 p 不空(即有所指)为循环条件。

在按位序插入数据元素操作中,只要当前结点 p 有所指,均可为插入点的前驱,因此,按位序插入元素的算法中也是以 p 有所指为循环结束条件。算法描述如下。

```
0    template <class DT>
1    bool InsertElem_i(LNode<DT> * &L, int i, DT e)
2    {   p=L;                        //工作指针 p 指向头结点
3        j=0;                        //计数器初值为 0
4        while(p && j<i-1)           //定位到插入点前驱
5        {   p=p->next;
6            j++;
7        }
8        if (!p || j>i-1)            //定位失败
9          return false;
10       else                        //定位成功
11       {   s=new LNode<DT>;
12           if (!s)
13             return false;
14           s->data=e;              //新建结点 s
15           s->next=p->next;        //s 插入 p 之后
16           p->next=s;
17           return true;            //插入成功
18       }
19   }
```

语句 4 表示当插入位序不合理时,以 p 不为空(即有所指)为循环条件。但在按位序删除算法中,能够删除结点的前提是前驱结点的后继有结点,因此,循环条件是 p->next非空。算法描述如下。

```
0    template<class DT>
1    bool DeleteELem_i(LNode<DT> * &L, int i)
2    {    p=L;                       //从头结点开始
3         j=0;                       //计数器初值为 0
4         while (p->next && j<i-1)   //定位到删除结点的前驱
5         {   p=p->next;
6             j++;
7         }
8        if(!p->next || j>i-1)       //定位失败,不能删除
9          return false;
10        else                       //定位成功
11       {   q=p->next;              //取被删除结点 q
12           p->next=q->next;        //从链表中摘除 q
13           delete q;               //释放 q 占内存空间
14           return true;            //删除成功
15       }
16   }
```

语句 4 表示在删除位序不合理时,以当前结点是否有后继为循环结束条件。

由上可知,单链表中遍历结束条件在不同的问题中有所不同。

2.2.9 存储结构的选择

线性表的顺序存储和链式存储各有长处,应用中选择顺序结构还是选择链式结构,需兼顾以下两个因素:便于算法设计和占据内存少。

在主教材【应用 2-3】中,求两个一元多项式和的问题采用了顺序存储,用存储的位序映射幂指数。多项式 $f_a(x)$、$f_b(x)$ 及和 $f_c(x)$ 存储示意如图 1-2-11 所示。

图 1-2-11 稀疏多项式存储

其中,$f_a(x)=a_0+a_1x+a_2x^2+\cdots+a_mx^m$,$f_b(x)=b_0+b_1x+b_2x^2+\cdots+b_nx^n$,$f_c(x)=f_a(x)+f_b(x)$,$f_c(x)$ 的各项等于 1a 与 1b 相同下标项的和。

这样存储不仅节省空间,也给问题求解带来了方便。

在主教材【应用 2-5】中,一元稀疏多项式求和的问题采用了链式存储,每一项用一个结点表示。多项式 $A(x)=7+3x^2+9x^8+5x^{100}$ 和 $B(x)=8x+22x^2-9x^8$ 的链式存储分别如图 1-2-12 所示。

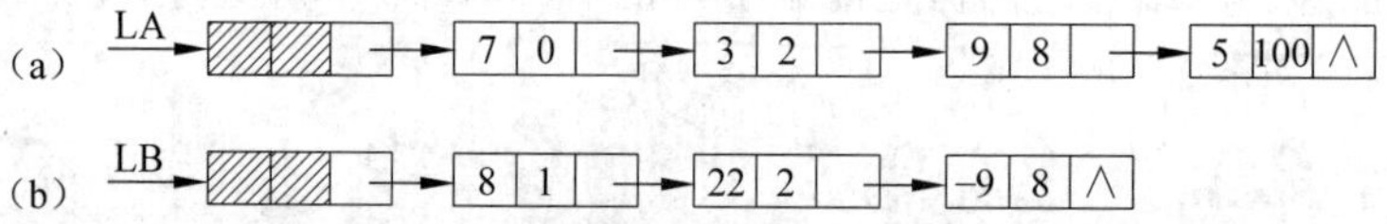

(a) LA | | → | 7 | 0 | → | 3 | 2 | → | 9 | 8 | → | 5 | 100 | ∧

(b) LB | | → | 8 | 1 | → | 22 | 2 | → | -9 | 8 | ∧

图 1-2-12 多项式 $A(x)$、$B(x)$ 的单链表存储

这样只存储系数非零的项,可以节省存储空间。

2.2.10 存储结构与算法

相同的逻辑结构可以采用不同的存储结构,不同的存储结构有不同的特性,解决问题的方法不同。例如,对于顺序表逆置,最高效的方法是利用顺序表的随机访问特性,将首、尾对应位置上的元素互换。

对于单链表,最高效的方法是利用结点的相对独立性,以头插法重建单链表。

因此,在实际应用中要注意:

(1) 选择适合高效算法的存储结构;

(2) 对于相同或类似的问题,不要把在一种存储结构上解决问题的方法机械地照搬到另一种存储结构上。

2.3 积微成著,要点集锦

(1) 顺序表中数据元素按位序顺序依次存储在连续的内存中,并用存储位序的相邻映射逻辑上的相邻。

(2) 顺序表具有存储的连续性、按位序访问的随机性和可用容量的有限性。

(3) 顺序表表容量为 L.listsize,但有意义的元素位序取值范围为 1～L.length。在遍历及按位序访问的操作中不能越界。

(4) 表长等于表容量时为表满,表满时不能在表中增加元素。表长等于 0 时为空表,表空时不能从表中删除元素。

(5) 在顺序表的第 $i(1～n+1)$ 个位置插入元素,需把 $a_n～a_i$ 共 $n-i+1$ 个元素顺序后移一个位序。等概率条件下,平均移动 $\frac{n}{2}$ 个元素,时间复杂度为 $O(n)$。

(6) 删除顺序表的第 $i(1～n)$ 个数据元素,需把 $a_{i+1}～a_n$ 共 $n-i$ 个元素顺序前移一个位序。等概率条件下,平均要移动 $\frac{n-1}{2}$ 个数据元素,时间复杂度为 $O(n)$。

(7) 顺序表按位序的访问操作,时间复杂度为 $O(1)$。

(8) 单链表结点存储位置不一定连续,因此,不能以存储位置映射结点的逻辑关系。

(9) 链表以头指针标识,对链表的访问只能沿指针方向顺序进行。

(10) 单链表只能从表头至表尾方向单向进行,双链表可以沿前驱指针往前或沿后继往后双向进行。

(11) 单链表中插入或删除元素需定位到插入或删除结点的前驱。等概率条件下,插入时平均移动指针 $\frac{n}{2}$ 次,删除时平均移动指针 $\frac{n-1}{2}$ 次,两者的时间复杂度均为 $O(n)$。

(12) 单链表中只有一个空指针,为单链表的尾标志。

(13) 有头结点的单链表,在单链表的生存周期内,任何操作均不会改变头指针的值。

(14) 无头结点的单链表中,头指针的值随首元结点的改变而改变。

(15) 循环链表从表中任一结点可以遍历到其他任何结点。

(16) 循环链表中没有空指针。

(17) 链表中增、删元素通过改变结点指针指向实现。单链表中插入新元素时,需改变 2 个指针,删除元素时需改变 1 个指针。双链表中插入新元素时,需改变 4 个指针,删除元素时需改变 2 个指针。

(18) 双向链表具有双向性,即从任一结点出发,可以往前驱、后继两个方向进行查找操作。

(19) 双向链表具有对称性,即任一结点 p 的前驱的后继与 p 的后继的前驱指向结点 p。

(20) 静态链表用数组模拟单链表,虽容量有限,但插入和删除元素时不需要移动数据元素。

（21）顺序表中用存储位置表示数据元素之间的逻辑关系，链表中用指针表示数据元素之间的逻辑关系。

（22）顺序表的存储密度为1，高于单链表的存储密度；单链表的存储密度高于双向链表的存储密度。

（23）顺序表和链表中的顺序查找，等概率条件下，找到的平均比较次数均为$\frac{n+1}{2}$，算法的时间复杂度为$O(n)$。

2.4 启智明理，习题解答

2.4.1 主教材习题解答

一、填空题

1. 顺序表是用____①____内存空间存储的线性表。顺序表的元素必须在内存中____②____存放，顺序表具有____③____访问特性。

【答案】 ①连续；②连续；③随机

【知识点】 顺序存储定义与特性

2. 链表是用____①____存储空间存储的线性表，链表中的元素在内存中一般是____②____存放的。链表的访问只能____③____访问。

【答案】 ①不连续；②不连续；③顺序

【知识点】 链式存储定义与特性

3. 一个顺序表的第一个元素的存储地址是100，每个元素的长度为2，则第6个元素的存储地址是_____。

【答案】 110

【解析】 $100+(6-1)\times2$

【知识点】 顺序存储

4. 顺序表中有100个元素，插入一个元素平均移动____①____个元素，删除一个元素平均移动____②____个元素。如果删除第50个元素，需移动位序为____③____的元素，共____④____个元素。

【答案】 ①50；②49.5；③51—100；④50

【知识点】 顺序表的插入和删除

5. 在单链表中，每个结点包含两个域：____①____和____②____。双向链表中有两个指针域，分别指向____③____结点和____④____结点；头指针是____⑤____。通过改变____⑥____就可以改变链表中元素的逻辑关系。

【答案】 ①数据域；②指针域；③前驱；④后继；⑤指向链表首的指针；⑥指针

【知识点】 链式存储定义与特性

6. 顺序存储结构通过____①____来表示元素之间的关系；链式存储结构通过____②____表示元素之间有关系。

【答案】　①物理位置相邻；②指针

【知识点】　顺序存储、链式存储

7. 对于一个长度为 n 的顺序表,在表头插入元素的时间复杂度为　①　,在表尾插入元素的时间复杂度为　②　。

【答案】　①$O(n)$；②$O(1)$

【知识点】　顺序表的插入

8. 对于一个长度为 n 的单链表,在表头插入元素的时间复杂度为　①　,在表尾插入元素的时间复杂度为　②　。

【答案】　①$O(1)$；②$O(n)$

【知识点】　单链表的插入

9. 对于设置尾指针且长度为 n 的循环单链表,在表头插入元素的时间复杂度为　①　,在表尾插入元素的时间复杂度为　②　。

【答案】　①$O(1)$；②$O(1)$

【知识点】　循环单链表的插入

10. 下面静态链表存储一个线性表,a[0]为头结点,则该线性表为　①　,删除 42 所做的操作是　②　。

	0	1	2	3	4	5	6	7	8
data		60		42	38		74	25	
next	4	3		6	7		-1	1	

【答案】　①$38,25,60,42,74$；②$a[1].next=6$

【解析】　删除操作工作分为如下 3 步。

Step 1. 在 A[].data 中查找 42,得到 A[3].data$=42$,记 k1$=3$；

Step 2. 在 A[].next 中查找 k1,得到 A[1].next$=$k1,记 k2$=1$；

Step 3. 赋值 A[k_2].next$=$A[k_1].next,即 a[1].next$=6$。

【知识点】　静态链表定义、删除元素

11. 在循环双向链表中,如果向 p 所指结点之后插入一个新结点 s,操作是　①　、
　②　、　③　、　④　。

【答案】　①s->next$=$p->next；②s->prior$=$p；③p->next->prior$=$s；④p->next$=$s

【解析】　语句①、②、③语句顺序任意。

【知识点】　循环双向链表的插入

12. 有头结点的单链表 L,其空表特征是　①　,非空表尾结点特征是　②　;有头结点的循环链表 L,空表特征是　③　,非空表尾结点特征是　④　;有头结点循环双向链表,其空表特征是　⑤　,非空表尾结点特征是　⑥　。

【答案】　①头结点的指针域为空或 L->next$=$NULL；②指针域为空；③头结点的指针域指向头结点或 L->next$==$L；④后继指针域指向头结点；⑤结点的前驱和后继指

针域均指向头结点;⑥后继指针域指向头结点。

【知识点】　各种链表的特点

13.两个长度分别为 m 和 n 的有序表合并,时间复杂度为　①　。

【答案】　$O(m+n)$

【解析】　两个有序表合并,需扫描两个表,处理每一个结点,因此,$T(n)=O(m+n)$。

【知识点】　有序表合并

二、简答题

1.描述以下 3 个概念的区别:头指针,头结点,首元结点,并给予图示。

【答】　有头结点的单链表如图 1-2-13 所示。

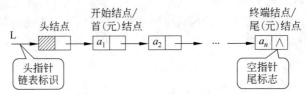

图 1-2-13　有头结点的单链表

头指针:是一个指针变量,里面存储的是链表中首结点的地址,并以此来标识一个链表。

头结点:附加在第一个元素结点之前的一个结点,头指针指向头结点。

首元结点:指链表中的第一个元素结点。

【知识点】　链表术语

2.在单链表和双向链表中,能否从当前结点出发访问到任何一个结点,为什么?

【答】　若当前结点非第一个结点,单链表中不能从当前结点出发访问到任何一个结点,因为单链表只能从头指针开始,依指针方向顺序访问,所以,从当前结点出发,只能访问到其后的结点。

双向链表中,从任一结点出发,可以访问到其他任何一个结点。因为双向链表的每个结点有前驱指针和后继指针,访问时可以沿前驱指针访问该结点前的结点,也可以沿后继指针访问该结点后的结点。

【知识点】　单链表、双向链表

3.对于有头结点的单链表,分别写出下列定位成功时的语句序列。

(1)定位到第 i 个结点 a_i;(2)定位到第 i 个结点的前驱 a_{i-1};(3)定位到尾结点;(4)定位到尾结点的前驱(即倒数第 2 个结点)。

【答】　(1) p=L; j=0; while (p && j<i) {p=p->next; j++;}

　　　　(2) p=L; j=0; while (p && j<i-1) {p=p->next; j++;}

　　　　(3) p=L; while (p ->next)　p=p->next;

　　　　(4) p=L; while (p->next->next)　p=p->next;

【分析】　从头指针出发,对带头结点的单链表移动定位到满足条件的结点。

【知识点】　单链表的定位

4.已知 L 是有头结点的单链表,且 p 结点既不是首元结点,也不是尾结点,试写出实现下列功能的语句序列。

(1)在 p 结点后插入 s 结点;(2)在 p 结点前插入 s 结点;(3)在表首插入 s 结点;(4)在表尾插入 s 结点。

【答】　(1)

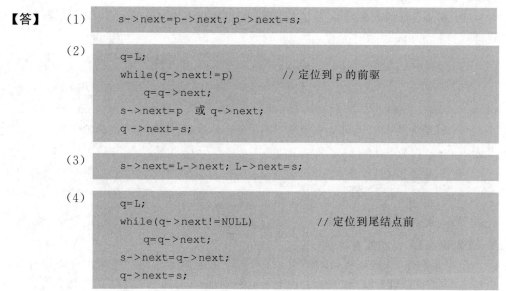

```
s->next=p->next; p->next=s;
```

(2)

```
q=L;
while(q->next!=p)            // 定位到 p 的前驱
    q=q->next;
s->next=p 或 q->next;
q ->next=s;
```

(3)

```
s->next=L->next; L->next=s;
```

(4)

```
q=L;
while(q->next!=NULL)            // 定位到尾结点前
    q=q->next;
s->next=q->next;
q->next=s;
```

【分析】　单链表元素的插入,需要改变相关元素的指针指向。

【知识点】　单链表的插入

5.请描述下列关于单链表的操作步骤:

(1)删除一个数据元素;(2)插入一个数据元素。

【答】　(1)删除一个数据元素的操作步骤如下。

Step 1.定位到删除元素的前驱 p。定位成功,转 Step 2,否则,退出;

Step 2.q 指向 p 的后继(q=p->next);从链表摘除 q 结点(p->next=q->next);

Step 3.释放 q 所占内存空间。

(2)插入一个数据元素的操作步骤如下。

Step 1.定位到删除元素的前驱 p。定位成功,转 Step 2,否则,退出;

Step 2.新建一个结点 s 为插入结点;

Step 3.将 s 结点插入 p 之后,即 s 的指针指向 p 的后继(s->next=p->next);p 的指针指向 s(p->next=s)q。

【分析】　单链表元素的插入和删除,需要改变相关元素的指针指向。

【知识点】　单链表的插入和删除

6.在线性表的以下链式结构中,若未知链表头结点的地址,仅已知 p 指针指向结点,能否从中删除结点 p? 为什么? (1)单链表 (2)双链表 (3)循环单链表。

【答】　都可以。

(1)互换 p 与其后继结点 q 的值,使 q 为被删除结点,p 为删除结点的前驱,然后,用常规方法删除 q 结点,即:

```
p->data <---->p->next->data;
q=p->next;
p->next=q->next;
delete q;
```

（2）p 的后继的前驱指向 p 的前驱；p 的前驱的后继指向 p 的后继；释放 p 所占内存，即：

```
p->prior->next=p->next->next;
p->next->prior=p->prior;
delete p;
```

（3）可用方法（1），也可从 p 出发，定位到 p 的前驱，用常规方法删除 p 结点。定位的方法如下：

```
q=p->next;
while (q->next!=p)
    q=q->next;
```

【知识点】　各种链表特点

7. 根据顺序表、链表各自的特点，为下列应用选择合适的存储结构并陈述选择的理由：(1)通讯录管理；(2)软工 171 班学习成绩管理；(3)两个有序表的就地合并。

【答】　(1) 通讯录：通讯录变动较大，经常增、删记录，用链式存储较合适。

(2) 成绩管理：一个班形成，基本人数就定下来，可以采用顺序存储。

(3) 有序表就地合并：有序表合并，需将一个表中的数据插入另一个表中，避免大量数据移动和考虑扩容的需要，采用链表较合适。

【知识点】　线性表存储结构的选择

8. 以顺序表和单链表为例，说明相同的逻辑结构可以采用不同的存储结构，且带来不同特性。

【答】　例如线性表，既可以采用顺序存储，也可以采用链式存储。采用顺序存储时，可以按位序随机访问、元素存储必须有连续性和可用容量有限。采用链式存储时，容量可扩、只能顺序访问和存储密度低。

【知识点】　顺序存储、链式存储

9. 阅读算法，给出算法的功能。

（1）
```
    pre=H->next;
{   if(pre!=NULL)
    {   while(pre->next!=NULL)
        {   p=pre->next;
            if (p->data>=pre->data) pre=p
            else return false;
        }
    }
    return true;
}
```

(2)
```
LNode * link(LNode * h1, LNode * h2)
{  p=h1;
   while (p->next!=h1) p=p->next;
   q=h2;
   while(q->next!=q2) q=q->next;
   p->next=h2; q->next=h1;
   return h1;
}
```

【答】 (1)判断单链表是否为非降序表;(2)将两个无头结点的循环链表合并为一个循环链表。

【知识点】 链表算法

三、算法设计题

1. 用 ADT List 中定义的基本操作设计算法,解决"删除线性表中值为 e 的元素"的问题。

【解】 算法思想:用按值查找操作查找值为 e 的元素序号(设为 k),若 k 不为 0,表示元素存在,用按位序删除操作删除第 k 个元素。

算法描述如下:

```
bool DeleteElem_e(&L, e)
{  k=LocateElem(L,e);        //在 L 中查找值为 e 的元素序号 k
   if (!k)                   //未找到
      return false;
   else
   {  DeleteElem_i(L,k);     //删除第 k 个元素
      return true;
   }
}
```

2. 分别用顺序表表示两个数据元素类型为整型的集合 A 和 B,用顺序表的基本操作求解问题: $A = A \bigcap B$。

【解】 算法思想:对于集合 A 中每个元素,如果 B 中没有,则从集合中删除。

用顺序表 La,Lb 分别存储集合 A、B 元素,算法描述如下。

```
void fun_2(SqList<int>&La, SqList<int>Lb)
{  for (i=1;i<=La.length;i++)     //扫描 La
   {  GetElem_i(La,i,e);          //取 La 中第 i 个元素
      if(!LocateElem_e(Lb,e))     //Lb 中没有该元素
      {  DeleteElem_i(La,i);      //从 La 中删除元素
         i--;                     // i 位置不动
      }
   }
}
```

3. 分别用有头结点的单链表表示两个数据元素类型为整型的集合 A 和 B,用单链表的基本操作求解问题: $A = A \bigcap B$。

【解】 算法思想与上同。

用有头结点的单链表 La,Lb 分别存储集合 A、B 的元素,算法描述如下。

```
void fun_3(LNode<int> * &La, LNode<int> * Lb)
{  for(i=1;i<=ListLength(La);i++)
   {  GetElem_i(La,i,e);
      if(!LocateElem_e(Lb,e))
      {  DeleElem_i(La,i);              //从 La 中删除此元素
         i--;                          //i 位置不动
      }
   }
}
```

注意:由于单链表中无表长属性,所以需由函数 ListLength()求取元素个数,这部分内容在算法描述中以加粗显示。考虑到单链表中不能按位序随机访问,可以将上面按位序扫描线性表 La 改为由指针顺序访问。算法描述如下。

```
void fun_3(LNode<int> * &La, LNode<int> * Lb)
{  p=La->next;                         //从 La 首元素开始
   while (p)                           //依次处理各元素
   {  q=p->next;                       //下一个需处理的结点
      e=p->data;                       //取 La 中元素
      if(!LocateElem_e(Lb,e))          // Lb 中有该元素
      {  k=LocateElem_e(La,e);         //在 La 中删除该元素
         if(k)
            DeleElem_i(La,k);
      }
      p=q;
   }
}
```

4. 设计一个尽可能高效的算法,删除顺序表中所有值位于(m,n)的元素,说明算法的时间、空间性能(设数据元素类型为整型)。

【解】 扫描顺序表,对(m,n)的元素计数(设为 k),对非(m,n)中的元素,前移 k 个位置,表长减 k。算法描述如下。

```
void fun_4_1(SqList<int>&L, int m, int n)
{  k=0;
   for(i=0;i<L.length; i++)
   {  if (L.elem[i]>m && L.elem[i]<n)         //对删除元素进行计数
      k++;
```

```
        else
            L.elem[i-k]=L.elem[i];                        //保留元素前移
    }
        L.length-=k;
}
```

算法的时间复杂度为 $O(n)$，空间复杂度为 $O(1)$。

另一种方法：扫描顺序表，对非 (m,n) 的数计数，设为 k，并将元素移至第 k 个位序，k 从 0 开始，表长为 $k+1$。算法描述如下。

```
void fun_4_2(SqList<int>&L, int m,int n)
{   k=0;
    for(i=0;i<L.length; i++)
    {   if (L.elem[i]<=m || L.elem[i]>=n)         //对非删除元素计数和移位
            L.elem[k++]=L.elem[i];
    }
        L.length=k;
}
```

5. 线性表采用顺序存储，设计一个算法，用尽可能少的辅助存储空间将顺序表的前 m 个元素和后 n 个元素进行整体互换，即将 $(a_1,a_2,\cdots,a_m,b_1,b_2,\cdots,b_n)$ 改为 $(b_1,b_2,\cdots,b_n,a_1,a_2,\cdots,a_m)$。

【解】 求解方法如下。就地做 3 次逆置：(1)前 m 个元素逆置；(2)后 n 个元素逆置；(3)所有元素逆置。

设元素存于一个一维数组中，数据类型为 DT。算法描述如下。

```
//3次逆置操作
void fun_5(DT A[], int m,int,n)
{   Inverse(A,0,m-1);                //前 m 个元素逆置
    Inverse(A,m,m+n-1);              //后 n 个元素逆置
    Inverse(A,0,m+n-1);             //所有元素逆置
}
//a[s..t]逆置
void Inverse(DT a[],int s, int t)   //数组 a[s..t]中元素逆置
{
    m=(s+t)/2;
    for (i=0; i<=m; i++)            //首、尾对应位置上的元素互换
        A[s+i]←→A[t-i];
    return
}
```

算法分析：就地逆置，空间复杂度为 $O(1)$；3 次逆置的时间复杂度分别为 $O(m)$、$O(n)$、$O(m+n)$，因此，算法的时间复杂度为 $O(m+n)$。

6. 对于无头结点单链表，设计其按位序插入元素和删除元素的算法，并分别与有头

结点的按位序插入元素的算法 InsertElem_i(LNode * &L, int i)和按位序删除元素的算法 DeleteElem_i(LNode * &L, int i)比较,指出异、同处。

【解】 (1) 插入。无头结点,头指针指向首元结点;如果插入元素为首元结点,头指标重新赋值,指向新结点;如插入元素非首元结点,与有头结点的相同。算法描述见 2.2.7 节。

(2) 删除。无头结点,头指针指向首元结点;如果删除的是首元结点,头指针重新赋值,指向原首元结点的后继;如删除元素非首元结点,与有头结点的相同。算法描述如下。

```cpp
template <calss DT>
DeleteElem_i(LNode * &L, int i)
{ if (L==NULL)                    //空表,不能删除
    return false;
  else if (i==1)                  //删除第 1 个元素
  { p=L;
    L=p->next;                    //头指针后移
    delete p;
  }
  else                            //删除非首元结点
  { p=L;                          //定位到第 i-1 个结点
    j=1;
    while(p->next && j<i-1)
    { p=p->next;
      j++;
    }
    if (!p->next || j>i-1)        //定位失败
      return false;
    else                         //定位成功,进行结点删除
    { q=p->next;
      p->next=q->next;
      delete q;
    }
    return true;                  //返回被删除元素值
}
```

2.4.2 自测题及解答

一、判断题

1. 线性表的特点是每个元素都有一个前驱和一个后继。

【答案】 错误

【解析】 第一个元素没有前驱,最后一个元素没有后继。

【知识点】 线性表特点

2. 取线性表的第 i 个元素的时间同 i 的大小有关。

【答案】 错误

【解析】 链表存储的线性表,取第 i 个元素的时间同 i 的大小有关,但是顺序存储的

线性表,取第 i 个元素的时间与 i 的大小无关。

【知识点】　线性表操作定义、顺序表的按位序访问、链表的按位序访问

3. 在长度为 n 的顺序表中,求第 i 个元素的直接前驱算法的时间复杂度为 $O(1)$。

【答案】　正确

【解析】　顺序表中可以按位序直接访问数据元素,第 i 个元素的前驱(如果存在)为第 $i-1$ 个数据元素,无须查找,因此,时间复杂度为 $O(1)$。

【知识点】　顺序表的按位序访问

4. 线性表采用顺序存储必须占用一片连续的存储空间。

【答案】　正确

【解析】　顺序存储采用的是连续内存分配方式,因此,顺序存储的线性表必须占用一片连续的存储空间。

【知识点】　顺序存储定义

5. 链接存储的存储结构所占存储空间分两部分,一部分存放结点值,另一部分存放表示结点间关系的指针。

【答案】　正确

【解析】　链式存储定义如此。

【知识点】　链表存储设计

6. 链表的删除算法很简单,因为当删除链表中某个结点后,计算机会自动地将后续的各个单元向前移动。

【答案】　错误

【解析】　链表的删除元素,不需要移动元素,只需要改变指针指向。

【知识点】　链表的删除操作

7. 线性表采用链表存储时,结点和结点内部的存储空间可以是不连续的。

【答案】　错误

【解析】　线性表采用链表存储时,结点内部的存储空间是连续的,结点间的存储空间可以不连续。

【知识点】　链式存储特点

8. 顺序存储方式插入和删除时效率太低,因此,它不如链式存储方式好。

【答案】　错误

【解析】　顺序存储方式插入和删除的效率与链式存储是一样的,不能以此判断存储方式好坏。

【知识点】　顺序表与链表的比较

9. 为了方便地插入和删除数据,可以使用双向链表存放数据。

【答案】　正确

【解析】　在双向链表中,可以在当前指针所指结点或其前、后插入和删除结点,无须定位,因此,比单链表方便。

【知识点】　双向链表结构特点

10. 所谓静态链表就是一直不发生变化的链表。

【答案】 错误

【解析】 静态链表是用顺序存储模拟的链表,存储空间不发生变化,但其内容可以发生变化。

【知识点】 静态链表定义

二、单项选择题

1. 线性表的基本运算 Insert(&L,i,e)表示在线性表 L 中第 i 个位置上插入一个元素 e,若 L 的长度为 n,则 i 的合法取值是( )。

  A. $1 \leqslant i \leqslant n$ B. $1 \leqslant i \leqslant n+1$ C. $0 \leqslant i \leqslant n-1$ D. $0 \leqslant i \leqslant n$

【答案】 B

【解析】 元素可以插在表尾,成为第 $n+1$ 个元素。正确答案是 B。

【知识点】 线性表的插入

2. 某线性表中最常用的操作是在最后一个元素之后插入一个元素和删除第一个元素,则采用( )存储方式最节省运算时间。

  A. 单链表   B. 仅有头指针的单循环链表

  C. 双链表   D. 仅有尾指针的单循环链表

【答案】 D

【解析】 对于 A、B 和 C,删除一个元素的时间复杂度为 $O(1)$,在表尾插入元素时,需定位到表尾,所需时间为 $O(n)$;对于 D,尾指针指向尾结点,因为是循环链表,尾指针所指结点的 next 指向头结点,所以,对于表首和表尾的增、删操作,时间复杂度均为 $O(1)$,是最省时间的。正确答案是 D。

【知识点】 各种形式链表的插入和删除

3. 在顺序表中删除一个元素所需要的时间( )。

  A. 与删除元素的位置及顺序表的长度都有关

  B. 只与删除元素的位置有关

  C. 与删除任何其他元素所需要的时间相等

  D. 只与顺序表的长度有关

【答案】 A

【解析】 从顺序表中删除元素时,为了保持元素存储的连续性,需将删除结点后续的元素依次前移。因此,在顺序表中删除一个元素与该元素的位置及顺序表的长度都有关。正确答案是 A。

【知识点】 顺序表的删除

4. 在 $n(n>1)$ 个元素的顺序表中,算法时间复杂度为 $O(1)$ 的运算是( )。

  A. 访问第 i 个元素 $(2 \leqslant i \leqslant n)$ 并求其前驱元素

  B. 删除第 i 个元素

  C. 在第 i 个元素之后插入一个新元素

  D. 将这 n 个元素递增排序

【答案】 A

【解析】 B 和 C 的时间复杂度为 $O(n)$;D 的时间复杂度取决于所采用的排序算法;

顺序表可以按位序访问,故 A 的时间复杂度为 $O(1)$。正确答案是 A。

【知识点】　顺序表的基本操作

5. 以下关于顺序表的叙述中,正确的是(　　)。

　　A. 顺序表与一维数组在结构上是一致的,它们可以通用

　　B. 在顺序表中,逻辑上相邻的元素在物理位置上不一定相邻

　　C. 顺序表和一维数组一样,都可以进行随机存取

　　D. 在顺序表中每一个元素的类型不必相同

【答案】　C

【解析】　见 2.2.3 节。

【知识点】　顺序表特性

6. 以下属于顺序表优点的是(　　)。

　　A. 插入元素方便　B. 删除元素方便　C. 存储密度大　　D. 以上都不对

【答案】　C

【解析】　顺序表的存储密度为 1,因此,其存储密度大。正确答案是 C。

【知识点】　顺序表的长处

7. 关于线性表的顺序存储结构和链式存储结构的描述中,正确的是(　　)。

　Ⅰ. 线性表的顺序存储结构优于链式存储结构

　Ⅱ. 顺序存储结构比链式存储结构的存储密度高

　Ⅲ. 如需要频繁插入和删除元素,最好采用顺序存储结构

　Ⅳ. 如需要频繁插入和删除元素,最好采用链式存储结构

　　A. Ⅰ、Ⅱ、Ⅲ　　　B. Ⅱ、Ⅳ　　　　C. Ⅱ、Ⅲ　　　　D. Ⅲ、Ⅳ

【答案】　B

【解析】　顺序表的存储密度为 1,链表的存储密度小于 1;频繁插入和删除元素的线性表最好采用链式存储结构。正确答案是 B。

【知识点】　顺序表和链表比较

8. 在长度为 n 的顺序表的第 $i(1{\leqslant}i{\leqslant}n)$ 个位置上插入一个元素时,为留出插入位置所需移动元素的次数为(　　)。

　　A. $n-i$　　　　　　B. i　　　　　　C. $n-i+1$　　　D. $n-i-1$

【答案】　C

【解析】　需将第 n 个~第 $i+1$ 个共 $n-i+1$ 个元素依次后移一个位序。正确答案是 C。

【知识点】　顺序表的插入

9. 一维数组与线性表的特征是(　　)。

　　A. 前者长度固定,后者长度可变　　　B. 两者长度均固定

　　C. 后者长度固定,前者长度可变　　　D. 两者长度均可变

【答案】　A

【解析】　见 2.2.4 节。

【知识点】　顺序表和数组的比较

10. 在单链表中,增加一个头结点的目的是(　　)。

A. 使单链表至少有一个结点   B. 标识链表中某个重要结点的位置

C. 方便插入和删除运算的实现   D. 表示单链表是线性表的链式存储结构

【答案】 C

【解析】 单链表设置头结点的目的是方便运算的实现。有头结点后,插入和删除元素的算法统一了,不再需要判断是否在第一个元素之前插入或删除第一个元素。正确答案是C。

【知识点】 单链表的头结点

11. 通过含有 $n(n \geqslant 1)$ 个元素的数组 a,采用头插法建立一个单链表 L,则 L 中结点值的次序(   )。

A. 与数组 a 的元素次序相同   B. 与数组 a 的元素次序相反

C. 与数组 a 的元素次序无关   D. 以上都不对

【答案】 B

【解析】 头插法中后插入的结点排在前面。正确答案是B。

【知识点】 单链表的头插法创建

12. 某算法在含有 $n(n \geqslant 1)$ 个结点的单链表中查找值为 x 的结点,其时间复杂度是(   )。

A. $O(\log_2 n)$ B. $O(1)$ C. $O(n^2)$ D. $O(n)$

【答案】 D

【解析】 需要从首结点出发顺序查找,等概率条件下平均查找时间为 $O(n)$。正确答案是D。

【知识点】 单链表的按值查找

13. 在长度为 $n(n \geqslant 1)$ 的单链表中删除尾结点的时间复杂度为(   )。

A. $O(1)$ B. $O(\log_2 n)$ C. $O(n)$ D. $O(n^2)$

【答案】 C

【解析】 在长度为 $n(n \geqslant 1)$ 的单链表中删除尾结点时,需要定位到倒数第 2 个结点,定位的时间复杂度为 $O(n)$。正确答案是C。

【知识点】 单链表的删除

14. 在具有 n 个结点的单链表中,实现(   )的操作,其算法的时间复杂度都是 $O(n)$。

A. 遍历链表和求链表的第 i 个结点

B. 在地址为 p 的结点之后插入一个结点

C. 删除首元结点

D. 删除地址为 p 的结点的后继结点

【答案】 A

【解析】 B、C、D 相关操作的时间复杂度均为 $O(1)$。正确答案是A。

【知识点】 链表的基本操作

15. 设线性表中有 n 个元素,以下运算中,(   )在单链表上实现要比在顺序表上实现效率更高。

A. 删除指定位置元素的后一个元素

B. 在尾元素的后面插入一个新元素

C. 顺序输出前 k 个元素

D. 交换第 i 个元素和第 $n-i+1$ 个元素的值$(i=1,2,\cdots,n)$

【答案】 A

【解析】 顺序表能够按位序访问,因此,与位序相关的操作,顺序表性能优于单链表,因此 B、C、D 均错误。在顺序表中删除元素时需要移动元素,而在单链表上执行同样的操作不需要移动元素,只需修改相关结点的指针域,正确答案是 A。

【知识点】 顺序表和单链表的比较

16. 以下关于单链表的叙述中正确的是(   )。

Ⅰ. 结点除自身信息外还包括指针域,存储密度小于顺序表

Ⅱ. 查找第 i 个结点的时间为 $O(1)$

Ⅲ. 在插入、删除运算时不必移动结点

A. 仅Ⅰ、Ⅱ   B. 仅Ⅱ、Ⅲ   C. 仅Ⅰ、Ⅲ   D. Ⅰ、Ⅱ、Ⅲ

【答案】 C

【解析】 在单链表查找第 i 个结点的平均时间为 $O(n)$,因此,Ⅱ错。由单链表的存储定义和其特性可知Ⅰ和Ⅲ正确,因此,正确答案是 C。

【知识点】 单链表的存储设计、单链表的基本操作

17. 指针 P 所指的元素是双循环链表 L 的尾元素的条件是(   )。

A. P==L   B. P->prior==L

C. P==NULL   D. P->next==L

【答案】 D

【解析】 尾元结点的指针指向首元结点。正确答案是 D。

【知识点】 双循环链表结构特点

18. 以下链表结构中,从当前结点出发能够访问到任一结点的是(   )。

A. 单向链表和双向链表   B. 双向链表和循环链表

C. 单向链表和循环链表   D. 单向链表、双向链表和循环链表

【答案】 B

【解析】 单向链表只能沿指针方向顺序访问,因此,A、C、D 都是错误的。

【知识点】 单向链表、双向链表和循环链表特点

19. 线性表 L 在(   )情况下适用于使用顺序结构实现。

A. 需经常修改 L 中的结点值   B. 需不断对 L 进行删除插入

C. L 中含有大量的结点   D. L 中结点结构复杂

【答案】 A

【解析】 顺序表中进行增、删操作时涉及其后元素的移动,因此,当 L 中含有大量结点和结点结构复杂时,不适宜采用顺序存储,因此 B、C、D 错。顺序表可以按位序随机访问,因此,A 操作适宜采用顺序结构。正确答案是 A。

【知识点】 顺序表和链表的比较

20. 将两个各有 n 个元素的有序表归并成一个有序表,其最少的比较次数是(   )。

　　A. n　　　　　　B. $2n-1$　　　　　C. $2n$　　　　　　D. $n-1$

【答案】 A

【解析】 两个有序表合并,当一个有序表的首元大于(非降序排序)或小于(非升序排序)另一个有序表的所有元素时,只需比较 n 次,即可完成合并,此时比较次数最少。正确答案是 A。

【知识点】 有序表合并

栈 和 队 列

3.1 由根及脉,本章导学

本章的知识结构如图 1-3-1 所示。

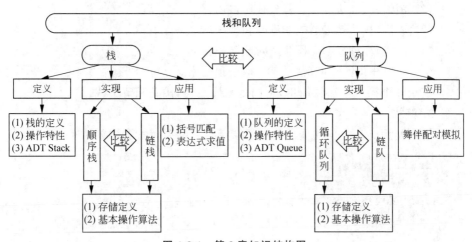

图 1-3-1 第 3 章知识结构图

本章包括两种操作受限的线性表：(堆)栈和队列。每一种结构分定义、实现和应用 3 个方面,定义中给出结构的定义、特性和抽象数据类型描述,实现中分顺序存储和链式存储两种实现。

3.1.1 栈

1. 栈的定义与特性

栈是限定只能在一端进行插入或删除操作的线性表。表中允许进行插入和删除操作的一端称为栈顶(top)。相应地,另一端称为栈底(bottom)。在栈顶插入元素的操作称为入栈/进栈/压栈,删除栈顶元素的操作称为出栈/弹栈。

栈具有"先进后出"或"后进先出"的特性。栈的抽象数据类型给出栈的逻辑结构及其上的 8 个基本操作的定义。

2. 顺序栈

顺序栈是采用顺序存储结构实现的栈。顺序栈的存储定义及存储示意图如图 1-3-2 所示。

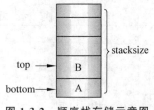

图 1-3-2 顺序栈存储示意图

```
template <class DT>
typedef struct SqStack
{  DT * bottom;            //栈底指针
   int top;                //栈顶
   int stacksize;          //栈可用的最大容量
};
```

栈顶指向栈顶元素处,栈底在低地址处,即连续内存的起始位置。

在顺序栈的基本操作中,给出了 8 个基本操作中的 5 个操作的算法思想、算法描述和算法分析。

(1) 初始化栈(算法 3.1):申请存储空间,创建一个空栈。

(2) 销毁栈(算法 3.2):释放栈所占内存。

(3) 入栈(算法 3.3):栈非满时在栈顶增加一个元素。

(4) 出栈(算法 3.4):栈非空时删除栈顶元素。

(5) 获取栈顶元素(算法 3.5):取栈顶元素。

其余 3 个操作算法较简单,它们是测栈空、测栈满和清空栈。

3. 链栈

链栈是用链表实现的栈。链栈的结点定义及存储示意图如图 1-3-3 所示。

```
template <class DT>
struct SNode          //结点类型名
{  DT data;           //数据域,存储数据元素
   SNode * next;      //指针域,指向后继结点
};
```

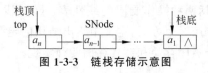

图 1-3-3 链栈存储示意图

采用无头结点的单链表表示链栈,头指针指向栈顶元素,也是链表标识。

申请链栈变量的语句为"SNode <DT> * S;"。

链栈操作中给出了 5 个操作的算法思想、算法描述和算法分析。

(1) 初始化(算法 3.6):栈顶指针置空,表示空栈。

(2) 销毁栈(算法 3.7):释放栈所占内存,与销毁单链表类似。

(3) 入栈(算法 3.8):在链表首元前增加一个数据元素,且头指针指向该新增结点。

(4) 出栈(算法 3.9):栈非空时删除首元结点,头指针指向其后继结点。

(5) 获取栈顶元素(算法 3.10):栈非空,取首元结点元素。

其余两个操作算法较简单,它们是测栈空和清空栈。

4. 栈的应用举例

栈的应用举例给出了以栈为工具的下列问题的求解。

(1) 括号匹配判断问题。采用栈存储左括号,与最近的右括号匹配。

(2) 中缀表达式求值,设置了操作数栈和操作符栈,完成中缀表达式的计算。

(3) 由中缀表达式求后缀表达式,利用操作符栈完成操作符按优先级高到低的运算顺序。

(4) 后缀表达式求值,利用操作数栈,实现操作数按运算符的优先级参与运算。

3.1.2　队列

1. 队列的定义和特性

队列是限定在表的一端进行插入、在另一端进行删除的线性表。允许插入的一端称为队尾,允许删除的一端称为队头或队首。在队尾插入新元素的操作称为进队或入队,从队首删除元素的操作称为出队或离队。队列具有"先进先出"或"后进后出"的特性。

队列的抽象数据类型给出队列的逻辑结构及其上的 8 个基本操作的定义。

2. 顺序列队

顺序队列是采用顺序存储结构实现的队列,顺序队列的存储定义及存储示意图如图 1-3-4 所示。

```
template <class DT>
typedef struct SqQueue
{   DT * base;              //存储空间基地址
    int front;              //队头指针,指向队头元素
    int rear;               //队尾指针,指向队尾元素的后面
    int queuesize;          //队列容量
};
```

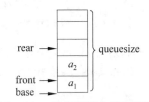

图 1-3-4　顺序队列存储示意图

为了解决顺序队列中的"假溢出"现象,假设连续存储空间的头、尾相接形成"循环队列",相应地,队空、队满条件及入队和出队时队尾、队头指针变化如下:

▲ 队尾指针增 1: $Q.rear = (Q.rear + 1) \% Q.queuesize$。

▲ 队头指针增 1: $Q.front = (Q.front + 1) \% Q.queuesize$。

▲ 队空: $Q.front == Q.rear$。

▲ 队满: $(Q.rear + 1) \% Q.queuesize == Q.front$。

顺序队列的实现中给出了 8 个基本操作中 5 个操作的算法思想、算法描述和算法

分析。

（1）初始化队列（算法 3.14）：申请存储空间，创建一个空队，初始化时，Q.front＝Q.rear＝0。

（2）销毁队列（算法 3.15）：释放队列所占内存。

（3）入队（算法 3.16）：队非满时在队尾增加元素。

（4）出队（算法 3.17）：队非空时删除队头元素。

（5）获取队头元素（算法 3.18）：取队头元素。

其余 3 个操作算法较简单，它们是测队空、测队满和清空队。

3. 链队

链队是采用链式存储结构实现的队列。链队采用有头结点的单链表存储，队头指针指向头结点，队尾指针指向链队尾元素。

存储定义及存储示意图如图 1-3-5 所示。

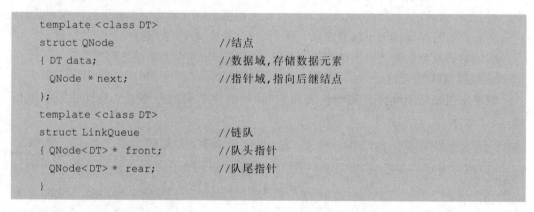

```
template <class DT>
struct QNode                    //结点
{ DT data;                      //数据域,存储数据元素
  QNode * next;                 //指针域,指向后继结点
};
template <class DT>
struct LinkQueue                //链队
{ QNode<DT> * front;            //队头指针
  QNode<DT> * rear;            //队尾指针
}
```

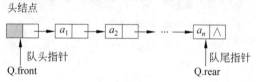

图 1-3-5　链队示意图

链队的实现中给出了 8 个基本操作中 5 个操作的算法思想、算法描述和算法分析。

（1）初始化队列（算法 3.19）：创建头结点，指针域为空，front 与 rear 均指向它，表示一个空队。

（2）销毁队列（算法 3.20）：释放队列所占内存，与销毁单链表类似。

（3）入队（算法 3.21）：在队尾增加一个数据元素。

（4）出队（算法 3.22）：队非空时删除首元结点。

（5）获取队头元素（算法 3.23）：队非空时取首元结点元素。

其余 3 个操作算法较简单，它们是测队空、测队满和清空队。

4. 队列的应用举例

队列的应用给出了男女舞伴配对的模拟。分别用两个队列模拟男舞者和女舞者，按先来先出队进行男、女舞者配对。

3.2 拨云见日，谜点解析

3.2.1 线性表与栈

线性表和栈具有相同的逻辑结构，均为线性结构，即数据元素之间具有一对一的关系。栈是增、删操作上受限的线性表。

栈是增和删都只能在表的一端进行的线性表。如同一只桶，物品进、出只能通过桶口。对于桶，后放入物品压在先放的物品之上，要取下面的物品，必须先把上面的物品取出。堆栈中也一样，后进栈的数据元素压在先进栈的数据元素之上，要取出下面的元素必须先取走其上的数据，形成"先入后出/后进先出"的特性。

只有一个出口的桶，在不破坏桶的前提下，不能从桶的中间抽取东西或把东西塞到桶的中间位置。对栈的操作必须遵守类似约定。线性表中与位序相关的操作，在栈中通常均不可以实施。不要在栈中进行按位序访问、按值查找、在第 i 个位序插入或删除元素等操作。

栈与线性表同属线性结构，存储结构相同时，两者的初始化、销毁等操作方法类似。

3.2.2 线性表与队列

线性表和队列具有相同的逻辑结构，均为线性结构，即数据元素之间具有一对一的关系。队列是增、删操作上受限的线性表。

队列规定在表的一端插入，在另一端删除，如同日常生活中人们排的队，先来的排在队前可以先出队，后来的排在队尾。队列也是这样，元素依次在队尾入队，从队头出，形成"先入先出/后入后出"的特性。

生活中"不能插队"是共识，对数据结构的队列操作必须遵守类似约定。线性表中与位序相关的操作，在队列中通常均不可以实施。不要在队列中进行按位序访问、按值查找、在第 i 个位序插入或删除元素等操作。

队列与线性表同属线性结构，存储结构相同时，两者的初始化、销毁等操作方法类似。

3.2.3 栈、顺序栈和链栈

顺序栈和链栈是栈的两种不同存储结构的实现。前者采用顺序存储结构，后者采用链式存储结构。以栈作解决问题的工具时，顺序栈和链栈作用上没有什么区别。但不同的存储结构决定了他们各自的特性。如果使用顺序栈，初始化时需指定容量，这就要求编程人员预估所需空间，以免使用中空间不够影响系统性能。链栈没有栈满，但所需内存多于顺序栈。

3.2.4 栈顶指针

栈中元素的增、删均发生于栈的顶部，栈中通常设置栈顶指针标识栈顶。

顺序栈中，栈顶指针 top 的设置有两种方法：(1)指在栈顶元素处，本教材中采用此方法；（2）指在栈顶元素的上方。两种方法在入栈、出栈、取栈顶元素及初始化时均有区别，详见表 1-3-1。

表 1-3-1　顺序栈两种栈顶指针设置的操作对比

序号	比较内容	方 法（1）	方 法（2）
1	top	指向栈顶元素处	指到栈顶元素上方
2	空栈	top＝－1	top＝0
3	入栈	• top++，指向可用单元 • 入栈元素存入 top 所指单元	• 入栈元素存入 top 所指单元 • top++
4	出栈	• 取 top 所指单元内容 • top－－	• top－－ • 取 top 所指单元内容
5	取栈元素	取 top 所指单元，top 不变	取 top－1 所指单元，top 不变

链栈用头指针 top 标识，如果有头结点，top 指向头结点，头结点后的结点为栈顶元素；如果没有头结点（本教材中采用此方法），top 所指结点为栈顶元素。两种方法在入栈、出栈、取栈顶元素及初始化时均有区别，详见表 1-3-2。

表 1-3-2　链栈两种栈顶指针设置的操作对比

序号	比较内容	有 头 结 点	无 头 结 点
1	top	指向头结点	指向栈顶元素
2	空栈	top 指向头结点	top＝NULL
3	入栈	• 在头结点后插入新结点 • top 不变	• 在 top 所指结点前插入新结点 • top 指向新结点
4	出栈	• 删除头结点的后继结点 • top 不变	• 删除 top 所指结点 • top 指向新首元结点
5	取栈元素	取头结点后结点数据元素	取 top 所指结点数据元素

3.2.5　队列、顺序队列、链队

顺序队列和链队是队列的两种不同存储结构的实现。前者采用顺序存储结构，后者采用链式存储结构。以队列作为解决问题的工具时，顺序队列和链队作用上没有什么区别。但不同的存储结构决定了它们各自的特性。如果使用顺序队列，初始化时需指定容量，这就要求编程人员预估所需空间，以免使用中因空间不够影响系统性能。链队没有栈满，但所需内存多于顺序队列。

3.2.6　队头、队尾指针

队列只能在队头删除元素，在队尾增加元素，为此设置队头指针和队尾指针。

顺序队列的队头指针 front 有两种设置方法：指向队头元素（本教材采用此方法）和指向队头元素前的 1 个单元。队尾指针 rear 也有两种设置方法：指向队尾元素和指向队

尾元素后的单元(本教材采用此方法)。不同的设置在出队、入队、取队头元素及初始化时均有区别,下面以循环队列为例,取其中两种设置作为对比:(1)本教材的设置;(2)front 指向队首元素前,rear 指向队尾元素。具体如表 1-3-3 所示。

表 1-3-3　循环队列两种指针设置的操作对比

序号	比较内容	方法(1)(教材)	方法(2)
1	队头队尾	front 指向队头元素 rear 指向队尾元素后	front 指向队头元素前 rear 指向队尾元素
2	初始化	front=0,rear=0	front=queuesize-1,rear=-1
3	入队	• 元素送入 rear 所指单元 • rear=(rear+1)%queuesize	• rear=(rear+1)%queuesize • 元素送入 rear 所指单元
4	出队	• 取 front 所指单元数据元素 • front=(front+1)%queuesize	• front=(front+1)%queuesize • 取 front 所指单元数据元素
5	取队头元素	• 取 front 所指单元数据元素 • front 不变	• 取 front 所指单元后一单元的 　数据元素 • front 不变

链队可以采用有头结点的单链表,也可以采用无头结点的单链表。如果有头结点,头指针指向头结点,头结点后的首元结点为队头元素;如果无头结点,头指针指向队头元素。两者的尾指针均指向链队的队尾元素。有无头结点在入队、出队、取队头元素及初始化时的区别如表 1-3-4 所示。

表 1-3-4　链队有无头结点的操作对比

序号	比较内容	有头结点(教材)	无头结点
1	队头、队尾	• front 指向头结点 • rear 指向尾结点	• front 指向队头结点 • rear 指向尾结点
2	空队	front 和 rear 均指向头结点	front 和 rear 均为 NULL
3	入队	• 在 rear 后插入新结点 • rear 指向新的尾结点	
4	出队	• 删除 front 的后继结点 • front 不变 • 删除后如果表空,rear 指向头结点	• 删除 front 所指结点 • front 指向新的首元结点 • 删除后如果表空,rear 为 NULL
5	取队头元素	取 front 后继结点数据元素	取 front 所指结点数据元素

3.2.7　"假溢出"及其相关问题

顺序队列中,数据元素从队尾入队时队尾 rear 指针后移,从队头出队时队头指针 front 后移。这样可能出现图 1-3-6(a)所示情况,rear 已经越界,但队列中依然有可用空间,此现象称为"假溢出"。

为了解决"假溢出"问题,将顺序队列看成首尾相连(见图 1-3-6(b)),入队时的 rear 移动为 rear=(rear+1)%queuesize,这样当 rear 在增加过程中越界时指针回到 0,就可避

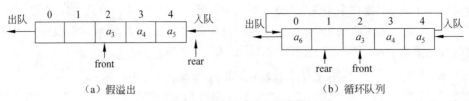

（a）假溢出　　　　　　　　　　　　　（b）循环队列

图 1-3-6　顺序队列"假溢出"与循环队列

免"假溢出"现象。但这样带来队空与队满判断条件相同的问题,入队时当 rear＝＝front 时,队满;出队时当 rear＝＝front 时为队空。教材中给出的处理方法是牺牲一个存储单元来区分队空和队满条件,分别如下。

队空：front ＝＝ rear；

队满：(rear＋1) ％ queuesize ＝＝ front。

以下两种方法也可解决此问题。

方法一：计数法。通过一个计数器 k 累计队列中元素个数,入队时,k＋＋,出队时 k－－,当 k＝＝0 时为队空,当 k＝＝queuesize 时为队满。

事实上,队列中元素个数可以通过 front 和 rear 直接计算出,即元素个数＝(rear－front＋queuesize)％ queuesize。因此,不设计数器也可以,但设了计数器可以更直观,且可省去每次判断时的个数计算。

方法二：标志法。设置一个标志 flag,入队时 flag＝1,出队时 flag＝0。当 front＝＝rear 且 flag＝1 时为队满;当 front＝＝rear 且 flag＝0 时为队空。

入队与出队算法描述如下。

```
// 入队算法
0  template<class DT>
1  bool EnQueue(SqQueue<DT>&Q , DT e)        //在队尾插入一个新元素
2  { if(Q.rear==Q.front && flag==1)         //队满,不能入队
3      return false;                        //返回 false
4    flag=1;                                //置入队标志
5    Q.base[Q.rear]=e;                      //元素 e 放在队尾指针处
6    Q.rear=(Q.rear+1)%Q.queuesize          //队尾指针增 1
7    return true;                           //返回 true
8  }
// 出队算法
0  template<class DT>
1  bool DeQueue(SqQueue<DT>&Q, DT &e)        //删除队头元素
2  { if(Q.front==Q.rear && flag==0)         //队空,不能出队
3      return false;                        //返回 false
4    flag=0;                                //置出队操作标识
5    e=Q.base[Q.front];                     //取队头元素,赋值给 e
6    Q.front=(Q.front+1)%Q.queuesize;       //队头指针加 1
7    return true;                           //返回 true
8  }
```

3.2.8 递归与非递归

函数调用需要栈的支持,递归是特殊的函数调用,因此,递归是栈的典型应用之一。递归程序通常比较简洁,有时寥寥数语可以解决一个比较复杂的问题。但递归程序执行效率通常比较差,因此对递归问题常采用非递归算法。将递归算法转换为非递归算法有两种方法:一是用循环直接求解,不需要回溯;二是用栈实现递归中的回溯。

1. 直接求解

该方法可用于消除尾递归和单向递归,用循环代替递归。

尾递归是指在递归算法中,递归调用语句只有一处且在算法的最后。如求阶乘的算法,递归算法与非递归算法描述如下。

```
              【递归算法】                          【非递归算法】
1  long fact_1(int n)                     long fact_2(int n)
2  {                                      {
3      if (n==0)                              for(i=1,p=1;i<=n;i++)
4          return 1;                             p=p*i;
5      else                                   return p;
6          return n * fact(n-1);          }
7  }
```

递归算法中的语句 6 为递归调用,以此实现阶乘的连乘;非递归算法中由 for 循环实现阶乘的连乘。

单向递归是指递归算法中虽然有多处递归调用,但各递归调用的参数之间没有关系,并且这些递归调用语句都处在递归算法的最后。尾递归是单向递归的特例。如求斐波那契数列,递归算法与非递归算法描述如下。

```
              【递归算法】                          【非递归算法】
1  long fib_1(int n)                      long fib_2(int n)
2  { if (n==1 || n==2)                    { if (n==1 || n==2)
3      return 1;                              return 1;
4    else                                   else
5      return fib_1(n-1)+fib_1(n-2);        { f1=1,f2=1;
6  }                                          for(i=3;i<=n;i++)
7                                             { f=f1+f2;
8                                               f1=f2,f2=f;
9                                             }
10                                         return f;
11                                         }
```

递归算法中语句 5 是尾递归,求第 n 项的值;非递归算法中,由 for 循环求第 n 项的值。

2. 借用栈

借用栈指用栈保存运算的中间结果,模拟递归中的回溯。如十进制数转为八进制数,递归算法与非递归算法描述如下。

	【递归算法】	【非递归算法】

```
1    long tran10to8_1(int n)              void tran10to8_2 (int n)
2    {  if (n!=0)                          {  Stack<int>s;
3          {  tran10to8_1(n/8);               while (n)
4             cout<<n%8;                       {  Push(S ,n%8);
5          }                                     n =n/8;
6    }                                          }
7                                             while (!StackEmpty(S))
8                                               {  Pop(S ,e);
9                                                  cout<<e;
10                                               }
11                                         }
```

递归算法中的语句 3,通过递归求八进制数的各位;非递归算法通过循环和堆栈,求得低位到高位的各个八进制数位,然后通过出栈依高位到低位输出各数位。

借用栈将递归转为非递归,在后续学习中会有许多实例。

3.3　积微成著,要点集锦

(1) 线性表、栈和队列具有相同的逻辑结构,均为线性结构,且均可以采用顺序存储和链式存储。

(2) 栈是插入和删除操作均只能在表的一端的线性表,具有"先进后出"或"后进先出"的特点。

(3) 队列是只能在表的一端插入、在另一端删除的线性表,具有"先进先出"或"后进后出"的特点。

(4) 顺序栈利用一组地址连续的存储单元由栈底到栈顶依次存放栈的数据元素。

(5) 顺序栈中,如果栈顶指针指向栈顶元素,则入栈时先移动栈顶指针,后存入元素;出栈则相反,先取栈顶元素,后移动栈顶指针。

(6) 在栈中增加元素和删除元素时栈顶指针的移动方向相反。

(7) 链栈用链表存储栈元素,没有头结点时,链表的头指针指向栈顶元素。

(8) 循环队列是利用一组地址连续的存储单元由队首到队尾依次存放队列的数据元素,且假设首尾相连。

(9) 入栈序列相同,出栈序列不一定相同。一个入栈序列可以有多个不同的出栈序列。

(10) 一个入队序列,只能有一个出队序列,且入队序列相同,出队序列一定相同。

(11) 不能在栈的任意位置增、删数据元素,也不能在队列的任意位置增、删元素。

(12) 无论是顺序栈、链栈,还是顺序队列和链队,在其中增加和删除数据元素,均不需要移动数据元素。

(13) 无论顺序栈还是链栈,在栈中增、删数据元素的时间复杂度为 $O(1)$。

(14) 无论顺序队列还是链队列,在队列中增、删数据元素的时间复杂度为 $O(1)$。

（15）数据结构中的队列和生活中的队列区别是：生活中的队列，队头是不动的，队列中的元素会随着出队而移动；数据结构中的队列，队头随着出队而移动，队列中的元素不会随着出队而移动。

（16）顺序队列中元素个数可以由队头指针和队尾指针计算出来。

（17）队列中增、删数据元素时队头和队尾指针移动的方向一样。

（18）顺序栈和循环队列与顺序表一样，使用中有容量是有限的，链栈和链队与链表一样，不存在容量受限问题。

（19）中缀表达式的计算需设置两个栈：一个操作数栈，一个操作符栈。

（20）表达式中双目操作符具有就近操作数参与运算的特点。

（21）中缀表达式中运算符能够被执行的前提是其后的运算符优先级低于它。

（22）由中缀表达式求后缀表达式，操作数按原顺序输出，操作符（括号除外）按优先级顺序插在操作数序列中。

（23）栈可用于求解中需回溯的问题，如函数的嵌套调用。

（24）队列用于解决类似资源先来先分配等问题。

3.4　启智明理，习题解答

3.4.1　主教材习题解答

一、填空题

1. 栈是　①　的线性表，其运算遵循　②　的原则。

【答案】　①操作受限；②后进先出

【知识点】　栈的定义和特点

2. 若一个栈的输入序列是1、2、3，则不可能的栈输出序列是_____。

【答案】　312

【解析】　3要出栈必先入栈；按题意可知3入栈时1、2已入栈，因此，3出栈后，只能是2出栈，其次是1，312不可是出栈序列。

【知识点】　栈的特点

3. 用S表示入栈操作，X表示出栈操作，若元素入栈的顺序为1234，为得到1342的出栈顺序，相应的S和X的操作串为_____。

【答案】　SXSSXSXX

【解析】　1进，1出，2进，3进，3出，4进，4出，2出

【知识点】　栈的操作

4. 循环队列的引入，其目的是_____。

【答案】　克服假溢出现象。

【知识点】　循环队列的意义

5. 队列是限制插入只能在表的一端，而删除在表的另一端进行的线性表，其特点是_____。

【答案】 先进先出

【知识点】 队列的定义

6. 已知链队列的头尾指针分别是 f 和 r,则将值 x 入队的操作序列是_____。

【答案】 s=new QNode<DT>; s->data=x; s->next=r->next;r->next=s;r=s;

【解析】 插入操作时,新结点链在队尾,并成为新的队尾。

【知识点】 链队的入队

7. 表达式求值是_____应用的一个典型例子。

【答案】 栈

【解析】 栈的应用有括号匹配校验、递归、进制转换、迷宫求解、表达式求值等;队列的应用包括舞伴问题、缓冲区、页面替换算法等。

【知识点】 栈的应用

8. 循环队列用数组 A[0..m−1]存放其元素值,已知其头尾指针分别是 front 和 rear,则当前队列的元素个数是_____。

【答案】 (rear−front+m)%m

【解析】 循环队列中,rear 可能比 front 大,也可能比 front 小或相等,元素个数是非负数,因此,求长度时需+表容量后对表容量求模。

【知识点】 循环队列

9. 以下运算实现在链栈上的进栈,请用适当语句补充完整。

```
void PushLStackTp * ls,DT x
{
  Lstack * p;
  p=new Lstack;
  _____①_____
   p->next=ls;
      ②
}
```

【答案】 ①p->data=x; ②ls=p

【知识点】 链栈入栈操作

10. 以下运算实现在链队上的入队,请用适当语句补充完整。

```
void EnQueue(QueptrTp * lq,DT x)
{
  Lqueue * p;
  p=new Lqueue;
  _____①_____=x;
  p->next=NULL;
    (lq->rear)->next=_____②_____;
      ③    ;
}
```

【答案】 ①p->data; ②p; ③lq->rear=p

【知识点】 链队的入队

二、简答题

1. 简述顺序栈的类型定义。

【答】 顺序栈的类型定义如下：

```
template <class DT>
struct SqStack
{ DT * base;              // 栈底指针
  int top;                // 栈顶
  int stacksize;          // 栈可用的最大容量
};
```

2. 简述链栈的类型定义。

【答】 链栈采用无头结点的单链表表示，头指针指向栈顶元素。链表结点定义如下：

```
template <class DT>
struct SNode            // 结点类型名
{ DT data;              // 数据域,存储数据元素
  SNode * next;         // 指针域,指向后继结点
};
```

3. 简述循环队列的类型定义。

【答】 循环队列定义如下,使用中假设首尾相连。

```
template <class DT>
struct SqQueue
{ DT * base ;            // 存储空间基地址
  int front;             // 队头指针,指向队首元素
  int rear;              // 队尾指针,指向队尾元素的后面
  int queuesize;         // 队列容量
};
```

4. 简述链队的类型定义。

【答】 链队采用有头结点的单链表,链表结点类型定义如下：

```
template <class DT>
struct QNode              // 结点类型名
{ DT data;                // 数据域,存储数据元素
  QNode * next;           // 指针域,指向后继结点
};
```

链队中除头指针外另设队尾指针指向队尾元素,链队类型定义如下：

```
template <class DT>
struct LinkQueue
{ QNode<DT> * front;                  // 头指针
```

```
    QNode<DT> * rear;              // 队尾指针
}
```

5. 对于循环队列,试写出求队列长度的算法。

【答】

```
int length(SqQueue Q)
  {
      len=(Q.rear-Q.front+Q.queuesize)%Q.queuesize;
      return len;
  }
```

【分析】 见填空题 8。

【知识点】 循环队列

6. 设有编号为 1、2、3、4 的 4 辆列车顺序进入一个车站的站台。试写出这 4 辆列车开出车站的所有可能的顺序。

【答】 1234,1243,1324,1342,1432,2143,2134,2314,2341,2431,3241,3214,3421,4321。

【分析】 对于 n 个不同元素进栈,出栈序列的个数为 $\dfrac{1}{n+1}C_{2n}^{n}=\dfrac{1}{n+1}\dfrac{(2n)!}{n!\times n!}$,当 $n=4$ 时,有 14 种可能。进栈的值如果是升序,那根据栈的"先入后出"特点,序列中某个值后比它小的只能是逆序序列,例如,1、2、3、4 依次入栈,下列序列均是不可能的出栈序列:1423、2413、3124、3142、3412、4213、4231、4312、4123、4132 等。

【知识点】 栈的特点

7. 阅读下列程序,写出程序的运行结果。

```
#define SqStack_maxsize 40
typedef struct SqStack
{
    char data[SqStack_maxsize];
    int top;
}
Main()
{
    SqStack sq;
    int i;
    char ch;
    InitStack(&sq);
  for(ch='A';ch<='A'+12;ch++)
    {
        Push(&sq,ch);
        cout<<ch;
    }
```

```
    cout<<endl;
    while(!EmptyStack(sq))
    {
        Pop(&sq,&ch);
        cout<<cn;
    }
    cout<<endl;
}
```

【答】　ABCDEFGHIJKLM

　　　　MLKJIHGFEDCBA

【分析】　第一个 for 循环语句,将 A～M 共 13 个字母进栈并输出;第二个 while 循环语句,将 M～A 依次出栈并输出。

【知识点】　顺序栈的操作

8. 阅读下列算法,写出其完整的功能。

```
void reverse_list(LNode * head)
{
    SqStack ls,p;
    DataType x;
    InitStack(&ls);
    p=head->next;
    while(p!=NULL)
    {
        Push(&ls,p->data);
        p=p->next;
    }
    p=head->next;
    while(!EmptyStack(&ls))
    {
        Pop(&ls,&x);
        p->data=x;
        p=p->next
    }
}
```

【答】　借助一个栈将一个带头结点的单链表倒置。

【分析】　由 p=head->next 可知是一个带头结点的单链表,第一个 while 循环将链表结点依次进栈,第二个 while 循环依次出栈生成倒置的单链表。

【知识点】　链栈的操作

9. 写出下列中缀表达式的后缀表达式。

(1) $-A+B-C+D$;

(2) $(A+B)\times D+E/(F+A\times D)+C$;

(3) $A\&\&B||!(E>F)$。

【答】　(1) A－B＋C－D＋

(2) AB＋D×EFAD＋＋/＋C＋

(3) AB＆＆EF！ ‖

【知识点】　由中缀表达式求后缀表达式

10.用栈实现将中缀表达式 8－(3＋5)×(5－6/2) 转换成后缀表达式：(1)写出其后缀表达式；(2)画出中缀表达式转变成后缀表达式过程中栈的变化过程图。

【答】　(1) 8 3 5 ＋ 5 6 2 / － * －

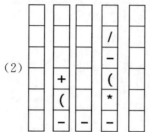

(2)

三、算法设计题

1.假设以 I 和 O 分别表示入栈和出栈操作。栈的初态和终态均为空。

(1)下面所示的序列中哪些是可操作序列？

　　A. IOIIOIOO　　B. IOOIOIIO　　C. IIIOIOIO　　D. IIIOOIOO

(2)写出一个算法，判定所给的操作序列是否合法。若合法，返回 true,否则返回 false(假定被判定的操作序列已存入一维数组中)。

【解】　(1)可操作序列为 A、D。

(2)此算法与括号匹配类似。扫描操作序列,I 进栈,碰到 O 时,出栈。当栈的终态为空时,为可操作序列。遇到下列情形为不可操作序列：

① 扫描到 O 时,栈为空；②栈的终态非空。

算法描述如下：

```
bool match(char * exp)
{ InitStack<char>(S);                    //创建栈
  flag=1;                                //匹配标志
  ch= * p++;                             //取操作符号
  while(ch!='\0'&& flag==1)             //未扫描完操作序列且匹配
  { switch(ch)
    { case 'I':                          //I 进栈
        Push(S,ch);
        break;
      case 'O':                          //栈非空,出栈
      if(!StackEmpty(S))
          Pop(S,x);
      else                               //栈空,不可操作序列
          flag=0;
      break;
    }
```

```
    if(StackEmpty(S) && flag)                        //可操作序列
      return true;
    else                                             //不可操作序列
        return false;
  }
```

2. 假设以数组 cycque$[m+1]$（数组范围设为 $0\sim m$）存放循环队列的元素，同时设变量 rear 和 quelen 分别指示循环队列中队尾元素位置和内含元素的个数。试给出此循环队列的队满条件，并且写出相应的入队列和出队列的算法。

【解】　设 cycque$[m]$、rear、quelen 皆为全局变量，当 quelen$=0$ 时队空，quelen$=m+1$ 时队满，相应入队和出队算法描述如下：

```
//入队列
template <class DT>
bool Enqueue(DT cycque[m], DT e)
{   if (quelen==m+1)                                 //队满
      return false;                                  //不能入队
    else
    {   real=(real+1)%(m+1);                         //队尾指针后移
        cycque[real]=e;                              //元素入队
        quelen++;
    }
    return true;
}
//出队
template <class DT>
bool DeQueue(DT cycque[m], DT &e)
{   if (quelen ==0)                                  //空队
      return false;                                  //不能出队
    else
    {   front =(real-quelen +1+(m+1))%(m+1);         //队头指针后移
        e=cycque [front];                            //元素出队
        quelen--;
        return true;
    }
}
```

3. 借助栈（可用栈的基本运算）来实现单链表的逆置运算。

【解】　设单链表有头结点。扫描单链表，将元素依次入栈；扫描单链表，将栈中元素依次出栈给单链表结点赋值。

算法描述如下：

```
Void invert(LNode<DT> * &L)
```

```
{  InitStack(s);                         //创建栈
   p=L->next                             //从首元结点开始
   while (p!=NULL1)                       //结点非空
   {  Push(s, p->data);                   //入栈

       p=p->next;
   }
p=L->next;                                //指向首元结点
while(!EmptyStack(s))                      //栈不空
{  Pop(s, p->data);                        //出栈至链表
   p=p->next;                              //下一个结点
   }
}
```

3.4.2 自测题及解答

一、判断题

1. 栈和线性表是两种不同的数据结构,它们的数据元素的逻辑关系不同。

【答案】 错误

【解析】 栈是一种只在表的一端进行增、删操作的特殊线性表。

【知识点】 栈定义

2. 栈底元素是不能删除的元素。

【答案】 错误

【解析】 栈底元素是最后可以出栈的元素,出栈表示删除。

【知识点】 栈

3. 顺序栈中元素值的大小是有序的。

【答案】 错误

【解析】 顺序栈是指用顺序存储的栈,栈中的元素不一定是有序的。

【知识点】 顺序栈

4. 栈顶元素和栈底元素有可能是同一个元素。

【答案】 正确

【解析】 当栈中只有一个元素时就是这种情况。

【知识点】 栈

5. 若用 data[1..m]表示顺序栈的存储空间,则对栈的进栈、出栈操作最多只能进行 m 次。

【答案】 错误

【解析】 可以进行任意多次交替的进栈、出栈操作,但栈中最多只有 m 个元素。

【知识点】 栈的操作

6. 空的顺序栈没有栈顶指针。

【答案】 错误

【解析】 空栈指栈中没有元素,但顺序栈一定要有栈顶指针。

【知识点】 顺序栈

7. 在顺序栈中,将栈底放在数组的任意位置不会影响运算的时间性能。

【答案】 错误

【解析】 在顺序栈中,如果将栈底放在数组的两端,其进栈、出栈运算的时间性能都是最好的。如果将栈底放在数组的中间,要么将数组改为循环的(需要保存该栈底位置),要么移动元素,其时间性能都不如将栈底放在数组两端好。

【知识点】 顺序栈

8. 循环队列不存在空间上溢出的问题。

【答案】 错误

【解析】 循环队列只是不存在假溢出,但因为采用的是顺序存储,所以,仍然存在空间上溢出的问题。

【知识点】 循环队列

9. 在采用单链表作为链栈时必须带有头结点。

【答案】 错误

【解析】 有无头结点的链表均可以用于存储链栈。因为操作只发生在栈顶,常用不带头结点的单链表表示链栈。

【知识点】 链栈

10. 顺序队列采用数组存放队中元素,而数组具有随机存取特性,因此,在顺序队列中可以随机存取元素。

【答案】 错误

【解析】 顺序队列采用数组存放队中元素,尽管数组具有随机存取特性,但队列对元素的访问和增、删操作只能发生在两端,因此,顺序队列不可以随机存取元素。

【知识点】 队列定义

11. 若用不带头结点的非循环单链表来表示链队,则可以用"队首指针和队尾指针的值相等"作为队空的标志。

【答案】 错误

【解析】 应该用"队首指针和队尾指针的值均为 NULL"作为队空的标志,因为当链队中只有一个结点时队首指针和队尾指针的值相等。

【知识点】 链队

12. 若采用"队首指针和队尾指针的值相等"作为循环队列为空的标志,则在设置一个空队时只需将队首指针和队尾指针赋同一个值,不管什么值都可以。

【答案】 正确

【解析】 因为无论出队和入队都要进行求余运算,将队首指针和队尾指针转化为有效的顺序队下标值,所以是正确的。

【知识点】 队列

二、单项选择题

1. 假定利用数组 $a[n]$ 顺序存储一个栈,用 top 表示栈顶指针,用 top==−1 表示栈空,并已知栈未满,当元素 x 进栈时所执行的操作为(   )。

A. a[--top]=x
B. a[top--]=x
C. a[++top]=x
D. a[top++]=x

【答案】 C

【解析】 初始时 top 为-1,则第一个元素入栈后,top 为 0,即指向栈顶元素,故入栈时应先将指针 top 加 1,再将元素入栈,只有选项 C 符合题意。

【知识点】 顺序栈的基本操作

2. 若一个栈的输入序列是 $1,2,3,\cdots,n$,输出序列的第一个元素是 n,则第 i 个输出元素是(   )。

A. 不确定
B. $n-i$
C. $n-i-1$
D. $n-i+1$

【答案】 D

【解析】 第 n 个元素第一个出栈,说明前 $n-1$ 个元素都已经按顺序入栈,由"先进后出"的特点可知,此时的输出序列一定是输入序列的逆序,故正确答案是 D。

【知识点】 栈的特点

3. 一个栈的输入序列为 $1,2,3,\cdots,n$,输出序列的第一个元素是 i,则第 j 个输出元素是(   )。

A. $i-j-1$ B. $i-j$ C. $j-i+1$ D. 不确定

【答案】 D

【解析】 当第 i 个元素第一个出栈时,则 i 之前的元素可以依次排在 i 之后出栈,但剩余的元素可以在此时进栈并且也会排在 i 之前的元素出栈,因此,第 j 个出栈的元素是不确定的。

【知识点】 栈的特点

4. 若一个栈的输入序列是 $P_1,P_2,\cdots,P_n$,输出序列是 $1,2,3,\cdots,n$,若 $P_3=1$,则 P_1 的值(   )。

A. 可能是 2   B. 一定是 2   C. 不可能是 2   D. 不可能是 3

【答案】 C

【解析】 入栈序列是 $P_1,P_2,\cdots,P_n$,由于 $P_3=1$,即 P_1,P_2,P_3 连续入栈后,第一个出栈元素是 P_3,说明 P_1,P_2 已经按序进栈,根据先进后出的特点可知,P_2 必定在 P_1 之前出栈,而第二个出栈元素是 2,而此时 P_1 不是栈顶元素,因此 P_1 的值不可能是 2。

【知识点】 栈的特点

5. 在一个具有 n 个单元的顺序栈中,假设以地址高端作为栈底,以 top 作为栈顶指针,则当做进栈处理时,top 的变化为(   )。

A. top 不变   B. top=0   C. top--   D. top++

【答案】 C

【解析】 以高端为栈底,进栈时,栈顶指针往低地址处移动,是 top--。正确答案是 C。

【知识点】 顺序栈

6. 向一个栈顶指针为 top 的链栈中插入一个 s 所指结点时,其操作步骤为(   )。

A. top->next=s; B. s->next=top->next;top->next=s;

C. s->next=top;top=s; D. s->next=top;top=top->next;

【答案】 C

【解析】 堆栈中插入元素是插在栈顶元素前,并且新元素为栈顶元素。正确答案是 C。

【知识点】 链栈的入栈

7. 设栈 S 和队列 Q 的初始状态均为空,元素 abcdefg 依次进入栈 S。若每个元素出栈后立即进入队列 Ω,且 7 个元素出队的顺序是 bdcfeag,则栈 S 的容量至少是( )。

A. 1 B. 2 C. 3 D. 4

【答案】 C

【解析】 时刻注意栈的特点是先进后出,表 1-3-5 是出入栈的详细过程。

表 1-3-5 出入栈的详细过程

序号	说 明	栈 内	栈 外	序号	说 明	栈 内	栈 外
1	a 入栈	a		8	e 入栈	ae	bdc
2	b 入栈	ab		9	f 入栈	aef	bdc
3	b 出栈	a	b	10	f 出栈	ae	bdcf
4	c 入栈	ac	b	11	e 出栈	a	bdcfe
5	d 入栈	acd	b	12	a 出栈		bdcfea
6	d 出栈	ac	bd	13	g 入栈	g	bdcfea
7	c 出栈	a	bdc	14	g 出栈		bdcfeag

栈内的最大深度为 3,故栈 S 的容量至少是 3。

另一种方法:元素的出队顺序和入队顺序相同,因此元素的出栈顺序就是 b,d,c,f,e,a,g,因此元素的入栈、出栈次序为 Push(S,a),Push(S,b),Pop(S,b),Push(S,c),Push(S,d),Pop(S,d),Pop(S,c),Push(S,e),Push(S,f),Pop(S,f),Pop(S,e),Pop(S,a),Push(S,g),Pop(S,g)。假设初始所需容量为 0,每做一次 Push 操作进行加 1 操作,每做一次 Pop 操作进行减 1 操作,记录容量的最大值为 3。正确答案是 C。

【知识点】 栈的应用

8. 已知循环队列的存储空间为数组 A[1..21],front 指向队头元素的前一个位置,rear 指向队尾元素,假设当前 front 和 rear 的值分别为 8 和 3,则该队列的长度为( )。

A. 5 B. 6 C. 16 D. 17

【答案】 C

【解析】 队列的长度为 (rear−front+21)%21=16。这种情况和 front 指向当前元素,rear 指向队尾元素的下一个元素的计算是相同的。

【知识点】 循环队列

9. 最适合用作链队的链表是( )。

A. 带队首指针和队尾指针的循环单链表

B. 带队首指针和队尾指针的非循环单链表

C. 只带队首指针的非循环单链表

D. 只带队首指针的循环单链表

【答案】 B

【解析】 由于队列需在双端进行操作,选项 C 和 D 的链表显然不太适合链队。选项 A 的链表在完成入队和出队后还要修改为循环的,对于队列来讲这是多余的。对于选项 B,由于有首指针,适合删除首结点;由于有尾指针,适合在其后插入结点。正确答案是 B。

【知识点】 链队基本操作

10. 最不适合用作链式队列的链表是( )。
    A. 只带队首指针的非循环双链表　　B. 只带队首指针的循环双链表
    C. 只带队尾指针的循环双链表　　　D. 只带队尾指针的循环单链表

【答案】 A

【解析】 由于非循环双链表只带队首指针,在执行入队操作时需要修改队尾结点的指针域,而查找队尾结点需要 $O(n)$ 的时间。B、C 和 D 均可在 $O(1)$ 的时间内找到队首和队尾。因此,A 最不适合,正确答案是 A。

【知识点】 链队列

11. 假设用只设头指针的循环单链表表示队列,设队列长度为 n,则入队操作的时间复杂度为( )。
    A. $O(n)$　　　　B. $O(1)$　　　　C. $O(n^2)$　　　　D. $O(n\log_2 n)$

【答案】 A

【解析】 入队是在表尾增加元素,在只带头指针的循环单链表中寻找表尾结点的时间复杂度为 $O(n)$,故进队的时间复杂度为 $O(n)$。正确答案是 A。

【知识点】 链表操作

12. 用链式存储方式的队列进行删除操作时需要( )。
    A. 仅修改头指针　　　　　　　　　B. 仅修改尾指针
    C. 头尾指针都要修改　　　　　　　D. 头尾指针可能都要修改

【答案】 D

【解析】 队列用链式存储时,删除元素从表头删除,通常仅需修改头指针,但若队列中仅有一个元素,则尾指针也需要被修改,当仅有一个元素时,删除后队列为空,需修改尾指针为 rear＝front。正确答案是 D。

【知识点】 链表操作

13. 表达式 a＊(b＋c)－d 的后缀表达式是( )。
    A. abcd＊＋－　　　　　　　　　B. abc＋＊d－
    C. abc＊＋d－　　　　　　　　　D. －＋＊abcd

【答案】 B

【解析】 后缀表达式中,计算符号应位于其两个操作数的后面,按照这样的方式逐步根据计算的优先级将每个计算式进行变换,即可得到后缀表达式。

另一种解法是将两个直接操作数用括号括起来,再将操作符提到括号后,最后去掉括号。如(①(②a＊(③b＋c))－d)提出操作符并去掉括号后,可得后缀表达式为 abc＋＊d－。正确答案是 B。

学完第 5 章后,可将表达式画成二叉树的形式,再用后序遍历即可求得后缀表达式。

【知识点】 栈的应用

14. 某表达式的前缀形式为"＋ － ＊ ^ ABCD/E/F+GH",它的中缀形式为(　　)。

　　A. $A^B*C-D+E/F/G+H$　　　　B. $A^B*(C-D)+E/F/G+H$

　　C. $A^B*C-D+E/(F/(G+H))$　　D. $A^{B*(C-D)}+E/(F/(G+H))$

【答案】 C

【解析】 根据中缀表达式的运算规则,可得到对应的中缀表达式。正确答案是 C。

【知识点】 前缀表达式

15. 假设栈初始为空,将中缀表达式 $a/b+(c*d-e*f)/g$ 转换为等价的后缀表达式的过程中,当扫描到 f 时,栈中的元素依次是(　　)。

　　A. ＋（＊－　　B. ＋（－＊　　C. /＋（＊－＊　　D. /＋－＊

【答案】 B

【解析】 将中缀表达式转换为后缀表达式的算法思想如下:从左向右开始扫描中缀表达式;遇到数字时,加入后缀表达式;遇到运算符时:

(1) 若为'(',入栈;

(2) 若为')',则依次把栈中的运算符加入后缀表达式,直到出现'(',从栈中删除'(';

(3) 若为除括号外的其他运算符,当其优先级高于除'('外的栈顶运算符时,直接入栈。否则从栈顶开始,依次弹出比当前处理的运算符优先级高和优先级相等的运算符,直到一个比它优先级低的或遇到了一个左括号为止。

当扫描的中缀表达式结束时,栈中的所有运算符依次出栈加入后缀表达式。

待处理序列	栈	后缀表达式	当前扫描元素	动　作
$a/b+(c*d-e*f)/g$			a	a 加入后缀表达式
$/b+(c*d-e*f)/g$	a		/	/入栈
$b+(c*d-e*f)/g$	/	a	b	b 加入后缀表达式
$+(c*d-e*f)/g$	/	ab	＋	＋优先级低于栈顶的/,弹出/
$+(c*d-e*f)/g$		ab/	＋	＋入栈
$(c*d-e*f)/g$	＋	ab/	(	(入栈
$c*d-e*f)/g$	＋(	ab/	c	c 加入后缀表达式
$*d-e*f)/g$	＋(	ab/c	＊	栈顶为(,＊入栈
$d-e*f)/g$	＋(＊	ab/c	d	d 加入后缀表达式
$-e*f)/g$	＋(＊	ab/cd	－	－优先级低于栈顶的＊,弹出＊
$-e*f)/g$	＋(	ab/cd＊	－	栈顶为(,－入栈
$e*f)/g$	＋(－	ab/cd＊	e	e 加入后缀表达式

待处理序列	栈	后缀表达式	当前扫描元素	动　作
* f)/g	+(−	ab/cd * e	*	* 优先级高于栈顶的−, * 入栈
f)/g	+(− *	ab/cd * e	f	f 加入后缀表达式
)/g	+(− *	ab/cd * ef	)	把栈中(之前的符号加入表达式
/g	+	ab/cd * ef * −	/	/优先级高于栈顶的+,/入栈
g	+	ab/cd * ef * −	g	g 加入后缀表达式
	+/	ab/cd * ef * −g		扫描完毕,运算符依次退栈加入表达式
		ab/cd * ef * −g/+		完成

由此可知,当扫描到 f 时,栈中的元素依次是"＋（　−　*",正确答案是 B。

【知识点】 栈的应用

16. 执行完下列语句段后,i 的值为(　　)。

```
int f(int x)
{
    return ((x>0)? x * f(x-1):2);
}
int i;
i=f(f(1));
```

　　　A. 2　　　　　　B. 4　　　　　　C. 8　　　　　　D. 无限递归

【答案】 B

【解析】 栈与递归有着紧密的联系。递归模型包括递归出口和递归体两个方面。递归出口是递归算法的出口,即终止递归的条件。递归体是一个递推的关系式。根据题意有

```
f(0)=2;
f(1)=1 * f(0)=2
f(f(1))=f(2)=2 * f(1)=4
```

即 f(f(1))=4。因此,正确答案是 B。

【知识点】 递归

17. 栈的应用不包括(　　)。

　　　A. 递归　　　　　B. 进制转换　　　　C. 迷宫求解　　　　D. 排序

【答案】 D

【解析】 A、B、C 都是栈的典型应用,排序不需要用栈。正确答案是 D。

【知识点】 栈和队列的应用

18. 为解决计算机主机与打印机间速度不匹配问题,通常设一个打印数据缓冲区。主机将要输出的数据依次写入该缓冲区,而打印机则依次从该缓冲区中取出数据。该缓

冲区的逻辑结构应该是(　　)。

　　A. 队列　　　　　B. 栈　　　　　　C. 线性表　　　　D. 有序表

【答案】 A

【解析】 从公平角度来看,打印机对需打印的内容,应该"先来先服务",即先进缓冲区的先打印。因此,采用队列。正确答案是 A。

【知识点】 队列的应用

19. 设有一个递归算法如下:

```
int fact(int n)            //n 大于或等于 0
{
    if(n<=0)    return 1;
    else    return n * fact(n-1);}
```

则计算 fact(n)需要调用该函数的次数为(　　　　)。

　　A. $n+1$　　　　B. $n-1$　　　　C. n　　　　　　D. $n+2$

【答案】 A

【解析】 形参分别为 $n,n-1,n-3,\cdots,0$,执行 fact(),因此,共调用该函数 $n+1$ 次,正确答案是 A。

【知识点】 递归程序

20. 下列关于栈的叙述中,错误的是(　　　　)。

Ⅰ. 采用非递归方式重写递归程序时必须使用栈

Ⅱ. 函数调用时,系统要用栈保存必要的信息

Ⅲ. 只要确定了入栈次序,即可确定出栈次序

Ⅳ. 栈是一种受限的线性表,允许在其两端进行操作

　　A. 仅 Ⅰ　　　　　B. 仅 Ⅰ、Ⅱ、Ⅲ　　　C. 仅 Ⅰ、Ⅲ、Ⅳ　　　D. 仅 Ⅱ、Ⅲ、Ⅳ

【答案】 C

【解析】 Ⅰ的反例:计算斐波那契数列迭代实现只需要一个循环即可实现。Ⅲ的反例:入栈序列为 1,2,进行 Push,Push,Pop,Pop 操作,出栈次序为 2、1;进行 Push,Pop,Push,Pop 操作,出栈次序为 1,2。Ⅳ栈是一种受限的线性表,只允许在一端进行操作。Ⅱ正确。因此,Ⅰ、Ⅲ、Ⅳ均是错误的,正确答案是 C。

【知识点】 栈的定义、特点与应用

第 **4** 章　数组和矩阵

4.1　由根及脉，本章导学

本章知识结构如图 1-4-1 所示。

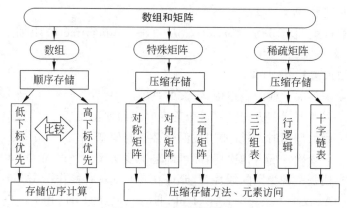

图 1-4-1　知识结构图

本章分 3 部分讲解数组与矩阵的存储：数组的顺序存储、特殊矩阵的压缩存储和稀疏矩阵的压缩存储。

4.1.1　数组的顺序存储

多维数组存储到一维内存有两种方式：一是低下标优先，二是高下标优先。以二维数组为例：在二维数组中，低下标表示行，低下标优先也称为行优先；高下标对应列，高下标优先也称为列优先。

4.1.2　特殊矩阵的压缩存储

特殊矩阵是指非零元或零元的分布有一定规律的矩阵。压缩存储是指为多个值相同的元素只分配一个存储空间，对零元不分配存储空间。存储时可以按低下标优先或按高下标优先。

（1）对称矩阵可以只存储对角线及其以下或以上的数据元素。

（2）上/下三角矩阵只存储对角线及其以上/下的数据元素,另加一个常数。

（3）对角矩阵只存储与对角线平行线上的非零元。

4.1.3　稀疏矩阵的压缩存储

稀疏矩阵是非零元很少且分布没有规律的矩阵。稀疏矩阵的压缩存储以三元组 $(i,$ $j,e)$ 存储每一个非零元。不同的三元组存储方式形成不同的稀疏矩阵压缩存储方式:顺序存储的三元组表、顺序存储和链式存储相结合的行指针向量存储以及十字链表存储。

稀疏矩阵压缩存储后失去了随机访问特性,导致矩阵处理方法相应改变,如矩阵转置、矩阵求和。

4.2　拨云见日,谜点解析

4.2.1　数组与线性表

数组元素的下标是连续的自然数,从下标上看,数据元素之间具有线性关系,数组与线性表一样同属线性结构。多维数组具有多个线性关系,如二维数组有行上的线性关系和列上的线性关系。如果把每一行或每一列看成一个数据元素,二维数组就是由行或列元素组成的线性表。

区别于线性表,数组中不能增、删元素,只能访问与修改值。

4.2.2　数组与矩阵

在数据的组织形式上数组与矩阵是一样的,但两者的背景不一样。矩阵是数学上的工具,数组是程序设计语言中的一种构造类型。矩阵元素只是数值型的,数组元素的类型可以是数值、字符、结构型等多种类型。矩阵作为一种变换或映射算子的体现,矩阵运算有着明确而严格的数学规则,数组的运算由承载它的语言来定义。不同的程序设计语言,提供的数组操作不尽相同。

4.2.3　多维数组存储到一维数组中的位序计算

把多维数组存储到一维内存中,数组元素在内存中的存储位序等于排在其前面元素的个数+1。例如:

（1）一维数组。当数组下标与存储位序起始值一致时,一维数组存储后的位序等于元素在数组中的下标。

以下讨论假设数组下标与存储位序起始值均为 0。

（2）二维数组。对于 $b_1 \times b_2$ 的二维数组 A$[0..b_1-1][0..b_2-1]$,行优先存储时,A$[i][j]$前面有 i 行共有 $i \times b_2$ 个元素,同行排第 j 个,因此,A$[i][j]$的存储位序 $s=i \times b_2+j$;列优先存储时,A$[i][j]$前面有 j 列共有 $j \times b_1$ 个元素,同列排第 i 个,因此,A$[i][j]$的存储位序 $s=j \times b_1+i$。

（3）三维数组。对于 $b_1 \times b_2 \times b_3$ 的三维数组 B$[0..b_1-1][0..b_2-1][0..b_3-1]$,低下

标优先存储时,可以看成 b_1 个 $b_2 \times b_3$ 的二维数组,$B[j_1][j_2][j_3]$ 前面有 j_1 个 $b_2 \times b_3$ 的二维数组,共有 $j_1 \times b_2 \times b_3$ 个元素;在 $B[j_1][j_2][j_3]$ 所在的二维数组中,排在其前面有 j_2 行共 $j_2 \times b_3$ 个元素,同行排第 j_3 个。因此,$B[i][j][k]$ 的存储位序 $s = j_1 \times b_2 \times b_3 + j_2 \times b_3 + j_3$。

对于 $b_1 \times b_2 \times b_3$ 的三维数组 $B[0..b_1-1][0..b_2-1][0..b_3-1]$,高下标优先存储时,可以看成由 b_3 个 $b_2 \times b_1$ 的二维数组,$B[j_1][j_2][j_3]$ 前面有 j_3 个 $b_1 \times b_2$ 的二维数组,共有 $j_3 \times b_1 \times b_2$ 个元素;在 $B[j_1][j_2][j_3]$ 所在的二维数组中,排在其前面有 j_2 列共 $j_2 \times b_1$ 个元素,同列排第 j_3 个,因此,$B[j_1][j_2][j_3]$ 的存储位序 $s = j_3 \times b_2 \times b_1 + j_2 \times b_1 + j_1$。

上述计算结果归纳如表 1-4-1 所示。

表 1-4-1　下标与位序均从 0 开始的多维数组的一维存储位序

	$A[0..b_1-1][0..b_2-1]$	$B[0..b_1-1][0..b_2-1][0..b_3-1]$
一维位序(低下标优先)	$i \times b_2 + j$	$j_1 \times b_2 \times b_3 + j_2 \times b_3 + j_3$
一维位序(高下标优先)	$j \times b_1 + i$	$j_3 \times b_2 \times b_1 + j_2 \times b_1 + j_1$

基于上述分析思路,当数组下标与存储位序均从 1 开始时,不难得到如表 1-4-2 所示存储位序的计算式。

表 1-4-2　下标与位序均从 1 开始的多维数组的一维存储位序

	$A[1..b_1][1..b_2]$	$B[1..b_1][1..b_2][1..b_3]$
一维位序(低下标优先)	$(i-1) \times b_2 + j$	$(j_1-1) \times b_2 \times b_3 + (j_2-1) \times b_3 + j_3$
一维位序(高下标优先)	$(j-1) \times b_1 + i$	$(j_3-1) \times b_2 \times b_1 + (j_2-1) \times b_1 + j_3$

图 1-4-2　对称矩阵示例

(4) 对称矩阵(见图 1-4-2)。以列优先存储上三角元素为例,第 0 列,存 1 个元素;第 1 列,存 2 个元素;第 j 列,存 j 个元素。一共存储 $(1+2+3+\cdots+n) = n(n+1)/2$ 个元素。

设数组下标及一维存储位序均从 0 开始。对于 $a[i][j]$ ($i \leq j$),其前面有 j 列,共有 $(1+2+\cdots+j) = (j+1)/2$ 个元素,同列为第 j 个,因此,位序 $s = j(j+1)/2 + i$。当 $i > j$ 时,位序为 $s = i(i+1)/2 + j$。

(5) 对角矩阵。设带宽为 $2k+1$ 的 $n \times n$ 对角矩阵 $C[i][j]$,矩阵首行和末行有 $2k$ 个元素,其余各行有 $2k+1$ 个元素,对于元素 $C[i][j]$,其前面有 i 行,共有 $2k+(i-1) \times (2k+1)$ 个元素,同行排第 $j-i+k$ 个,因此,$A[i][j]$ 的存储位序为 $2k+(i-1) \times (2k+1)+j-i+k = (2i+1)k+j-1$。

4.2.4　存储位序与存储地址

内存访问是按元素的存储地址访问数据。数组元素具有相同类型,每一个元素长度 L 一样,如果知道第 1 个元素的存储地址 $LOC(a_1)$,第 i 个元素的地址 $LOC(a_i) =$

$LOC(a_1)+(i-1)\times L$，即 $LOC(a_i)$ 等于连续内存的基址 $LOC(a_1)+a_i$ 距 a_1 的偏移量，即排在 a_i 前元素个数×数据元素长度 L，如图 1-4-3(a)所示。

如果数组元素下标与存储位序均从 0 开始，a_i 前元素个数等于存储位序 s，如果数组元素下标与存储位序均从 1 开始，a_i 前元素个数为存储位序 $s-1$，如图 1-4-3(b)所示。

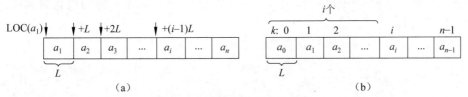

图 1-4-3　存储位序与存储地址

4.2.5　特殊矩阵压缩存储与访问

特殊矩阵是数据元素分布具有某种规律的矩阵。特殊矩阵的压缩存储是对重复值或特殊值的数据元素存储一次。访问时对未存储的数据元素按分布规律找到与其同值被存储的元素。所以，特殊矩阵压缩存储后依然具有按下标的随机访问特性（即可以按下标访问），但需按照下标计算出其实际存储的位序，按位序进行访问。

例如对于对称矩阵 $A[N][N]$，假设数组下标与存储位序均从 0 开始，按行优先存储对角线及其以下的数据元素，则任一数据元素 $A[i][j]$ 的存储位序 s 为

$$s=\begin{cases}\dfrac{i(i+1)}{2}+j, & i\geqslant j\\[2mm]\dfrac{j(j+1)}{2}+i, & i<j\end{cases}$$

设对称矩阵 $A[N][N]$ 压缩存储在一维数组 $B[N(N+1)/2]$ 中，输出对称矩阵 $A[N][N]$ 的算法描述如下。

```
0   void DispSymMatrix(int B[])
1   {  for(i=0;i<N;j++)          //先行后列输出
2      for(j=0;j<N;j++)
3      {  if (i>=j)              //被存数据元素的存储位序
4          s=i * (i+1)/2+j;
5         else                   //未存储数据元素
6          s=j * (j+1)/2+i;      //由对称性找到值相同的数据元素
7         cout<<B[s]<<'\t';      //输出数据元素值
8      }
9      cout<<endl;               //换行
10  }
```

语句 4、6 计算对称矩阵中元素 $A[i][j]$ 压缩存储后的位序。当 $i\geqslant j$ 时，元素属于对角线及其以下部分，是实际被存储的数据元素；当 $i<j$ 时，元素属于对角线以上部分，是未被存储的数据元素，可根据 $A[i][j]=A[j][i]$ 的特征找到。

4.2.6　稀疏矩阵压缩存储与访问

稀疏矩阵的压缩存储只存储非零元,每一个非零元以三元组(行号 i,列号 j,数据元素值 e)表示。以不同的方式组织三元组可形成三元组表、十字链表等存储方式。因为稀疏矩阵的非零元是没有规律的,因此只存储非零元后,将失去按下标随机访问的特性,只能进行顺序访问。

例如,以三元组表存储的稀疏矩阵的显示算法描述如下。

```
1   void MDisp(TSMatrix a)
2   {  int i,j,k=0,c=0;
3      p=a.data[k];
4      for (i=0;i<a.mu;i++)                           //先行后列,依次输出
5          {  for (j=0;j<a.nu;j++)                     //顺序扫描三元组表
6              {  if (k<a.tu && p.i ==i && p.j ==j)    //有 i 行 j 列元素
7                  {  cout<<'\t'<<p.e;                 //输出
8                     k++;
9                     if(k<a.tu) p=a.data[k];          //没有,输出 0
10                  }
11                 else
12                     cout<<'\t'<<c;
13              }
14              cout<<endl;
15          }
16  }
```

4.3　积微成著,要点集锦

(1) 数组是线性表的推广,d 维数组中存在 d 个线性关系。

(2) 数组中不能增、删数据元素,可以访问数组元素和对数据元素重新赋值。

(3) 高级语言中的数组一般均采用顺序存储方式,具有按下标随机访问的特性。

(4) 把多维数组存储到一维内存中,数组元素在内存中的存储位序取决于排在其前面元素的个数+1。

(5) 如果数组下标从 0 开始,存储位序也从 0 开始,那么:

① 对于一维数组 A[n]的元素 A[i],存储位序 $s=i$。

② 对于二维数组 A[m][n]的元素 A[i][j],行优先存储位序 $s=in+j$;列优先存储位序 $s=jm+i$。

③ 对于三维数组 A[b_1][b_2][b_3]的元素 A[j_1][j_2][j_3],低下标优先存储位序 $s=j_1b_2b_3+j_2b_3+j_3$;高下标优先存储位序 $s=j_3b_2b_1+j_2b_1+j_1$。

④ 对于多维数组 A[b_1][b_2]…[b_n]的元素 A[j_1][j_2]…[j_n],低下标优先存储位序 $s=\sum_{i=1}^{n-1}j_i\prod_{k=i+1}^{n}b_k+j_n$,高下标优先存储位序 $s=\sum_{i=n}^{2}j_i\prod_{k=i-1}^{1}b_k+j_1$。

（6）如果数组下标从 1 开始，存储位序也从 1 开始，那么：

① 对于一维数组 A[n] 的元素 A[i]，存储位序为 $s=i$。

② 对于二维数组 A[m][n] 的元素 A[i][j]，行优先存储位序 $s=(i-1)n+j$；列优先存储位序 $s=(j-1)m+i$。

③ 对于三维数组 A[p][m][n] 的元素 A[i][j][k]，低下标优先存储位序 $s=(i-1)\times mn+(j-1)n+k$；高下标优先存储位序 $s=(k-1)pm+(j-1)m+i$。

④ 对于多维数组 A[b_1][b_2]$\cdots$[b_n] 的元素 A[j_1][j_2]$\cdots$[j_n]，低下标优先存储位序 $s=\sum\limits_{i=1}^{n-1}(j_i-1)\prod\limits_{k=i+1}^{n}b_k+j_n$，高下标优先存储位序 $s=\sum\limits_{i=n}^{2}(j_i-1)\prod\limits_{k=i-1}^{1}b_k+j_1$。

（7）特殊矩阵是指元素值分布具有某种规律的矩阵，一般是方阵。

（8）特殊矩阵压缩存储的目的是节省存储空间。

（9）特殊矩阵常规压缩存储方法是重复值元素或特殊值元素只存储一次。压缩存储后其余同值元素可据分布规律找到。因此，特殊矩阵压缩存储后依然具有按下标的随机访问特性。

（10）特殊矩阵压缩存储后虽然仍可以按下标进行随机访问，但需先按照压缩存储方法由下标计算出存储位序，由它找到被访问的数据元素。

（11）$n\times n$ 的对称矩阵有 n^2 个数据元素，压缩存储后只存储其中的 $\dfrac{n(n+1)}{2}$ 个。

（12）$n\times n$ 的三角矩阵有 n^2 个数据元素，压缩存储后只存储其中的 $\dfrac{n(n+1)}{2}+1$ 个。

（13）下三角矩阵采用按行优先压缩存储后的位序计算较简单。对于 A[n][n] 的下三角矩阵，如果下标与存储位序均从 0 开始，按行优先存储，常数存储在最后，位序 s 为

$$s=\begin{cases}\dfrac{i(i+1)}{2}+j, & i\geqslant j \\[2mm] \dfrac{n(n+1)}{2}, & i<j\end{cases}$$

（14）上三角矩阵采用按列优先压缩存储后的位序计算较简单。对于 A[n][n] 的上三角矩阵，如果下标与存储位序均从 0 开始，按列优先存储，常数存储在最后，位序 s 为

$$s=\begin{cases}\dfrac{j(j+1)}{2}+i, & j\geqslant i \\[2mm] \dfrac{n(n+1)}{2}, & i<j\end{cases}$$

（15）对称矩阵只需存储下三角或上三角元素，其余由对称性找到。

（16）对于带宽为 $2k+1$ 的对角矩阵，首行和末行有 $2k$ 个元素，中间各行有 $2k+1$ 个元素。$n\times n$ 的对角矩阵有 n^2 个数据元素，压缩存储后只存储其中的 $2k+(n-2)(2k+1)+2k=(2k+1)n+2$ 个。

（17）稀疏矩阵压缩存储只存储非零元，因为非零元的分布没有规律，所以压缩存储后失去随机访问特性，只能顺序访问。

（18）三元组表采用顺序存储结构，以行或列优先存储非零元的三元组，只能顺序

访问。

（19）带行逻辑的三元组表是在三元组表的基础上，增加每行非零元首个元素存储位序的信息。这样，可以随机定位到行首元素，同行元素顺序查找，增加访问速度。同理，也可以有带列逻辑的三元组表。

（20）行指针向量存储，按行存储非零元的三元组，采用单链表存储每一行的非零元三元组结点。行号可以随机访问，同行中元素只能顺序访问。

4.4　启智明理，习题解答

4.4.1　主教材习题解答

一、填空题

1. 一维数组的逻辑结构是　①　，存储结构是　②　；对于二维或多维数组，分为按　③　和　④　两种不同的存储方式。

【答案】　①线性结构；②顺序结构；③行优先；④列优先

【知识点】　数组

2. 对矩阵压缩是为了＿＿＿＿＿。

【答案】　节省存储空间

【知识点】　矩阵压缩

3. 将整型数组 A[1..8][1..8]按行优先次序存储在起始地址为 1000 的连续的内存单元中，每个元素占两字节，则元素 A[7][3]的地址是＿＿＿＿＿。

【答案】　1100

【解析】　行优先存储，$1000+(6*8+2)*2$。

【知识点】　数组的存储

4. 设有二维数组 A[0..9][0..19]，其中每个元素占两字节，第一个元素的存储地址为100，若按列优先顺序存储，则元素 A[6][6]的存储地址为＿＿＿＿＿。

【答案】　232

【解析】　列优先存储，$100+(6*10+6)*2$。

【知识点】　数组的存储

5. 设有一个 10 阶字符型对称矩阵 **A** 采用压缩存储方式（以行为主序存储，$a_{11}=1$），则 a_{85} 的地址为＿＿＿＿＿。

【答案】　33

【解析】　字符型数据元素长度为 1，8＞5，位序 $k=1+(8(8-1)/2+5-1)\times1=33$。

【知识点】　特殊矩阵

6. 假设一个 15 阶的上三角矩阵 **A** 按行优先顺序压缩存储在一维数组 B 中，则非零元素 A[9][9]在 B 中的存储位序 $k=$＿＿＿＿＿（设矩阵元素下标从 1 开始）。

【答案】　93

【解析】 $15+14+\cdots+(15-8+1)+1=93$，可用梯形面积的公式计算"(上底+下底)×高/2"计算，即

$$\frac{[15+(15-8+1)]\times(9-1)}{2}+1=93$$

【知识点】 上三角矩阵压缩存储

二、简答题

1. 简述数组属于线性表的理由。

【答】 在 n 维数组中的每个数据元素都受着 n 个关系的约束，在每个关系中，数据元素都有一个后继元素（除去最后一个元素）和一个前驱元素（除去最前一个元素）。因此，数组是数据元素存有 n 维线性关系的线性表。

【知识点】 数组、线性表

2. 设二维数组 $a[0..9][0..19]$ 采用顺序存储方式，每个数组元素占用一个存储单元，$a[0][0]$ 的存储地址为 200，$a[6][2]$ 的存储地址是 322，问该数组采用的是按行优先存放还是按列优先存放？

【答】 如果按行优先存放，$LOC(a[i][j])=LOC(a[0][0])+(i\times n+j)\times L$，

$LOC(a[6][2])==200+(6\times 10+2)\times 1=322$。

如果按列优先存放，$LOC(a[i][j])=LOC(a[0][0])+(j\times m+i)\times k$，$LOC(a[6][2])=LOC(a[0][0])+(2\times 20+6)\times 1=226$。

因此，是按行优先存放的。

【知识点】 数组的顺序存储

3. 特殊矩阵与稀疏矩阵哪一种压缩存储后失去随机存取特性？为什么？

【答】 特殊矩阵在压缩存储后，对于未存储的数据元素可按元素的分布规律找到，因此，依然可以近下标访问，即依然具有随机存取性能。

稀疏矩阵压缩存储只存储非零元，而非零元的分布无规律可言，压缩存储后，元素下标 i 和 j 与向量中的下标不存在规律，因此，失去随机存取特性。

【知识点】 特殊矩阵和稀疏矩阵的压缩存储

4. 若按照压缩存储的思想将 $n\times n$ 的对称矩阵 A 的下三角部分（包括主对角线元素）以行序为主序方式存放于一维数组 $B[1..n(n+1)/2]$ 中，那么，A 中任一个下三角元素 a_{ij} $(i\geqslant j)$ 在数组 B 中的下标位置 k 是什么？

【答】 对于下三角中的任一元素 $a_{i,j}$，它前面共有 $i-1$ 行，第一行有 1 个元素，第二行有 2 个元素，……，第 i 行有 $i-1$ 个元素，共有 $i(i-1)/2$ 个元素；在当前行中，排在它前面的有 $j-1$ 个元素。B 的位序从 1 开始，因此，$k=i(i-1)/2+j$ $(i\geqslant j)$。

【知识点】 对称矩阵的压缩存储

5. 已知 A 为稀疏矩阵，试从空间和时间角度比较采用二维数组和三元组表两种存储方法完成求 $\sum\limits_{i=1}^{n} a_{ii}$ 运算的优缺点。

【答】 采用二维数组，需要 $n \times n$ 个存储单元，但没有按下标随机访问到 a_{ii}，求 $\sum_{i=1}^{n} a_{ii}$ 运算速度快。

采用三元组表，若非零元个数为 t，需 $3t$（三元组表）$+3$（行数、列数、非零元个数）个存储单元，比二维数组节省存储单元；但在求 $\sum_{i=1}^{n} a_{ii}$ 运算，需扫描整个三元组表，顺序查找 a_{ii}，其时间性能比采用二维数组时差。

【知识点】 稀疏矩阵的压缩存储

三、算法设计题

1. 两个 n 阶整型对称矩阵 **A**、**B** 采用压缩存储方式，均按行优先顺序存放其下三角和主对角线的各元素，设计一个算法求 **A**、**B** 的乘积 **C**，要求 **C** 直接用二维数组表示。

【解】 算法思想：A$[i][j]$=A$[j][i]$，已知存储了对角线及其以下的元素，即下标满足：$i \geqslant j$ 的元素被存储，它们在一维数组中的下标为 $k = i*(i+1)/2+j$；其他元素通过 A$[i][j]$=A$[j][i]$ 获得，特编一个函数实现此功能。算法描述如下：

```
int findk(int i, int j)              //由 i,j 求压缩存储中的 k 下标
{  if(i>=j)
        return (i*(i+1)/2+j);
    else
        return (j*(j+1)/2+i)
}
```

按照矩阵相乘计算方法，由压缩存储的 **A**、**B** 求 **C**=**A**×**B** 的算法描述如下：

```
void Mult(int a[], int b[], int c[M][N], int n)
{  for(i=0; i<n; i++)
    for (j=0; j<n; k++)
    {  s=0;
       for (k=0; k<n; k++)
       {  k1=findk(i,k);              //求 a[i][j]压缩存储的位序
          k2=findk(k,j);              //求 b[i][j]压缩存储的位序
          s+=a[k1]*b[k2];
       }
       c[i][j]=s;
    }
}
```

2. 给定一个有序（非降序）数组 A，可含有重复元素。设计一个算法求绝对值最小的元素的位置。

【解】 算法思想：第一个元素为非负数，即所有数据均为非负数时，绝对值最小元素位置为 0；最后一个元素为非正数，即所有数据均为非正数，绝对值最小元素位置为 $n-$

1；否则，序列中有非负数有正数，采用二分查找方法找到第一个大于或等于 0 的元素位置，然后和前一个元素的绝对值比较，返回绝对值较小的元素位置。

算法描述如下。

```
1   int SearchChminabc(int a[], int n)
2   {  if (a[0]>=0)                    //第一个数为非负数
3          return 0;                   //第一个数为绝对值最小
4       else if(a[n-1]<0)              //最后一个数为非正数,
5          return n-1;                 //最后一个数为绝对值最小
6       else                           //序列中有负数、非负数,二分查找最小正数
7       {  low=0, high=n-1;            //查找区间的低端和高端下标
8          while(low<high)             //查找区间为 0,查找结束
9          {  mid=(low+high)/2;        //中位数位置
10             if(a[mid]>0)            //中位数大于 0,搜索区间缩小到左半部
11                 high=mid-1;
12             else if(a[mid]<0)       //中位数小于 0,搜索区间缩小到右半部
13                 low=mid+1;
14             else                    //中位数为 0,0 为绝对值最小数
15                 return mid;
16          }
17          if(low>0 && abs(a[low-1])<abs(a[low]))
                                       //比较正数及其左侧负数绝对值
18             return low-1;           //负数的绝对值小,返回负数
19          else                       //正数绝对值小
20             return low;             //返回正数
21  }
```

4.4.2　自测题及解答

一、判断题

1. 数组是同类型值的集合。

【答案】　错误

【解析】　数组是具有相同属性的数据元素的有限集合。

【知识点】　数组的定义

2. 数组可看成线性结构的一种推广，因此与线性表一样，可以对它进行插入、删除等操作。

【答案】　错误

【解析】　数组的维界确定后，不能进行元素的增删。

【知识点】　数组的特点

3. 特殊矩阵是指用途特殊的矩阵。

【答案】　错误

【解析】　特殊矩阵是指非零元素或零元素的分布有一定规律的矩阵。

【知识点】　特殊矩阵的定义

4. 稀疏矩阵的特点是矩阵中的元素个数较少。

【答案】　错误

【解析】　稀疏矩阵的特点是非零元素较少,而且分布没有规律。

【知识点】　稀疏矩阵的定义

5.对角矩阵的特点是非零元素只出现在矩阵的两条对角线上。

【答案】　错误

【解析】　对角矩阵的特点是所有非零元素都集中在以主对角线为中心的带状区域中。

【知识点】　对角阵的定义

6.数组是一种线性结构,因此只能用来存储线性表。

【答案】　错误

【解析】　数组也可以用来存储完全二叉树等其他非线性结构。

【知识点】　数组是一个线性结构,可以存的数据结构很多

7.一个稀疏矩阵 $A_{m \times n}$ 采用三元组形式表示,若把三元组中行下标值与列下标值互换,并把 m 和 n 的值互换,则完成了 $A_{m \times n}$ 的转置运算。

【答案】　错误

【解析】　一般在一个问题中只选用一种存储规则。如果三元组表是按行优先存储的,转置后也需按行优先存储。按题中所述方法,转置后的存储方法与转置前的是不一样的。

【知识点】　稀疏矩阵的三元组表顺序存储

8.稀疏矩阵压缩存储后,必会失去随机存取功能。

【答案】　正确

【解析】　稀疏矩阵只存储非零元,而非零元的分布无规律,因此,不能按下标随机访问。

【知识点】　稀疏矩阵

二、单项选择题

1.二维数组 A 的元素都是 6 个字符组成的串,行下标 i 的范围从 0 到 8,列下标 j 的范围从 1 到 10,存放 A 至少需要(　　)字节。

　　A. 90　　　　　　B. 180　　　　　　C. 240　　　　　　D. 540

【答案】　D

【解析】　$9 \times 10 \times 6 = 540$,正确答案是 D。

2.数组 A[0..4][-3..-1][5..7]中含有元素的个数是(　　)。

　　A. 55　　　　　　B. 45　　　　　　C. 36　　　　　　D. 16

【答案】　B

【解析】　$5 \times 3 \times 3 = 45$,正确答案是 B。

3.一个 $n \times n$ 的对称矩阵,如果以行为主序存储,每个元素占一个单元,则其最少需要的存储空间为(　　)。

　　A. $n \times n$　　　　B. $n \times n/2$　　　　C. $n \times (n+1)/2$　　D. $(n+1) \times (n+1)/2$

【答案】　C

【解析】　对称矩阵中的元素关于主对角线对称,只需要存储对角线及其以上或以下的元素共 $n \times (n+1)/2$ 个元素,正确答案是 C。

【知识点】　对称矩阵的压缩存储

4. 对于数组的操作最常见的两种是(　　)。

　　A. 建立和删除　　B. 索引和修改　　C. 查找和修改　　D. 查找和索引

【答案】 C

【知识点】 数组的性质

5. 二维数组 A[0..5][0..6] 中每个数组元素占用 5 个单元,将其按列优先次序存储在起始地址为 1000 的连续内存单元中,则元素 A[5][5] 的地址为(　　)。

　　A. 1175　　　　　B. 1180　　　　　C. 1205　　　　　D. 1210

【答案】 A

【解析】 $1000+(5*6+5)*5=1175$

【知识点】 数组的顺序存储

6. 设二维数组 A[1..m][1..n](即 m 行 n 列)按行优先存储在数组 B[1..mn] 中,则二维数组元素 A[i][j] 在一维数组 B 中的下标为(　　)。

　　A. $(i-1)n+j$ 　　　　　　　　B. $(i-1)n+j-1$

　　C. $i(j-1)$ 　　　　　　　　　D. $jm+i-1$

【答案】 A

【解析】 $(i-1)n+j$

【知识点】 数组的顺序存储

7. 若有一个对称矩阵 A 以行序为主序方式将其下三角形的元素(包括主对角线上所有元素)依次存放于一维数组 B[0..n(n+1)/2-1] 中,对于下三角部分中任意元素 $a_{i,j}$ ($i \geqslant j$,i 和 j 从 1 开始取值),在一维数组 B 中的下标 k 的值是(　　)。

　　A. $i(i-1)/2+j-1$ 　　　　　　B. $i(i+1)/2+j$

　　C. $i(i+1)/2+j-1$ 　　　　　　D. $i(i-1)/2+j$

【答案】 A

【解析】 对于下三角中的任一元素 $a_{i,j}$,它前面共有 $i-1$ 行,第一行有 1 个元素,第二行有 2 个元素,……,第 i 行有 $i-1$ 个元素,共有 $i(i-1)/2$ 个元素;在当前行中,该元素为第 $j-1$ 个。正确答案是 A。

【知识点】 对称矩阵的压缩存储

8. 设有一个 C/C++ 二维数组 A[m][n],假设 A[0][0] 的存放位置在 644,A[2][2] 的存放位置在 676,每个元素占一个空间,则 A[3][3] 的存放位置是(　　)。

　　A. 688　　　　　B. 678　　　　　C. 692　　　　　D. 696

【答案】 C

【解析】 $n=(676-644-2)/2=15,644+15\times3+3=692$

【知识点】 数组的顺序存储

9. 假设按行优先顺序存储 C/C++ 三维数组 A[5][6][7],其中元素 A[0][0][0] 的地址为 1100,且每个元素占用两个存储单元,则 A[4][3][2] 的地址是(　　)。

　　A. 1150　　　　　B. 1291　　　　　C. 1380　　　　　D. 1482

【答案】 D

【解析】 把三维坐标想象成立方体。分配的空间 A[5][6][7] 表示层高为 5、行数为 6、列数为 7。每一层有 6×7 个元素。A[4][3][2] 中 4、3、2 分别对应这个点的层数、行号、列号位置,A[4][3][2]前有 4 层,共 $4 \times 6 \times 7$ 个元素,在同层,它前面有 $3 \times 7 + 2$ 个元素,因此,排在 A[4][3][2]前面的元素个数为 $4 \times (6 \times 7) + 3 \times 7 + 2 = 191$。每个元素占用两个存储单元,最终结果为 $191 \times 2 + 1100 = 1482$。正确答案是 D。

【知识点】 *数组的存储*

10. 对稀疏矩阵进行压缩存储的目的是( )。

    A. 便于进行矩阵运算   B. 便于输入和输出

    C. 节省存储空间   D. 降低运算的时间复杂度

【答案】 C

【知识点】 *稀疏矩阵的压缩存储*

11. 一个 n 阶上三角矩阵 *a* 按行优先顺序压缩存放在一维数组 b 中,则 b 中的元素个数是( )。

    A. n B. n^2 C. $n \times (n+1)/2$ D. $n \times (n+1)/2 + 1$

【答案】 D

【解析】 三角矩阵除了存储主对角线及其以上或以下的元素外,还需要多存储一个常数。正确答案是 D。

【知识点】 *三角矩阵的压缩存储*

12. 有一个 100×90 的稀疏矩阵,有 10 个非零整型元素,设每个整数占 2 字节,则用三元组表示该矩阵时,所需的字节数是( )。

    A. 60   B. 66   C. 18 000   D. 33

【答案】 B

【解析】 $10 \times 3 \times 2 + 3 \times 2$(行数、列数和非零元个数),正确答案是 B。

【知识点】 *稀疏矩阵的压缩存储*

13. 与三元组顺序表相比,稀疏矩阵用十字链表表示,其优点在于( )。

    A. 便于实现增加或减少矩阵中非零元素的操作

    B. 便于实现增加或减少矩阵元素的操作

    C. 可以节省存储空间

    D. 可以更快地查找到某个非零元素

【答案】 A

【知识点】 *稀疏矩阵的压缩存储*

14. 稀疏矩阵采用压缩存储,其缺点之一是( )。

    A. 无法判断矩阵有多少行、多少列

    B. 无法根据行、列号查找某个矩阵元素

    C. 无法根据行、列号直接计算矩阵元素的存储地址

    D. 使矩阵元素之间的逻辑关系更加复杂

【答案】 C

【解析】 稀疏矩阵压缩存储的方法是只存储非零元素,不能根据行、列号直接存储元素,只能顺序查找指定行、列号的元素。因此,正确答案是 C。

【知识点】 *稀疏矩阵的压缩存储*

第 **5** 章 树和二叉树

5.1 脉络梳理，本章导学

本章知识结构如图 1-5-1 所示。

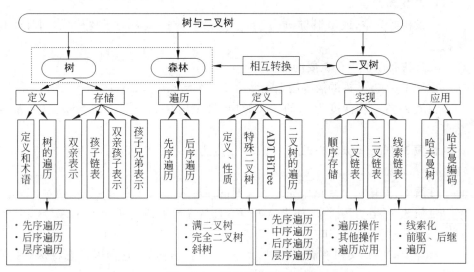

图 1-5-1 第 5 章知识结构图

本章内容涉及树形结构中的树、森林和二叉树及树/森林与二叉树之间的相互转换。

5.1.1 树

树中包括树的定义和存储两部分，其中定义包括树形结构相关术语与树的遍历。

树是 $n(n \geqslant 0)$ 个数据元素的有限集合。当 $n=0$ 时，称为空树；任意一棵非空树，由根结点和 $m(m > 0)$ 个互不相交的子树组成，其中每棵子树，同样可以看成由子树的根与子树根的子树组成。

树的相关术语包括度（结点的度、树的度），各类结点（叶子、孩子、双亲、兄弟、堂兄弟、祖先、子孙等)，路径，路径长度，层数，树的深度，有序树，无序树，森林等。

树有 3 种遍历方式：先根(序)遍历、后根(序)遍历、层序遍历。

树的存储方式有多种，主教材中主要介绍了双亲表示(顺序存储)、孩子链表(顺序与链式结合)、双亲孩子表示(顺序与链式结合)和孩子兄弟(链式存储)表示 4 种方法。

5.1.2　森林

森林是 $m(m \geq 0)$ 棵互不相交的树的集合。

森林遍历的方法有两种：先序遍历和后序遍历。先序遍历方法是按树的先序遍历方法依次遍历各棵子树。后序遍历方法是按树的后序遍历方法依次遍历森林的各棵子树。

5.1.3　二叉树

二叉树内容包含 3 个方面：定义、实现和应用。

1. 二叉树的定义

二叉树或为空，或由根与 $m(m=0$、1 或 2)棵分左、右的子树构成，每棵子树也是二叉树。

二叉树有以下 5 个重要的性质。

性质 1. 在二叉树的第 i 层上至多有 2^{i-1} 个结点 $(i \geq 1)$。

性质 2. 在一棵深度为 k 的二叉树中，最多具有 2^k-1 个结点 $(k \geq 0)$，最少有 k 个结点。

性质 3. 对于一棵非空的二叉树，如果度为 0 结点数为 n_0、度为 2 的结点数为 n_2，则有：$n_0 = n_2 + 1$。

性质 4. 具有 n 个结点的完全二叉树的深度为 $\lfloor \log_2 n \rfloor + 1$ 或 $\lceil \log_2(n+1) \rceil$。

性质 5. 完全二叉树中，如果从上至下且从左至右进行 1 至 n 的编号，第 i 个结点的双亲是 $\lfloor i/2 \rfloor$ 个结点，左和右孩子是第 $2i(\leq n)$ 和第 $2i+1(\leq n)$ 个结点。

特殊形态的二叉树有满二叉树、完全二叉树、斜树等，它们因形态特殊而具有特殊的性质。

二叉树抽象的数据类型给出二叉树的逻辑结构(数据元素和数据元素之间的关系)及其上基本操作的定义。遍历是其中重要的操作，二叉树有 4 种遍历方式：先序(根)遍历、中序(根)遍历、后序(根)遍历和层序遍历。

以先左后右为例，先序遍历次序是根、左、右；中序遍历次序是左、根、右；后序遍历次序是左、右、根；层序遍历从上至下、从左往右逐层遍历。

2. 二叉树的实现

二叉树的实现中包含 3 方面的内容：二叉树的存储设计、二叉链表存储的二叉树的操作算法和线索二叉树。

1) 二叉树的存储设计

二叉树的存储方法有顺序存储、二叉链表存储、三叉链表存储等。

二叉树的顺序存储是按层序从左往右，依次把二叉树的数据元素存储到一组连续的内存中,根据二叉树的性质5,用数据元素的下标映射元素彼此之间的双亲、孩子关系。

二叉树的二叉链表存储是最常用的一种二叉树链式存储方式。结点定义如下:

```
template <class DT>
struct BTNode
{ DT data;                    //数据域
  BTNode * lchild;            //左孩子指针
  BTNode * rchild;            //右孩子指针
};
```

二叉树的三叉链表存储是在二叉链表存储中加了一个指向双亲的指针。结点定义如下:

```
template <class DT>
struct BTPNode
{ DT data;                    //数据域
  BTPNode * parent;          //双亲指针
  BTPNode * lchild;          //左孩子指针
  BTPNode * rchild;          //右孩子指针
};
```

2) 二叉链表存储的二叉树的操作算法

二叉树采用二叉链表存储,操作算法如下。

(1) 先序、中序、后序遍历操作的递归算法(算法5.1、算法5.2、算法5.3)。

(2) 先/中/后根遍历递归操作非递归算法(算法5.5、算法5.6、算法5.7),借用栈模拟遍历中的回溯。

(3) 层序遍历操作算法(算法5.4),借用队列实现。

(4) 创建二叉树(算法5.8)、销毁二叉树(算法5.9)、结点查询(算法5.10)、求二叉树的深度(算法5.11)和结点计数(算法5.12)等。

二叉树的操作中,遍历操作是基础,其余许多操作都是基于遍历思想的。

由遍历序列确定二叉树:已知中序遍历序列和先序遍历序列、后序遍历序列、层序遍历序列中的任一个可以唯一确定一棵二叉树。

3) 线索二叉树

利用二叉树二叉链表存储中的空指针标识遍历中的前驱和后继,形成了线索二叉树。线索二叉树相关的术语与概念有线索、前驱线索、后继线索;线索化、前驱线索化、后继线索化、全序线索化;先序线索化、中序线索化、后序线索化、层序线索化;先序线索二叉树、中序线索二叉树、后序线索二叉树、层序线索二叉树等。

线索二叉树的结点定义如下:

```
template<class DT>
struct BiThrNode
{
    DT data;                      //数据域
    int lflag;                    //左标志域:0表示lchild非线索,1表示lchild线索
```

```
    int rflag;              //右标志域：0表示rchild非线索,1表示rchild线索
    BiThrNode * lchild;     //左指针域
    BiThrNode * rchild;     //右指针域
};
```

线索信息给某些遍历带来方便。例如,基于线索信息,先序线索二叉树上的先序遍历无须回溯,中序线索二叉树上的中序遍历无须回溯。

3. 二叉树的应用

哈夫曼树和哈夫曼编码是二叉树的典型应用。

1) 哈夫曼树/最优二叉树

在所有含 n 个叶结点、并带相同权值的 m 叉树中,必存在一棵树的带权路径长度最小的树,称为"最优树"。当 $m=2$ 时,为最优二叉树。哈夫曼给出了最优二叉树的构造方法,最优二叉树也称为哈夫曼树。

2) 哈夫曼编码

规定哈夫曼树的左分支为0,右分支为1。从根结点到每个叶结点所经过的分支对应的0和1组成的序列便是该结点对应的字符编码。

5.1.4 树/森林与二叉树的相互转换

1. 树与二叉树的相互转换

树与二叉树的相互转换通过加线、去线与位置调整实现。

2. 森林与二叉树的相互转换

基于树与二叉树的相互转换,并将森林中各棵树的根看作兄弟,可以实现森林与二叉树的相互转换。

3. 树、森林、二叉树的遍历序列关系

树的遍历序列与对应的二叉树的遍历序列之间具有以下对应关系:树的先序遍历≌二叉树的先序遍历、树的后序遍历≌二叉树的中序遍历。

森林的遍历序列与对应的二叉树的遍历序列之间具有以下对应关系:森林的先序遍历≌二叉树的先序遍历、森林的中序遍历 ≌ 二叉树的中序遍历。

5.2 拨云见日,谜点解析

5.2.1 树与二叉树

树和二叉树都是树结构,但二叉树不是树的特例。

(1) 定义不同。在"两者都是由 $n(n \geqslant 0)$ 个结点的有限集合"的相同点下,$n>1$ 时,树是由"根和 m 个互不相交的子树组成",二叉树是由"根和两棵互不相交,分别称为根的左子树和右子树组成"。

(2) 二叉树不是度为 2 的树。度为 2 的树,至少有一个度为 2 的结点,且不可能是空树。二叉树可以为空,二叉树的度可以是 0、1 或 2。

（3）孩子顺序不同。有序树结点的孩子编号为第 1，第 2，以此类推，从左往右或从右往左依次编号，二叉树结点的孩子分左右，即使只有一个孩子结点，也分左、右。

5.2.2　遍历过程

二叉树通过遍历得到一个线性序列，因此，遍历可以看作某个规则下将非线性结构线性化的一个过程。线性结构的特点是有唯一前驱和后继。

下面以图 1-5-2 所示二叉树 BT1 为例，说明各遍历线性序列生成规律。

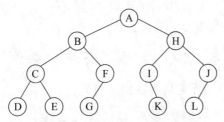

图 1-5-2　遍历示例二叉树 BT1

1．先序遍历序列

由先序遍历规则可知，先序遍历的第一个结点是树根。

对于其他任一结点 p：

（1）如果 p 有左孩子，p 的后继为 p->lchild 所指，如 A→B→C→D、F→G、H→I、J→L。

（2）如果 p 无左孩子有右孩子，p 的后继为 p->rchild 所指，如 I→K。

（3）如果 p 是叶结点、是双亲的左孩子且双亲有右孩子，p 的后继为双亲的右孩子，如 D→E。

（4）如果 p 是叶结点、是双亲的左孩子且双亲无右孩子，或 p 是叶结点、是双亲的右孩子，p 的后继是双亲的双亲的右孩子；如果双亲的双亲无右孩子，继续往祖先方向推，如 E→F、G→H、K→J。

最后得到先序遍历序列：A B C D E F G H I K J L。

2．中序遍历序列

由中序遍历规则可知：D C E B G F A I K H L J。

中序遍历的第一个结点是从根出发左行至极左结点，即结点 D。对于其他任一结点 p：

（1）如果 p 无右孩子且是双亲的左孩子，p 的后继为其双亲，如 D→C、G→F、L→J。

（2）如果 p 有右孩子，以 p 的右孩子为出发点的极左结点为 p 有后继，如 C→E、B→G、A→I、I→K、H→L。

（3）如果 p 无右孩子且是双亲的右孩子，p 的后继为其祖先上第一个是双亲左孩子的祖先结点，如 E→B、F→A、K→H；根的右子树上极右结点为中序遍历的最后一个结点，无后继，如 J。

最终得到中序遍历序列为 D C E B G F A I K H L J。

3. 后序遍历序列

由后序遍历规则可知：

后序遍历的第一个结点是左子树上极左再到极右结点，即从根出发左行至极左后右行至极右，如 D。对于其他任一结点 p：

（1）如果 p 是双亲的左孩子且双亲有右孩子，转至双亲的右孩子，p 的后继为以此为出发点的左行至极左后右行至极右结点，如 D→E、C→G、B→K、I→L。

（2）如果 p 是双亲的左孩子且双亲无右孩子，其后继为双亲，如 G→F、L→J。

（3）如果 p 是双亲的右孩子，其后继为双亲，如 E→C、F→B、K→I、J→H、H→A。

最终得到后序遍历序列为 D E C G F B K I L J H A。

5.2.3　二叉树的先序、中序、后序遍历递归操作

二叉树的先序、中序和后序遍历算法描述如下。

```
//先序遍历
0    template <class DT>
1    void PreOrderBiTree(BTNode<DT> * bt)
2    {  if (bt !=NULL)
3       {  cout<<bt->data;
4          PreOrderBiTree(bt->lchild);
5          PreOrderBiTree(bt->rchild);
6       }
7    }
```

```
//中序遍历
0    template <class DT>
1    void InOrderBiTree(BTNode<DT> * bt)
2    {  if (bt !=NULL)
3       {  InOrderBiTree(bt->lchild);
4          cout<<bt->data;
5          InOrderBiTree(bt->rchild);
6       }
7    }
```

```
//后序遍历
0    template <class DT>
1    void PostOrderBiTree(BTNode<DT> * bt)
2    {  if(bt !=NULL)
3       {  PostOrderBiTree(bt->lchild);
4          PostOrderBiTree(bt->rchild);
5          cout<<bt->data;
6       }
7    }
```

3 个算法的描述都有 8 行语句，关键语句是 3、4、5，只是顺序上不同。主要区别是访

问语句"cout<<bt->data"的位置。先序遍历算法中,它位于递归遍历左、右子树之前;中序遍历中位于递归遍历左、右子树之间;后序遍历中位于递归遍历左、右子树之后。分别与遍历中 DLR、LDR、LRD 的根的位置相一致。

遍历输出中,对结点的访问的输出结点的值,把访问改成其他操作,即可通过遍历解决其他问题,如创建、销毁、查询、结点计数等。

5.2.4　二叉树创建

二叉树的创建方法有以下 3 种:算法 5.8、基于遍历序列和顺序存储序列。

1. 算法 5.8

主教材中的算法 5.8 给出的二叉树的创建是基于先序遍历思想。先创建根结点,然后递归创建根的左子树,再递归创建根的右子树。将先序遍历递归算法中的访问语句"cout<<bt->data"改成结点创建,即可形成二叉树的创建算法。算法根据用户输入创建二叉树,♯表示空。算法描述如下。

```
0   template<class DT>
1   void CreateBiTree(BiTree<DT> &bt)
2   { cin>>ch;                      //输入结点值
3     if(ch=="♯")                   //空值
4        bt=NULL;
5     else                          //非空值
6     { bt=new BiTNode;             //创建结点
7       bt->data=ch;
8       CreateBiTree(bt->lchild);   //递归创建左子树
9       CreateBiTree(bt->rchild);   //递归创建右子树
10    }
11  }
```

需要注意的是,算法虽然是基于先序遍历思想,但是输入的结点序列不是先序遍历序列。因为对每一个非空结点,执行 else 分支语句 6、7、8、9,其中包括 3 个工作:(1)创建新结点;(2)递归创建该结点的左子树;(3)递归创建该结点的右子树。因此,对每一个非空结点,要给出其左、右孩子的结点值,如果没有左、右孩子,用空值♯代替。

为了避免出错,可以先把要创建的二叉树的每一个非空结点补全其左、右孩子,结点值用♯表示(如图 1-5-3 所示),然后以被补全后的二叉树先序遍历序列顺序输入。图 1-5-3 所示二叉树输入序列为 AB♯DF♯♯♯CE♯G♯♯♯。

2. 基于遍历序列

已知二叉树的中序遍历序列和先序、后序、层序遍历序列的任一种,可以唯一确定二叉树。操作方法如下。

Step 1. 在先序遍历或后序遍历或层序遍历序列中,获知树或子树根,即:(1)先序遍历序列的第一个结点;(2)后序遍历序列的最后一个结点;(3)层序遍历序列的第一个结点。

Step 2. 在中序遍历序列中,找到树或子树"根",将中序遍历序列以"根"为分界线分

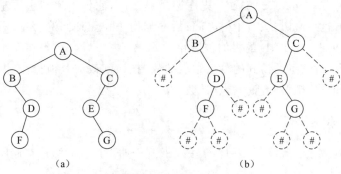

图 1-5-3　创建二叉树示例

为左、右两个子序列。它们分别为树或子树"根"的左、右子树的中序遍历序列。

Step 3. 由序列集合相等的特性在先序或后序或层序遍历序列找到左、右子树的先序或后序或层序遍历序列。

重复 Step 1～Step 3 确定各棵子树,直至叶结点。

上述操作的关键是先序遍历序列或后序遍历序列或层序遍历序列中能确定"根",在中序遍历序列中能根据"根"划分左子树序列集合和右子树序列集合。如果给出的是除中序遍历序列外的任意两种,如先序遍历序列和后序遍历序列,均无法唯一确定二叉树。

对于完全二叉树,给出一个遍历序列即可唯一确定该树。序列中元素个数可以确定完全二叉树的形态,序列中元素顺序可以确定每个结点的值。例如,一棵完全二叉树先序遍历序列为 ABCDEFGHIJ,则此树有 10 个结点。10 个结点的完全二叉树树形如图 1-5-4(a)所示,先序遍历序列可确定完全二叉树如图 1-5-4(b)所示。

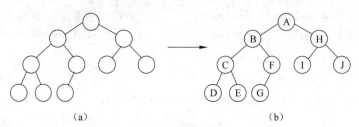

图 1-5-4　遍历序列确定完全二叉树

3. 顺序存储序列

如果采用顺序存储,可以按照完全二叉树的层序序列创建二叉树。需要注意的是,如果是非完全二叉树,需补全缺失的结点。如图 1-5-5(a)所示的二叉树,创建序列为 ABC♯DE♯♯♯F♯♯G。

5.2.5　二叉树问题的递归分析

二叉树由根、根的左子树和根的右子树 3 部分组成,以相同的方式划分子树。因此,对于二叉树的"大问题",可以变成根、左子树和右子树的"小问题"。由"小问题"与"大问题"的关系,得到递归求解思路。

【例】　算法 5.11,计算二叉树的深度。求二叉树深度等于递归求左子树深度(设为 m)、右子树深度(设为 n),树的深度为 $\max(m,n)+1$。递归计算定义如下:

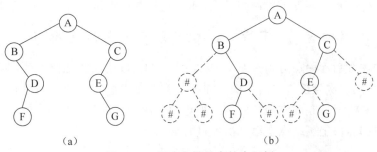

图 1-5-5　顺序存储结点补全示例

$$\begin{cases} depth(BiTreeT) = 0 & T = NULL \\ Max\{depth(T->lchild), depth(T->rchild)\} + 1 & 其他 \end{cases}$$

求二叉树深度算法,算法描述如下:

```
0   template <class DT>
1   int Depth(BiNode<DT> * bt)
2   {   if(bt==NULL)                    //空树,深度 0
3           return 0;
4       else                           //非空树
5       {   m=Depth(bt->lchild);       //递归计算左子树深度
6           n=Depth(bt->rchild);       //递归计算右子树深度
7           if(m>n)                    //左子树深
8               return m+1;
9           else                       //右子树深
10              return n+1;
11      }
12  }
```

【**例**】　算法 5.12,求结点数。二叉树的结点数＝左子树结点数＋右子树结点数＋1,求结点数问题可以变成递归求左、右子树的结点数。结点计数的递归定义如下:

$$\begin{cases} NodeCount(BiTreeT) = 0 & T = NULL \\ NodeCount(T->lchild) + NodeCount(T->rchild) + 1 & 其他 \end{cases}$$

计算二叉树结点个数的算法,算法描述如下。

```
0   template<class DT>
1   int NodeCount(BiTree<DT> bt)
2   {
3       if(bt==NULL)                   //空二叉树,结点个数为 0
4           return 0;
5       else                           //返回左、右子树结点个数和加 1
6           return NodeCount(bt->lchild)+NodeCount(bt->rchild)+1
7   }
```

复制二叉树,可以转变成复制根结点,递归复制左子树和递归复制右子树。

5.2.6 二叉树的先序、中序、后序遍历中结点访问次序

先序、中序和后序遍历分别按照 DLR、LDR 或 LRD 访问二叉树中的所有结点,使得每个结点被访问一次且仅被访问一次。如果绕着二叉树走一遍(见图 1-5-6),会发现:叶结点被经过一次,只有左或右孩子的结点被经过 2 次,左、右孩子双全的结点被经过 3 次。不同的遍历规则,决定了结点在第几次经过时被访问。

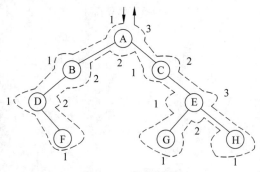

图 1-5-6 遍历路径

先序遍历中,每个结点第 1 次经过时,即被访问。

中序遍历中,一个结点如果没有左孩子,则第 1 次经过时被访问,否则是在从左子树回溯到双亲时(即第 2 次经过)被访问。

后序遍历中,叶结点首次经过时被访问;只有左孩子的结点是从左子树回溯到双亲时(即第 2 次经过)被访问;只有右孩子结点时,是从右子树回溯到双亲时(即第 2 次经过)被访问;左、右孩子双全时,左子树遍历完回溯到双亲转双亲的右子树,遍历完右子树回溯到双亲时(即第 3 次经过)被访问。

5.2.7 先序、中序和后序遍历非递归操作中的入栈结点

二叉树的二叉链表存储中,当选择根的左子树后,只有通过回溯才能得到双亲或右子树结点。因此,按 DLR、LDR、LRD 不同顺序进行的遍历中不可避免地存在回溯。非递归遍历中需用栈保存结点实现回溯。

1. 先序遍历的入栈结点

先序遍历的第一点是树根,如果有左孩子,下一个结点为左孩子,依次继续下去;如果没有左孩子,需回溯到双亲,转向右孩子。因此,非递归先序遍历中,从根一路左行中,需将被访问的结点进栈或其右孩子进栈。如果进栈的是被访问结点,以出栈结点的右孩子为新的遍历起点;如果进栈的是被访问结点的右孩子,以出栈结点作为新的遍历起点。

2. 中序遍历的入栈结点

中序遍历中先访问左子树,然后根,最后右子树。因此,非递归中序遍历中,入栈的是从根开始左行沿途经过的结点。如果被访问结点是双亲的左孩子,通过出栈回溯到该结点的双亲,访问它,然后将它的右孩子作为继续遍历的新起点;如果被访问的是双亲的右

孩子,通过出栈回溯到离该结点最近的未被访问的祖先结点,访问它,然后把它的右孩子作为继续遍历的新起点。

3. 后序遍历的入栈结点

后序遍历中先访问左子树,然后右子树,最后是根。因此,非递归后序遍历中,从根开始一路左行直至无左孩子结点,沿途经过的结点进栈;如果最后进栈的结点有右孩子,以右孩子结点为继续遍历新起点;如果最后进栈的结点无右孩子,出栈访问。如果被访问结点是双亲的右孩子,出栈回溯到双亲,访问双亲结点;如果被访问结点是双亲的左孩子,以栈顶元素的孩子为继续遍历的新起点。

5.2.8　线索的作用

线索二叉树的实质是利用二叉链表存储中的空指针记录遍历的前驱和后继信息。由于只有 $n+1$ 个空指针,因此,线索二叉树中只有部分遍历前驱和后继信息,即为没有左孩子的结点留下遍历的前驱信息,为没有右孩子的结点留下遍历的后继信息。这些部分的前驱和后继信息给某些遍历带来便捷,无须回溯即可完成遍历。如先序线索二叉树上的先序遍历、中序线索二叉树上的中序遍历、中序线索二叉树上的先序遍历。

1. 先序线索二叉树上的先序遍历

先序遍历的第一个结点是根。对于其他任一结点 p,如果 p 有左孩子,p 的后继为 p 的左孩子(p->lchild);否则 p 的后继为其右孩子或后继线索所指结点(p->rchild)。因此,在先序线索二叉树进行先序遍历无须回溯,算法描述如下。

```
0   template <class DT>
1   void PreThrBiTree(ThrBiTree<DT> bt)
2   {
3       p=bt->lchild;              //树根为第一访问点
4       while(p!=bt)
5       {
6           cout<<p->data;         //访问 p->data
7           if (p->lflag==0)       //p 有左孩子
8               p=p->lchild;       //转向 p->lchild
9           else                   //否则
10              p=p->rchild;       //转向右孩子指针所指
11      }
12  }
```

注意:上述算法中的线索二叉树具有头结点,空表时,头结点的左、右孩子指针均指向头结点;非空树时,头结点的左、右孩子指向树根。遍历第 1 个结点的前驱线索指向头结点,遍历最后结点的后继线索指向头结点。有头结点的中序线索二叉树如图 1-5-7 所示。

为了方便操作,线索二叉树存储时一般均加头结点。

2. 中序线索二叉树上的中序遍历

中序遍历的第一个结点是从根的左子树至极左结点。对于其他任一结点 p:

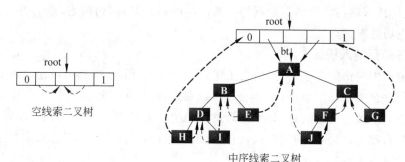

图 1-5-7　有头结点的中序线索二叉树

- 如果 p->rflag==1,则 p 的后继为后继线索(p->rchild)所指结点;
- 否则,表示 p 有右孩子,p 的后继为其右子树上中序遍历的第一点(右子树上最左下的点),该点不需要回溯即可获得(详见下列算法描述)。

因此,在中序线索化二叉树进行中序遍历无须回溯。算法描述如下。

```
0   template<class DT>
1   void InThrBiTree(ThrBTNode<DT> * bt)
2   {  p=bt->lchild;                            //从根出发
3      while(p!=bt)
4      {  while (p->lflag==0)                   //一路左行至最左下点
5             p=p->lchild;
6         cout<<p->data;                        //访问
7         while(p->rflag==1&& p->rchild!=bt)    //有后继线索
8         {  p=p->rchild;                       //取线索所指
9            cout<<p->data<<" ";
10        }
11        p=p->rchild;                          //以右孩子为新出发点
12     }
13  }
```

3. 中序线索二叉树上的先序遍历

如图 1-5-8(a)所示二叉树的中序遍历序列为 DCEXBGFAIKHLJ,由图示后继线索可知:

(1) 无右孩子且是双亲左孩子的结点 p,后继信息指向双亲,如结点 D、G、L。

(2) 无右孩且是双亲右孩子的结点 p:

2.1 如果双亲是左孩子,p 后继信息指向双亲的双亲,如结点 F、K。

2.2 如果双亲是右孩子,p 后继信息指向其祖先中第 1 个是左孩子的祖先,如结点 X。

图 1-5-8(a)所示二叉树的先序遍历序列为 ABCDEXFGHIKJL。由中序线索化二叉树求先序遍历的过程如图 1-5-8(b)所示。先序遍历的第一个结点为树根,对于其余任一结点 p:

(1) 如果 p 有左孩子,p 的后继为 p 的左孩子,如 A→B→C→D、H→I、J→L;

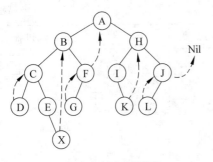

（a）中序遍历后继线索　　　　　　（b）中序线索二叉树上先序遍历

图 1-5-8 中序线索二叉树的先序遍历

（2）如果 p 无左孩子，有右孩子，p 的后继为 p 的右孩子，如 E→X、I→K；

（3）如果 p 是叶结点，其后继为 p 的中序遍历后继线索所指结点 q 的右孩子，如 D→E、K→J；如果 q 没有右孩子，继续取其后继线索所指结点的右孩子，如 X→F、G→H。

由此可知，在中序线索二叉树上进行先序遍历无须回溯。

算法描述如下：

```
0   template <class DT>
1   void PreThrBiTree(ThrBiTree<DT> bt)
2   {  p=bt->lchild;                    //树根为第一访问点
3      while(p!=bt)
4      {  cout<<p->data;                //访问 p->data
5         if (p->lflag==0)              //p 有左孩子
6           p=p->lchild;                //转向 p->lchild
7         else                          //否则
8         {  p=p->rchild->rchild;       //转后继线索的右孩子
9            while(p->rflag)            //有后继线索
10           p=p->rchild->rchild;       //取线索的右孩子所指
11        }
12     }
13  }
```

5.2.9　哈夫曼树的多样性

主教材【例 5-10】给出了 $w=\{7,5,2,3,5,6\}$ 时，哈夫曼树的生成过程。6 个点，经过 5 次选择与合并，具体生成过程如表 1-5-1 所示。

表 1-5-1 哈夫曼树的生成过程

步骤	最优二叉树生成过程	步骤	最优二叉树生成过程
1	⑦ ⑤ ② ③ **⑤** ⑥	2	⑦ ⑤ ⑤(②③) ⑤ ⑥

续表

步骤	最优二叉树生成过程	步骤	最优二叉树生成过程
3		5	
4		6	

根据哈夫曼给出的方法构造的最优二叉树具有以下特点。

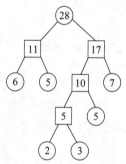

图 1-5-9　另一棵哈夫曼树

（1）不唯一和多形态的。首先，当出现权值相同的叶子结点或中间结点时，择其一均可，因而不唯一。其次，方法中没有说明被选择的两个结点的左、右顺序，因而多形态。

图 1-5-9 也是 $w=\{7,5,2,3,5,6\}$ 的一棵最优二叉树。

（2）虽然构造的最优二叉树可能不唯一，但各棵树的 WPL 值一定是一样的，均为最小值。因为权值相同的叶结点，在树中的位置可能不一样，但在树中层次数一定是一样的。

手工求解的哈夫曼树不唯一，但程序运行结果只有一个，因为程序中隐含了两点：①相同权值的结点，选序号小的；②被选中合并的两个结点，最小权值为左孩子，次小权值为右孩子。

5.2.10　二叉树与前缀码

如果一组编码中任一编码都不是其他任何一个编码的前缀，则为**前缀编码**。前缀编码是一种不等长编码。将二叉树的左分支标上 0，右分支标上 1，由根到叶结点路径上编码序列形成前缀码。对于图 1-5-10(a)所示的二叉树，生成的编码如图 1-5-10(b)所示。

哈夫曼编码也是基于此原理生成。基于哈夫曼树生成的哈夫曼编码具有平均码长最短的特性。

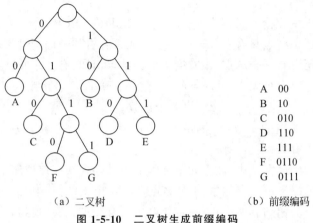

A	00
B	10
C	010
D	110
E	111
F	0110
G	0111

　　　（a）二叉树　　　　　　　　　　（b）前缀编码

图 1-5-10　二叉树生成前缀编码

5.3　积微成著，要点集锦

　　（1）非空树由树根和若干互不相交的子树组成，每棵子树又可以分为根和互不相交的子树。树的定义是递归的。

　　（2）树具有层次结构，可用来表示同层间无联系的层次结构的数据对象。

　　（3）树中，一个结点的层次数是其双亲层次数加 1。

　　（4）树结构中，非空树的根结点没有前驱，其余结点有唯一前驱。

　　（5）度为 m 的树至少有一个结点的度为 m，且没有度大于 m 的结点。

　　（6）非空二叉树由树根和互不相交的左、右子树组成，左、右子树可以为空或为二叉树。二叉树的定义是递归的。

　　（7）二叉树不是树的特例，二叉树也不是度为 2 的树。

　　（8）二叉树的度可能为 0、1 或 2，二叉树中不可能有度大于 2 的结点。

　　（9）n 个结点的二叉树，完全二叉树最矮之一，高度为 $\lceil \log_2(n+1) \rceil$，斜树最高，高度为 n。

　　（10）n 个结点的满二叉树高度为 $\log_2(n+1)$。

　　（11）满二叉树是拥有最多结点的二叉树，高度为 h 的满二叉树有结点数 $n = 2^h - 1$，每层上有最多结点，第 k 层上有 2^{k-1} 个结点。

　　（12）完全二叉树中，当结点个数为偶数时，完全二叉树只有一个度为 1 的结点；当结点个数为奇数时，没有度为 1 的结点。

　　（13）具有 n_0 个叶结点的完全二叉树，最多有 $2n_0$ 个结点。

　　（14）n 个结点的完全二叉树，n 为奇数时叶结点数为 $\dfrac{n+1}{2}$，n 为偶数时叶结点数为 $\dfrac{n}{2}$。

　　（15）完全二叉树的叶结点只出现在最下两层，且最下层的叶结点都集中在二叉树的左部。

(16) 深度为 k 的完全二叉树在 $k-1$ 层上一定是满二叉树。

(17) 斜树是树中结点只有左孩子(左斜树)或只有右孩子(右斜树)的二叉树。

(18) 斜树每层只有一个结点,没有度为 2 的结点,且只有一个叶结点。

(19) 含有 n 个结点的 m 次树, $n=n_0+n_1+\cdots+n_m$ (n_i 表示度为 i 的结点数),因此,结点度的和等于 $n_1+2n_2+\cdots+mn_m$,也等于边数。

(20) 含有 n 个结点的 m 次树,满足关系: $n_0=n_2+2n_3+3n_4+\cdots+(m-1)n_m$ 。

(21) 二叉树中有关系: $n_0=n_2+1$ 。

(22) 二叉树的顺序存储中,数据元素之间的关系隐含在存储位序中。

(23) 二叉树的二叉链表存储中, n 个结点,有 $2n$ 个指针,其中有 $n+1$ 个空指针。

(24) 结点查找的递归算法中,不一定要遍历所有结点,一旦找到,结束查找过程。

(25) 已知完全二叉树的结点数 n ,可以唯一确定其树形。

(26) 已知二叉树的中序遍历序列和先序遍历序列或后序遍历序列或层序遍历序列的任一种,可以唯一确定二叉树。

(27) 已知完全二叉树的一个遍历序列,可以唯一确定这棵树。

(28) 树与二叉树可以相互转换,森林与二叉树也可以相互转换。

(29) 由树转换的二叉树,根没有右子树。

(30) 根据树与二叉树的转换关系,已知树的先序遍历序列和后序遍历序列,可以唯一确定一棵树。

(31) 根据森林与二叉树的转换关系,已知森林的先序遍历序列和中序遍历序列,可以唯一确定森林。

(32) 存储了遍历序列前驱或后继信息的指针,称为线索。

(33) 标注线索的过程,称为线索化。

(34) 标注了线索的二叉树,称为线索二叉树。

(35) n 个结点的线索二叉树有 $n+1$ 个线索。

(36) 线索化二叉树按不同的遍历方式分为先序线索化、中序线索化、后序线索化、层序线索化。

(37) 线索化二叉树按标注前驱线索还是后继线索,分为前驱线索化和后继线索化,两个线索都标注的称为全线索化。

(38) 先序线索二叉树的先序遍历和中序线索二叉树的中序遍历均可以不用栈,非递归遍历的空间复杂度为 $O(1)$ 。

(39) 先序线索二叉树上,能够直接得到任一结点在先序遍历序列中的后继,但不能直接得到前序。

(40) 中序线索二叉树上能够直接得到任一结点在中序遍历序列中的前驱和后继。

(41) 后序线索二叉树上能够直接得到任一结点在后序遍历序列中的前驱,但不能直接得到后继。

(42) n 个叶结点的哈夫曼树共有 $2n-1$ 个结点。

(43) 哈夫曼树中没有度为 0 的结点。

（44）给定叶结点及其权值构造的哈夫曼树不唯一,但树的带权路径的值是唯一的。

5.4　启智明理,习题解答

5.4.1　主教材习题解答

一、填空题

1. 树是 $n(n \geqslant 0)$ 个结点的有限集合,在一棵非空树中,有 ___①___ 个根结点,其余结点分成 $m(m \geqslant 0)$ 个 ___②___ 的集合,每个集合又都是树。

【答案】　①1;②互不相交

【知识点】　树的定义

2. 树中某结点子树的个数,称为该结点的 ___①___ ,该结点称为其子树根的 ___②___ 结点,子树的根结点是该结点的 ___③___ 结点。子树的根结点互为 ___④___ 结点。

【答案】　①度;②双亲;③孩子;④兄弟

【知识点】　术语

3. 树用来表示具有 ___①___ 结构的数据。树中,有 ___②___ 个结点没有前驱,其余结点有 ___③___ 前驱。树中的结点可以有 ___④___ 后继。

【答案】　①层次;② 1;③1 个;④0 个或多个

【知识点】　术语

4. 树的双亲表示是一种 ___①___ 存储方式,其中,存储了结点的数据信息和结点的 ___②___ 信息。孩子链表表示是一种 ___③___ 的存储方式,用 ___④___ 表示双亲的孩子信息。两种存储方式相结合,形成 ___⑤___ 表示法。树的孩子兄弟表示法是一种 ___⑥___ 存储。

【答案】　①顺序;②双亲;③顺序与链式相结合;④链表;⑤双亲孩子;⑥链式

【知识点】　术语

5. 二叉树由 ___①___ 、___②___ 和 ___③___ 3 个基本单元组成。

【答案】　①根;②左子树;③右子树

【知识点】　术语

6. 在结点个数为 $n(n>1)$ 的各棵二叉树中,最小的高度是 ___①___ ,最大的高度是 ___②___ 。

【答案】　①$\lfloor \log_2 n \rfloor +1$ 或 $\lceil \log_2(n+1) \rceil$;②$n$

【解析】　含有 n 个结点的二叉树的最小高度等于 n 个结点的完全二叉树的高度,为 $\lfloor \log_2 n \rfloor +1$ 或 $\lceil \log_2(n+1) \rceil$;最大高度等于左斜或右斜树的高度,为 n。

一般可得具有 n 个结点的 m 次树的最小高度为 $\lceil \log_m(n(m-1)+1) \rceil$

【知识点】　二叉树性质

7. 一棵有 n 个结点的满二叉树深度 h 为 ___①___ ,有 ___②___ 个度为 1 的结点、有 ___③___ 个分支结点和 ___④___ 个叶结点。

【答案】　①$\log_2(n+1)$;②0;③$2^h-1-2^{h-1}$;④$2^{h-1}$

【知识点】　二叉树性质

8. 设 F 是由 T1、T2、T3 三棵组成的森林,T1、T2、T3 的结点数分别为 n_1、n_2 和 n_3,

与 F 对应的二叉树 B 的左子树中有 ___①___ 个结点,右子树中有 ___②___ 个结点。

【答案】 ①n_1-1;②n_2+n_3

【解析】 森林和二叉树的转换规则是"左孩子右兄弟",根结点和左子树来源于森林的第一棵树,而其余的树都在根结点的右子树上。

【知识点】 森林转化为二叉树

9. 二叉树的先序序列和中序序列相同的条件是 ___①___ ;中序序列和后序序列相同的条件是 ___②___ ;先序序列和后序序列相同的条件是 ___③___ 。

【答案】 ①空树或右斜树;②空树或左斜树;③空树或只有一个结点

【解析】 如果先序序列与中序序列相同,即有以下关系:根左右=左根右,唯当二叉树为空树或无左孩子(即右斜树)。

如果中序序列与后序序列相同,即有以下关系:左根右(中序)=左右根(后序),唯当二叉树是空树或无右孩子(即左斜树)。

如果先序序列与后序序列相同,即有以下关系:根左右(先序)=左右根(后序),唯当二叉树是空树或无左和右孩子(即只有一个结点)。

以上画线处表示为了等式成立需删除的部分。

10. 森林 ___①___ 遍历等同于由它转变的二叉树的 ___②___ 遍历序列,森林 ___③___ 遍历等同于由它转变的二叉树的 ___④___ 遍历序列。

【答案】 ①先序;②先序;③中序;④中序

【知识点】 森林和二叉树的遍历

11. 中序遍历序列为 a、b、c 的二叉树有 _____ 棵。

【答案】 5

【解析】 中序遍历序列为 a、b、c 二叉树如图 1-5-11 所示。

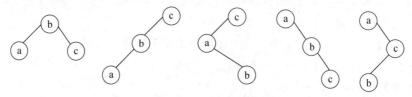

图 1-5-11 题 11 图解

12. 一棵左子树为空的二叉树在先序线索化后,其中的空链域的个数为 _____ 。

【答案】 2

【解析】 (1)先序遍历的第一结点为根,根没有前驱,如果树的左子树为空,则根的 lchild 为空链域;(2)先序遍历的最后一个结点为叶结点,且无后继,因此,其 rchild 为空链域。故左子树为空的二叉树线索化后,有 2 个空链域。

13. 线索二叉树的左线索指向其 ___①___ 结点,右线索指向其 ___②___ 结点。

【答案】 ①遍历序列中的前驱;②遍历序列中的后继

【知识点】 线索二叉树定义

14. 叶结点个数为 n 的哈夫曼树共有 _____ 个结点。

【答案】 $2n-1$

【解析】　由哈夫曼树的构造过程可知,哈夫曼树中只有度为 0 和度为 2 的结点。在非空二叉树中,有 $n_0 = n_2 + 1$,故 $n_2 = n - 1$,即非叶结点共 $n - 1$ 个,则哈夫曼树共有 $n + n - 1 = 2n - 1$ 个结点。

【知识点】　哈夫曼树

15. 若一棵二叉树具有 10 个度为 2 的结点,5 个度为 1 的结点,则度为 0 的结点个数是_____。

【答案】　11

【解析】　$n_0 = n_2 + 1 = 10 + 1 = 11$。

由树及二叉树性质,常用于求解树结点与度之间关系的有:

① 总结点数 $n = n_0 + n_1 + n_2 + \cdots + n_m$;

② 总分支数 $= n_1 + 2n_2 + \cdots + mn_m$(度为 m 的结点引出 m 条分支);

③ 总结点数 $n = $ 总分支数 $+ 1$。

这些关系经常在题目中出现,对于以上关系应当熟练掌握并灵活应用。

【知识点】　二叉树的性质

二、简答题

1. 从概念上讲,树与二叉树是两种不同的数据结构。简述树与二叉树的区别并指出将树转换为二叉树的主要目的是什么。

【答】　二叉树的度最大为 2,而树的度可以大于 2;二叉树的每个结点的孩子有左、右之分,而树中结点的孩子无左右之分,详见 5.2.1 节。

将树转换为二叉树的主要目的是树可以采用二叉树的存储结构并利用二叉树的已有算法解决树的有关问题。

【知识点】　树和二叉树定义

2. 试分别画出具有 3 个结点的树和 3 个结点的二叉树的所有不同形态。

【答】　具有 3 个结点的树和 3 个结点的二叉树的所有不同形态如图 1-5-12 所示。

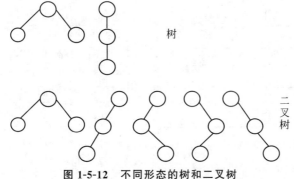

图 1-5-12　不同形态的树和二叉树

【知识点】　树、二叉树

3. 如果一棵树有 n_1 个度为 1 的结点,n_2 个度为 2 的结点,$\cdots\cdots$,n_m 个度为 m 的结点,问:有多少个度为 0 的结点? 试推导之。

【答】 设叶子结点数为 n_0,则树中结点数和总度数分别为

结点数 $n = n_0 + n_1 + n_2 + \cdots + n_m$

总度数 $d = n_1 + 2n_2 + \cdots + m \times n_m$

由 $n = d+1$ 得 $n_0 + n_1 + n_2 + \cdots + n_m = n_1 + 2n_2 + \cdots + m \times n_m$,

即 $n_0 = \left(\sum_{i=2}^{m} (i-1)n_i \right) + 1$

【知识点】 树的性质

4. 已知完全二叉树的第 7 层有 10 个叶结点,则整个二叉树的结点数最多为多少个?

【答】 $2^8 - 1 - 10 \times 2 = 235$ 个。

【分析】 该完全二叉树结点数最多共 8 层,前 7 层为满二叉树,第 7 层上有 10 个结点没有左、右子树,即第 7 层上 $2^{7-1} - 10 = 54$ 个结点有左、右子树,共 $2^7 - 1 + 54 \times 2 = 235$ 个。

【知识点】 完全二叉树和满二叉树

5. 使用二叉链表存储 n 个结点的二叉树,空的指针域有多少?

【答】 $n+1$

【分析】 每个结点有 2 个指针域,共有 $2n$ 个指针域,其中非空的指针域等于分支数,即 $n-1$ 个,其余为空指针域,即 $n+1$ 个。

【知识点】 二叉链表

6. 给出求解下列问题的判定树。①搜索指定结点 p 在中序遍历序列中的前驱;②搜索指定结点 p 在中序遍历序列中的后继。

【答】

本题图解如图 1-5-13 所示。

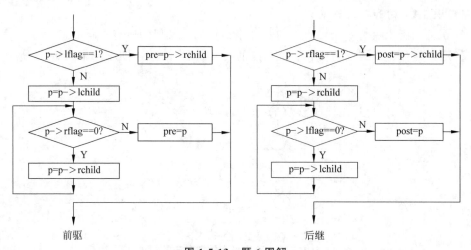

图 1-5-13 题 6 图解

【分析】 (1)中序遍历前驱:如果 p 无左孩子(p->lflag==1),p 的前驱为前驱线索,即 p->lchild 所指结点;否则,p 的前驱为遍历其左子树时最后访问的结点,即左子树中最右下的结点。

(2)中序遍历后继:如果 p 无右孩子(p->rflag==1),p 的后继为后继线索,即 p->rchild 所指结点;否则,p 的后继为其右子树上中序遍历的第一点,即:右子树上最左边下的结点。

【知识点】 线索二叉树

7. 用哈夫曼树构造最佳判定树时,内、外结点各起什么作用? 树的带权路径长度表示什么意思?

【答】 外结点为判断结果,内结点为分支判断结点。树的带权路径长度表示总的比较次数。

【分析】 外结点是携带了关键数据的结点,而内部结点没有携带这种数据,只作为导向最终的外结点所走的路径而使用。

【知识点】 哈夫曼树

三、应用题

1. 分别使用顺序表示法和二叉链表表示法表示图 1-5-14 所示二叉树,给出存储示意图。

【解】 (1)顺序存储。将非完全二叉树补齐为一棵完全二叉树,如图 1-5-15 所示,据此,可得顺序存储如表 1-5-2 所示,用 ♯ 表示空结点。

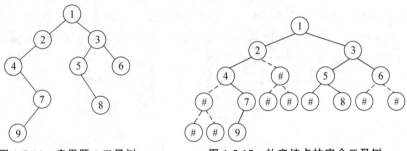

图 1-5-14 应用题 1 二叉树　　　　图 1-5-15 补齐结点的完全二叉树

表 1-5-2 顺序存储表

0	1	2	3	4	5	6	7	8	9	10	11	12	13	14	15	16	17
1	2	3	4	♯	5	6	♯	7	♯	♯	♯	8	♯	♯	♯	♯	9

(2) 二叉链表存储,如图 1-5-16 所示。

2. 对图 1-5-17 所示的二叉树,分别进行:①先序前驱线索化;②后序后继线索化;③中序全序线索化。

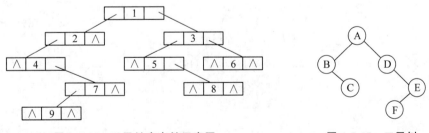

图 1-5-16 二叉链表存储示意图　　　　图 1-5-17 二叉树

【解】 线索化如图 1-5-18 所示。

3. 已知一棵没有度为 1 的结点的二叉树的先序和后序遍历序列分别为

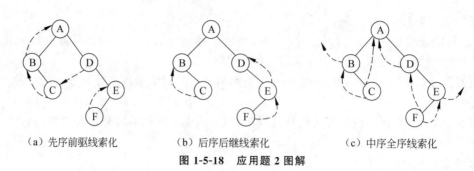

(a) 先序前驱线索化　　　　（b）后序后继线索化　　　　（c）中序全序线索化

图 1-5-18　应用题 2 图解

ABCDFGHIE 和 BFHIGDECA，画出该二叉树。

【解】　所求二叉树如图 1-5-19 所示。

【分析】　二叉树的先序序列和后序序列不能唯一确定一棵二叉树，因无法确定左、右子树两部分。例如，任何结点只有左子树的一棵二叉树和任何结点只有右子树的一棵二叉树，其两棵树的先序序列相同，后序序列相同，但却是两棵不同的二叉树。但当二叉树所有的结点只有度为 2 和度为 0 的结点，这棵二叉树是可以唯一确定的。

4. 假设一棵二叉树的中序遍历序列为 DCBGEAHFIJK 和后序遍历序列为 DCEGBFHKJIA。请画出该树。

【解】　所求二叉树如图 1-5-20 所示。

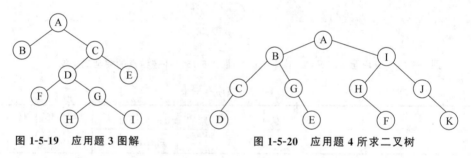

图 1-5-19　应用题 3 图解　　　　图 1-5-20　应用题 4 所求二叉树

5. 将图 1-5-21 所示森林转换为相应的二叉树。

【解】　相应的二叉树如图 1-5-22 所示。

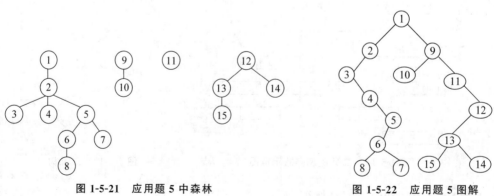

图 1-5-21　应用题 5 中森林　　　　图 1-5-22　应用题 5 图解

6. 已知一个森林的先序遍历序列为 ABCDEFGHIJKLMNO，中序遍历序列为

DEBFHIJGAMLONK,构造出该森林。

　　【解】　根据森林与转换后二叉树遍历的对应关系,上述两个序列分别为二叉树的先序遍历序列和中序遍历序列,由这两个序列可得二叉树如图 1-5-23(a)所示,对应的森林如图 1-5-23(b)所示,为本题题解。

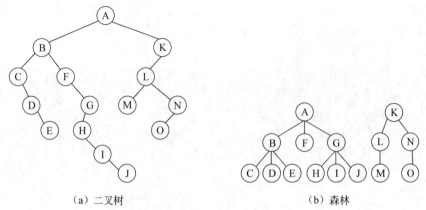

　　　　　（a）二叉树　　　　　　　　　　　　　　（b）森林

图 1-5-23　应用题 6 解

　　7. 假设用于通信的电文仅由 8 个字母组成,每个字母在电文中出现的频率如表 1-5-3 所示。

表 1-5-3　电文出现的频率

C_1	C_2	C_3	C_4	C_5	C_6	C_7	C_8
2	3	6	8	10	20	22	29

　　分别为这 8 个字母设计哈夫曼编码和最短的等长编码,两种编码的平均码长分别为多少。

　　【解】　根据字母的频率,构造的哈夫曼树如图 1-5-24 所示,由此可得各字母的哈夫曼编码如下:

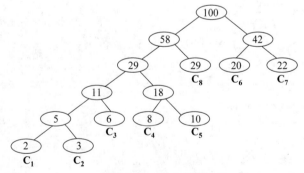

图 1-5-24　哈夫曼树

C_1:00000　C_2:00001　C_3:0001　C_4:0010

C_5:0011　C_6:10　C_7:11　C_8:01

哈夫曼编码平均码长 $=((2+3)\times5+(6+8+10)\times4+(29+20+22)\times2))/100=2.63$

　　最短的等长编码,8 个字符用 3 位二进制分别表示:

C1:000 C2:001 C3:010 C4:011 C5:100 C6:101 C7:110 C8:111

最短等长编码平均码长=3

四、算法设计题

1. 假设二叉树的数据元素类型为字符型,采用顺序存储。设计算法,求二叉树中叶结点的个数。

【解】 遍历二叉树,如果结点无左孩子和右孩子,即为叶结点,对其进行计数。空结点以♯表示。算法描述如下。

```
int LeftNode(char BT[], int n)
{  num=0;                                      //计数器初始化
   for(i=0; i<n; i++)
   {  lflag=0; rflag=0;                        //有左、右孩子标记
      if (2 * i+1<n && BT[2 * i+1]=='#')
         lflag=1;                              //无左孩子
      if (2 * (i+1)<n && BT[2 * (i+1)]=='#'))
         rflag=1;                              //无右孩子
      if (lflag && rflag)                      //无左、右孩子
         num++;                                //叶结点计数器增1
   }
   return num;
}
```

2. 设数据元素类型为整型的一棵二叉树采用顺序存储存在一个一维的数组中,将顺序存储转为二叉链表存储。

【解】 算法思想:基于先序遍历思想,按结点编号映射的双亲与孩子的关系,递归创建二叉树。设编号从 1 开始,第 i 个结点的左孩子结点为第 $2i(2i \leqslant n)$ 个结点,右孩子结点为第 $2i+1(2i+1 \leqslant n)$ 个结点,以 0 表示空结点。算法描述如下。

```
void CreateBiTree(BTNode * &bt,int a[], int i,int n)
{  if(i>n || a[i-1]==0)                        //结点不存在
      bt=NULL;
   else                                        //有结点
   {  bt=new BTNode;                           //新建结点
      bt->data=a[i-1];
      CreateBiTree(bt->lchild,a,2 * i,n);      //递归创建左子树
      CreateBiTree(bt->rchild,a,2 * i+1,n);    //递归创建右子树
   }
   return ;
}
```

3. 二叉树采用二叉链表存储,设计解决下列问题的算法。

(1) 计算二叉树中各结点元素的最大值。

(2) 复制该二叉树的算法。

(3) 求结点双亲的算法。

（4）输出二叉树的算法。

（5）删除以值为 x 的结点为根的子树。

【解】

（1）算法思想：采用打擂方式，通过遍历，依次把各结点值与擂主比较，最后的擂主为最大值。设 max 初值为 bt->data。算法描述如下。

```
template <class DT>
DT MaxValue(BTNode<T> * bt, DT max)
{   if(bt)                                    //树非空
    {   if(bt->data>max)                      //比较结点值
        max=t->data;                          //大于，更新最大值
        max=MaxValue(bt->lchild,max);         //递归在左子树上寻找最大值
        max=MaxValue(bt->rchild,max);         //递归在右子树上寻找最大值
    }
    return max;
}
```

（2）算法思想：按先序遍历构造新二叉树的各个结点。算法描述如下。

```
BTNode Copy(BTNode * bt)
{   BTNode * nt;
    if (bt==NULL)                             //结点空
        nt=NULL;
    else
    {   nt=new BTNode;                         //新建一个结点
        nt->data=bt->data;                    //复制结点值
        nt->lchild=Copy(bt->lchild);          //递归复制左子树
        nt->rchild=Copy(bt->rchild);          //递归复制右子树
    }
    return nt;
}
```

（3）算法思想：先序递归遍历，判断结点的左或右孩子是否等于查找值，是，则返回元素；否则，继续递归查找，直到成功或者找不到符合要求的结点。算法描述如下。

```
template <class DT>
BTNode<DT>FindParent(BTNode<DT> * bt,DT e)
{   if (bt==NULL)
        return NULL;
    else if (bt->lchild!=NULL && bt->lchild->data==e)
        return bt;
    else if(bt->rchild!=NULL & bt->rchild->data==e)      //右孩子存在且为 x
        return bt;
    else
```

```
    {   p=FindParent(bt->lchild,e);                  //递归在左子树上查找
        if(p)
            return p;
        else
            return FindParent(bt->rchild,e);          //递归在右子树上查找
    }
}
```

（4）二叉树可以以嵌入式、广义表等形式输出。下面给出将二叉树逆时针转 90°的图形输出。算法思想：逆时针转 90°后，右孩子在左孩子上方，层次最大的右孩子结点在最上方，然后是双亲，再下面拐向双亲的左孩子。以层次 level 为参数，初值为 1，类似右、中、左的中序遍历，算法描述如下。

```
void DisplayBTree(BTNode * bt, int level)
{   if(bt)                                            //非空
    {   DisplayBTree(bt->rchild,level+1);             //递归输出结点的右子树
        cout<<endl;
        for(i=0;i<level-1,i++)
          cout<<"  ";                                 //控制第 level 列显示位
        cout<<bt->data;                               //显示结点
        DisplayBTree(bt->lchild,level+1);             //递归输出结点的左子树
    }
}
```

（5）算法思想：采用基于先序遍历的递归方法，首先查找值为 x 的结点 p，然后调用 DestroyBTree(p)删除并释放该子树。算法描述如下。

```
template <class DT>
void Delx(BTNode * &bt, DT e)
{   if (bt==NULL)                                     //空二叉树
        return;
    else
    {   if(bt->data==e)                               //子树根为 x
        {   DestroyBTree(bt);                         //销毁子树
            bt=NULL;
            return;
        }
        else
        {   Delx(bt->lchild,x);                       //在左子树删除根为 x 的子树
            Delx(bt->rchild,x);                       //在右子树删除根为 x 的子树
        }
    }
}
```

5.4.2 自测题及解答

一、判断题

1. 树结构中的每个结点都有一个前驱结点。

【答案】 错误

【解析】 根结点没有前驱结点。

【知识点】 树的定义

2. 在一棵有 n 个结点的树中,其分支数为 n。

【答案】 错误

【解析】 一棵有 n 个结点的树中其分支数为 $n-1$。

【知识点】 树的特性

3. 度为 m 的树中至少有一个度为 m 的结点,不存在度大于 m 的结点。

【答案】 正确

【知识点】 树的度的定义

4. 在一棵树中,处于同一层上的各结点之间都存在兄弟关系。

【答案】 错误

【解析】 处于同一层并且有相同双亲的各结点之间是兄弟关系。

【知识点】 树兄弟的定义

5. 二叉树就是度为 2 的树。

【答案】 错误

【解析】 二叉树的度可能为 0,或 1 或 2。

【知识点】 二叉树的定义

6. $n(n > 2)$ 个结点的二叉树中至少有一个度为 2 的结点。

【答案】 错误

【解析】 二叉树可以有多个度为 2 的结点,也可以没有度为 2 的结点。

【知识点】 二叉树的定义

7. 不存在这样的二叉树:它有 n 个度为 0 的结点,$n-1$ 个度为 1 的结点,$n-2$ 个度为 2 的结点。

【答案】 正确

【解析】 不满足 $n_0 = n_2 + 1$ 的性质,不存在这样的二叉树。

【知识点】 二叉树的性质

8. 在任何一棵完全二叉树中,叶结点或者和分支结点一样多,或者只比分支结点多一个。

【答案】 正确

【解析】 在完全二叉树中,$n_1 = 0$ 或 1,而 $n_0 = n_2 + 1$,因此,分支结点个数 $n_1 + n_2 = n_0$ 或 $n_1 + n_2 = n_0 - 1$。

【知识点】 二叉树的性质

9. 完全二叉树中的每个结点或者没有孩子或者有两个孩子。

【答案】 错误

【解析】 当结点数为偶数时,完全二叉树中有一个单分支结点。

【知识点】 完全二叉树

10. 当二叉树中的结点数多于 1 个时,不可能根据结点的先序序列和后序序列唯一地确定该二叉树的逻辑结构。

【答案】 正确

【解析】 一个遍历序列可以对应多棵二叉树;唯有完全二叉树,一个遍历序列就可以确定它。

【知识点】 二叉树的遍历

11. 存在这样的二叉树,对它采用任何次序的遍历,结果相同。

【答案】 正确

【解析】 当二叉树只有一个根结点时,任何遍历的序列均相同。

【知识点】 二叉树的遍历

12. 二叉树的顺序存储是按其先序遍历序列依次存储的。

【答案】 错误

【解析】 按层序且从左向右依次存储。

【知识点】 二叉树的顺序存储

13. 若一棵二叉树中的所有结点值不相同,可以由其中序序列和层序序列唯一构造出该二叉树。

【答案】 正确。

【解析】 详见 5.2.4 节,由遍历序列创建二叉树。

【知识点】 由二叉树的遍历序列确定二叉树

14. 对于二叉树,在后序序列中,任一结点的后面都不会出现它的子孙结点。

【答案】 正确

【解析】 后序遍历序列顺序为 LRD,某结点被访问时其左、右子树一定已被访问,即其子孙一定在其前面被访问。

【知识点】 二叉树的遍历

15. 将一棵树转换成二叉树后,根结点没有左子树。

【答案】 错误

【解析】 通常根结点有左子树而无右子树。

【知识点】 树转换为二叉树

16. 哈夫曼树中不存在度为 1 的结点。

【答案】 正确

【知识点】 哈夫曼树的特性

17. 在哈夫曼树中,权值相同的叶结点都在同一层上。

【答案】 错误

【解析】 在哈夫曼树中,权值相同的叶结点不一定都在同一层上。例如,某个哈夫曼树中只有 3 个叶结点,权值均为 1,它们就不可能都在同一层上。

【知识点】　哈夫曼树的构造

18. 在哈夫曼树中,权值较大的叶结点一般离根结点较远。

【答案】　错误

【解析】　在哈夫曼树中,权值较大的叶结点一般离根结点较近。

【知识点】　哈夫曼树的构造

19. 哈夫曼树一定是完全二叉树。

【答案】　错误

【解析】　从哈夫曼树构造可知,哈夫曼树一般不是完全二叉树。

【知识点】　哈夫曼树的构造

20. 在哈夫曼编码中,当出现频率相同的两个字符时,其编码也相同。

【答案】　错误

【解析】　哈夫曼编码是一种前缀码,其中每个编码都是唯一的。

【知识点】　哈夫曼编码

二、选择题

1. 树最适合用来表示(　　)。

　　A. 有序数据元素　　　　　　　　B. 无序数据元素

　　C. 元素之间无联系的数据　　　　D. 元素之间具有分支层次关系的数据

【答案】　D

【解析】　树是一种分层结构,它特别适合组织那些具有分支层次关系的数据。正确答案是 D。

【知识点】　树的定义

2. 在树的存储形式中,下列(　　)不是树的存储形式。

　　A. 双亲表示　　　　　　　　　　B. 孩子链表表示

　　C. 孩子兄弟表示　　　　　　　　D. 孩子双亲双向链表

【答案】　D

【解析】　采用排除法,A、B、C 均为树的常用表示法。正确答案是 D。

【知识点】　树的存储

3. 如果在树的孩子兄弟存储结构中有 6 个空的左指针域,7 个空的右指针域,5 个结点的左、右指针域都为空,则该树中有(　　)个叶结点。

　　A. 5　　　　　　B. 6　　　　　　C. 7　　　　　　D. 不能确定

【答案】　B

【解析】　在树的孩子兄弟表示中,左指针域指向第 1 个孩子结点,右指针域指向右边第 1 个兄弟。该树有 6 个空的指针域,说明有 6 个结点没有孩子,即为叶结点。正确答案是 B。

【知识点】　树的孩子兄弟存储

4. 下列符合二叉树特性的是(　　)。

　　A. 每个结点至少有两棵子树　　　B. 每个结点至少有一棵左或右的子树

　　C. 每个结点至少有两棵有序子树　　D. 都不对

【答案】　D

【解析】 用排除法，A、B、C 都不对。

【知识点】 二叉树的定义

5. 二叉树采用顺序存储，则下列(   )运算最容易实现。

    A. 先序遍历二叉树   B. 判断两个结点是否在同一层

    C. 层次遍历二叉树   D. 求结点值为 x 的结点的所有孩子

【答案】 C

【解析】 直接顺序扫描存储二叉树的数组即可得层次遍历序列。正确答案是 C。

【知识点】 二叉树的顺序存储

6. 对于一棵具有 n 个结点、度为 4 的树来说，(   )。

    A. 树的高度至多是 $n-3$ B. 第 i 层上至多有 $4(i-1)$ 个结点

    C. 树的高度至多是 $n-4$ D. 至少在某一层上正好有 4 个结点

【答案】 A

【解析】 要使得具有 n 个结点、度为 4 的树的高度最大，就要使得每层的结点数尽可能少，类似右图所示的树，除最后一层外，每层的结点数是 1，最终该树的高度为 $n-3$。树的度为 4 只能说明存在某结点正好(也最多)有 4 个孩子结点，D 错误。正确答案是 A。

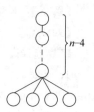

【知识点】 树的术语

7. 设树 T 的度为 4，其中度为 1、2、3 和 4 的结点个数分别为 4、2、1、1，则 T 中的叶子数为(   )。

    A. 5   B. 6   C. 7   D. 8

【答案】 B

【解析】 $n_0=n_2+2n_3+3n_4+1=2+2\times1+3\times1+1=8$，详见简答题 3。正确答案是 B。

【知识点】 树的特性

8. 二叉树上第 i 层最多可以有(   )个结点。

    A. 2^i B. $2^{i-1}-1$ C. 2^{i-1} D. 2^i-1

【答案】 C

【解析】 二叉树性质 1。

【知识点】 二叉树的性质

9. 若一棵完全二叉树有 1001 个结点，则该二叉树中叶结点的个数是(   )。

    A. 250   B. 500   C. 254   D. 501

【答案】 D

【解析】 由完全二叉树的性质，最后一个分支结点的序号为 $\lfloor 1001/2 \rfloor=500$，故叶结点个数为 $1001-500=501$。

另解：$n=n_0+n_1+n_2=n_0+n_1+(n_0-1)=2n_0+n_1-1$，因为 $n=1001$，而在完全二叉树中，n_1 只能取 0 或 1。当 $n_1=1$ 时，n_0 为小数，不符合题意。$n_1=0$，故 $n_0=501$。正确答案是 D。

【知识点】 完全二叉树的性质

10. 对于 n 个结点的树，n 个结点度的和为(   )。

A. n B. $n-2$ C. $n-1$ D. $n+1$

【答案】 C

【解析】 n 个结点度的和等于边数。树中除根没有前驱外,其余结点有唯一前驱,因此,n 个结点,有 $n-1$ 条边,度的和为 $n-1$。或 n 个结点度的和 $=n_1+2n_2=n_1+n_2+n_0-1=n-1$。

【知识点】 树的结构特点

11. 一棵有 124 个叶结点的完全二叉树,最多有( )个结点。

A. 247 B. 248 C. 249 D. 250

【答案】 B

【解析】 在非空的二叉树中,由度为 0 和 2 的结点数的关系 $n_0=n_2+1$ 可知 $n_2=123$;总结点数 $n=n_0+n_1+n_2=247+n_1$,其最大值为 248(n_1 的取值为 1 或 0,当 $n_1=1$ 时结点最多)。注意,由完全二叉树总结点数的奇偶性可以确定 n_1 的值,但不能根据 n_0 来确定 n_1 的值。

另解:$124 < 2^{8-1}=128$,故第 8 层没满,前 7 层为满二叉树,由此可推算第 8 层可能有 120 个叶结点,第 7 层的最右 4 个为叶结点,考虑最多的情况,这 4 个叶结点中的最左边可以有 1 个左孩子(不改变叶结点数),因此结点总数 $=2^7-1+120+1=248$。因此,正确答案是 B。

【知识点】 二叉树的性质

12. 若一棵二叉树有 126 个结点,在第 7 层(根结点在第 1 层)至多有( )个结点。

A. 32 B. 64 C. 63 D. 不存在第 7 层

【答案】 C

【解析】 要使二叉树在第 7 层达到最多的结点个数,其上面的第 6 层必须是一个满二叉树,深度为 6 的满二叉树有 63(2^6-1)个结点,故第 7 层最多有 $126-63=63$ 个结点。正确答案是 C。

【知识点】 二叉树的性质

13. 已知一棵完全二叉树的第 6 层(设根为第 1 层)有 8 个叶结点,则完全二叉树的结点个数最少和最多分别是( )。

A. 39,119 B. 52,111 C. 39,111 D. 52,119

【答案】 C

【解析】 第 6 层有叶结点说明完全二叉树的高度可能为 6 或 7,显然树高为 6 时结点最少。若第 6 层上有 8 个叶结点,则前 5 层为满二叉树,故完全二叉树的结点个数最少为 $2^5-1+8=39$ 个结点;显然树高为 7 时最多。完全二叉树与满二叉树相比,只是在最下一层的右边缺少了部分叶结点,而最后一层之上是个满二叉树,并且只有最后两层上有叶结点。若第 6 层上有 8 个叶结点,则前 6 层为满二叉树,而第 7 层缺失了 $8\times2=16$ 个叶结点,故完全二叉树的结点个数最多为 $2^7-1-16=111$。正确答案是 C。

【知识点】 二叉树的性质

14. 设 n,m 为一棵二叉树上的两个结点,在后序遍历时,n 在 m 前的条件是( )。

A. n 在 m 右方 B. n 是 m 祖先 C. n 在 m 左方 D. n 是 m 子孙

【答案】 D

【解析】 后序遍历的顺序是 LRD,若 n 在 D 的左子树上,m 在 D 的右子树上,则在后序遍历的过程中 n 在 m 之前访问;若 n 是 m 的子孙,设 m 是 D,则 n 无论是在 m 的左子树还是在右子树,在后序遍历的过程中 n 都在 m 之前访问;除此之外,没有其他可能。因此,C 要成立,要加上两个结点位于同一层。正确答案是 D。

【知识点】 二叉树的遍历

15. 在二叉树的前序序列、中序序列和后序序列中,所有叶结点的先后顺序( )。
    A. 都不相同   B. 完全相同
    C. 前序和中序相同,而与后序不同   D. 中序和后序相同,而与前序不同

【答案】 B

【解析】 二叉树的先序、中序和后序 3 种遍历是根据根结点的访问顺序进行区分,至于左右,要不都是从左到右,要不都是从右到左,因此,叶结点的先后顺序完全相同。此外,可以采用特殊值法,画一个结点数为 3 的满二叉树,采用 3 种遍历方式来验证答案的正确性。

【知识点】 二叉树的遍历

16. 一棵非空的二叉树的先序遍历序列与后序遍历序列正好相反,则该二叉树一定满足( )。
    A. 所有的结点均无左孩子   B. 所有的结点均无右孩子
    C. 只有一个叶结点   D. 是任意一棵二叉树

【答案】 C

【解析】 非空树的先序序列和后序序列相反,即"根左右"与"左右根"顺序相反,因此,树只有根结点,或者根结点只有左子树或右子树,以此类推,其子树有同样的性质。因此,树中所有非叶结点的度均为 1,即二叉树仅有一个叶结点。

【知识点】 二叉树的遍历

17. 若一棵二叉树的先序遍历序列为 a,e,b,d,c,后序遍历序列为 b,c,d,e,a,则根结点的孩子结点( )。
    A. 只有 e   B. 有 e、b   C. 有 e、c   D. 无法确定

【答案】 A

【解析】

方法一(见图 1-5-25):先序序列和后序序列不能唯一确定一棵二叉树,但可以确定二叉树中结点的祖先关系:当两个结点的先序序列为 XY、后序序列为 YX 时,则 X 为 Y 的祖先。考虑先序序列 a,e,b,d,c,后序序列 b,c,d,e,a,可知 a 为根结点,e 为 a 的孩子结点;此外,由 a 的孩子结点的先序序列 e,b,d,c 和后序序列 b,c,d,e,可知 e 是 b,c,d 的祖先,故根结点的孩子结点只有 e。正确答案是 A。

方法二:排除法,显然 a 为根结点,且确定 e 为 a 的孩子结点,排除 D。各种遍历算法中左、右子树的遍历次序是固定的,若 b 也为 a 的孩子结点,则在前序序列和后序序列中 e、b 的相对次序应是不变的,故排除 B,同理排除 C。正确答案是 A。

方法三:特殊法,前序序列和后序序列对应多棵不同的二叉树树形,只需画出满足该条件的任意一棵二叉树即可,该二叉树必定满足正确选项的要求。

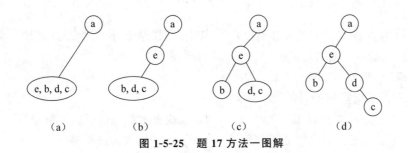

图 1-5-25　题 17 方法一图解

【知识点】 二叉树的遍历

18. 已知一棵二叉树的先序遍历结果为 ABCDEF,中序遍历结果为 CBAEDF,则后序遍历的结果为(　　)。

　　A. CBEFDA　　　B. FEDCBA　　　C. CBEDFA　　　D. 不定

【答案】 A

【解析】 对于这种遍历序列问题,先根据遍历的性质排除若干项,若还无法确定答案,则再根据遍历结果得到二叉树,找到对应遍历序列。例如,在本题中,已知先序和中序遍历结果,可知本树的根结点为 A,左子树有 C 和 B,其余为右子树,则后序遍历结果中,A 一定在最后,并且 C 和 B 一定在前面,排除答案 B 和 D。又因先序中有 DEF,中序中有 EDF,则 D 为这个子树的根,故 D 在后序中排在 EF 之后,故正确答案为 A。

根据二叉树的递归定义,要确定二叉树,就要分别找到根结点和左、右子树。因此,根据遍历结果,必定要确定根结点位置和如何划分左、右子树,才可以确定最终的二叉树。故仅有先序和后序遍历不能唯一确定一棵二叉树,而二者之一加上中序遍历都可以唯一确定一棵二叉树。如在本题中,根据先序和中序遍历的结果确定二叉树的过程如图 1-5-26 所示。

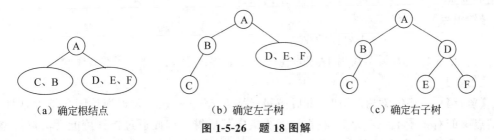

(a) 确定根结点　　　　　(b) 确定左子树　　　　　(c) 确定右子树

图 1-5-26　题 18 图解

【知识点】 二叉树的遍历

19. 线索二叉树是一种(　　)结构。

　　A. 逻辑　　　　B. 逻辑和存储　　　C. 物理　　　　D. 线性

【答案】 C

【解析】 线索二叉树是一种存储设计。正确答案是 C。

【知识】 线索二叉树定义

20. 一棵具有 n 个结点线索二叉树,拥有(　　)条线索。

　　A. n　　　　　B. $n+1$　　　　C. $2n$　　　　D. $n-1$

【答案】 B

【解析】 n 个结点共有链域指针 $2n$ 个,其中,除根结点外,每个结点都被一个指针指向。剩余建立线索,共有 $2n-(n-1)=n+1$ 个线索。

【知识点】 线索二叉树

21. 引入二叉线索树的目的是( )。

    A. 为了方便找到双亲   B. 加快查找结点前驱或后继速度

    C. 为了方便在二叉树插入和删除   D. 使二叉树遍历结果唯一

【答案】 B

【解析】 在二叉线索树中,无左孩子的结点的 lchild 指向遍历前驱,无右孩子的结点的 rchild 指向遍历后继,因此,有了线索,可以加快查找结点前驱或后继速度。正确答案为 B。

【知识点】 线索二叉树

22. 在线索二叉树中,下列说法不正确的是( )。

    A. 中序线索树中,若某结点有右孩子,则其后继结点是它的右子树的最左下结点

    B. 中序线索树中,若某结点有左孩子,则其前驱结点是它的左子树的最右下结点

    C. 线索二叉树利用二叉树的 $n+1$ 个空指针来存放结点的前驱和后继信息

    D. 每个结点通过线索都可以直接找到它的前驱和后继

【答案】 D

【解析】 不是每个结点通过线索都可以直接找到它的前驱和后继。在先序线索二叉树中查找一个结点的先序后继很简单,而查找先序前驱必须知道该结点的双亲结点。同样,在后序线索二叉树中查找一个结点的后序前驱也很简单,而查找后序后继必须知道该结点的双亲结点,二叉链表没有存放双亲的指针。

【知识点】 线索二叉树

23. ( )的遍历仍需要栈的支持。

    A. 先序线索树   B. 中序线索树   C. 后序线索树   D. 所有线索树

【答案】 C

【解析】 后序线索树遍历时,最后访问根结点,若从右孩子 x 返回访问父结点,则由于结点 x 的右孩子不一定为空(右指针无法指向其后继),因此通过指针可能无法遍历整棵树。如图 1-5-27 所示,结点中的数字表示遍历的顺序,图 1-5-27(c)中结点 6 的右指针指向其右孩子 5,而不指向其后序后继结点 7,因此后序遍历还需要栈的支持,而图 1-5-27(a) 和图 1-5-27(b)均可遍历。

【知识点】 线索二叉树

24. 利用二叉链表存储树,则根结点的右指针是( )。

    A. 指向最左孩子   B. 指向最右孩子

    C. 空   D. 非空

【答案】 C

【解析】 由树转换得来的二叉树,没有右子树,因此,根结点的右指针为空。正确答

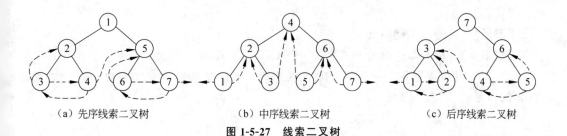

(a) 先序线索二叉树　　　　　　(b) 中序线索二叉树　　　　　　(c) 后序线索二叉树

图 1-5-27　线索二叉树

案是 C。

【知识点】　树、森林与二叉树的相互转换

25. 利用二叉链表存储森林时,根结点的右指针是(　　)。

  A. 指向最左兄弟　　　　　　　　B. 指向最右兄弟

  C. 一定为空　　　　　　　　　　D. 不一定为空

【答案】　D

【解析】　森林与二叉树具有对应关系,因此,存储森林时应先将森林转换成二叉树,转换的方法就是"左孩子右兄弟"。与树不同的是,若存在第二棵树,则二叉链表的根结点的右指针指向的是森林中的第二棵树的根结点。若此森林只有一棵树,则根结点的右指针为空。因此,右指针可能为空也可能不为空。正确答案是 D。

【知识点】　森林与二叉树相互转换

26. 设 F 是一个森林,B 是由 F 变换来的二叉树。若 F 中有 n 个非终端结点,则 B 中右指针域为空的结点有(　　)个。

  A. $n-1$　　　　B. n　　　　C. $n+2$　　　　D. $n+1$

【答案】　D

【解析】　森林中每棵树的根结点从第二个开始依次连接到前一棵树的根的右孩子,因此,最后一棵树的根结点的右指针为空。另外,每个非终端结点,其所有孩子结点在转换之后,最后一个孩子右指针也为空,故树 B 中右指针域为空的结点有 $n+1$ 个。正确答案是 D。

【知识点】　森林与二叉树相互转换

27. 将森林 F 转换为对应的二叉树 T,F 中叶结点的个数等于(　　)。

  A. T 中叶结点的个数　　　　　　B. T 中左孩子指针为空的结点个数

  C. T 中度为 1 的结点个数　　　　D. T 中右孩子指针为空的结点个数

【答案】　C

【解析】　将森林转换为二叉树相当于用孩子兄弟表示法来表示森林。在变化过程中,原森林某结点的第一个孩子结点作为它的左子树,它的兄弟作为它的右子树。森林中的叶结点由于没有孩子结点,转换为二叉树时,该结点就没有左结点,因此,F 中叶结点的个数等于 T 中左孩子指针为空的结点个数,正确答案是 C。

  此题还可通过一些特例来排除 A、B、D 选项。

【知识点】　森林与二叉树相互转换

28. 树的后序遍历序列等同于该树对应的二叉树的(　　)遍历序列。

  A. 先序　　　　B. 中序　　　　C. 后序　　　　D. 层序

【答案】 B

【解析】 可通过实例验证。

【知识点】 树与二叉树的相互转换

29. 对 n 个互不相同的符号进行哈夫曼编码。若生成的哈夫曼树共有 115 个结点,则 n 的值是( )。

  A. 56   B. 57   C. 58   D. 60

【答案】 C

【解析】 n 个符号构造成哈夫曼树的过程中,需新建 $n-1$ 个结点(双分支结点),因此,哈夫曼树的结点总数为 $2n-1=115$,n 的值为 58。正确答案是 C。

【知识点】 哈夫曼树的特点

30. 5 个字符有如下 4 种编码方案,不是前缀编码的是( )。

  A. 01,0000,0001,001,1   B. 011,000,001,010,1

  C. 000,001,010,011,100   D. 0,100,110,1110,1100

【答案】 D

【解析】 前缀编码指在一个字符集中,任何一个字符的编码都不是另一个字符编码的前缀。选项 D 中的编码 110 是编码 1100 的前缀,违反了前缀编码的规则,D 不是前缀编码。

【知识点】 前缀编码的定义

第 *6* 章

图

6.1 脉络梳理，本章导学

本章知识结构如图 1-6-1 所示。

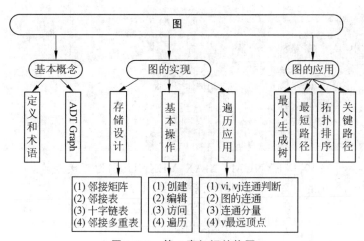

图 1-6-1 第 6 章知识结构图

本章内容分为 3 部分：基本概念、图的实现和图的应用。

6.1.1 基本概念

图的基本概念部分包括两个方面的内容：(1)图的定义和术语；(2)图的抽象数据类型定义。

1. 定义和术语

图是由顶点的有穷非空集合和顶点之间边的集合组成的一种数据结构，用二元组表示为 $G=(V,E)$，其中，V 是图 G 的顶点集合，E 是图 G 的边的集合。

与图相关的术语有无向图、有向图、无向网、有向网、边、弧、弧头、弧尾；邻接点，依附；度、入度、出度；路径、路径长度；回路、简单路径、简单回路；稀疏图、稠密图、完全图；连通图、非连通图、强连通图、弱连通图；子图、连通分量、强连通分量;生成树、生成森林等。

2. 抽象数据类型定义

图的抽象数据类型给出了图的逻辑结构(数据元素及数据元素之间的关系)及其基本操作的定义,其中包括图的创建、销毁、遍历、编辑等操作。

6.1.2 图的实现

图的实现部分包括图的存储设计、图的基本操作和图的遍历及其应用。

1. 存储设计

这里介绍了图的 4 种存储方法,即邻接矩阵、邻接表、十字链表和邻接多重表,主要掌握前两种方法。

1) 邻接矩阵

图的邻接矩阵表示法用 4 个属性表示图:①顶点信息用一维数组存储;②边信息用一个二维数组(邻接矩阵)存储;③顶点数用一个整数存储;④边数用一个整数存储。存储定义如下:

```
template<class DT>
struct MGraph                                      //邻接矩阵存储类型名
{
    DT vexs [MAX_VEXNUM];                          //顶点表,存储顶点信息
    int /WT arcs [MAX_VEXNUM][MAX_VEXNUM];         //邻接矩阵,存储边信息
    int vexnum;                                    //顶点数
    int arcnum;                                    //边数
};
```

arcs [MAX_VEXNUM][MAX_VEXNUM]为邻接矩阵,n 个顶点的图的邻接矩阵是一个 $n \times n$ 的方阵,邻接矩阵元素 arcs$[i][j]$含义为

$$\text{arc}[i][j] = \begin{cases} 1 & \text{若 } i! = j, \text{且}(v_i, v_j) \text{ 或 } <v_i, v_j> \in E \\ 0 & \text{其他} \end{cases}$$

若 G 是网图,arcs$[i][j]$含义为

$$\text{arc}[i][j] = \begin{cases} w_{ij} & \text{若 } i! = j, \text{且}(v_i, v_j) \text{ 或 } <v_i, v_j> \in E \\ \infty & \text{其他} \end{cases}$$

其中,w_{ij}表示边(v_i, v_j)或$<v_i, v_j>$上的权值;∞表示一个计算机允许的、大于所有边上权值的数。

2) 邻接表

图的邻接表表示法用 3 个属性表示图:①邻接表信息存储顶点信息和边信息;②顶点数用一个整数存储;③边数用一个整数存储。存储定义如下:

```
struct ALGraph
{
    VNode vertices [MAX_VEXNUM];        //邻接表
    int vexnum;
    int arcnu;
}
```

邻接表由顶点信息和边信息链表两部分组成,涉及两个结点:表头结点和边表结点。定义分别如下:

```cpp
template <class DT>
struct VNode            //表头结点
{
    DT data;            //顶点信息
    ArcNode * firstarc; //指向链表第一个结点
}
struct ArcNode          //无权图边结点
{
    int adjvex;         //邻接点位序
    ArcNode * nextarc;  //指向邻接的下一条边结点
}
```

如果是网,需给出边的权值。

```cpp
struct ArcNode              //有权图的边结点
{
    int adjvex;             //邻接点位序
    WT weight;              //边的权值
    ArcNode * nextarc;      //指向邻接的下一条边结点
}
```

3) 十字链表

十字链表是有向图的一种链式存储方式。它实际上是邻接表与逆邻接表的结合。在十字链表中,每条边对应的边结点分别组织到出边表和入边表中。

4) 邻接多重表

邻接多重表是仿照十字链表的无向图的一种链式存储结构。将依附于同一个顶点的边结点形成一个单链表。每个边有两个顶点,每个边结点处于两个单链表中。

2. 图的基本操作

图的基本操作分为创建、编辑、访问等。在《数据结构原理与应用实践教程》中给出 4 种图的邻接矩阵和邻接表存储的实现。主教材中仅给出下列操作算法。

(1) 邻接矩阵:由顶点值查询顶点位序(算法 6.1)、创建无向图(算法 6.2)、按序号求第一个邻接点(算法 6.3)、连通图的 DFS(算法 6.10)。

(2) 邻接表:由顶点值查询顶点位序(算法 6.4)、创建无向图(算法 6.5)、连通图的 BFS(算法 6.13)。

3. 图的遍历及其应用

图的遍历是指从图中某一顶点出发,对图中所有顶点访问且仅访问一次。图有两种遍历方式:深度优先遍历(DFS)和广度优先遍历(BFS)。

深度优先遍历是优先选取最后一个被访问顶点的邻居,相关算法描述有 6.8～算法 6.10。

广度优先遍历是越早被访问到的顶点,其邻居越优先被选用,相关算法描述有算法 6.11~6.13。

通过遍历可以解决图的连通性上的问题,例如:

通过调用 DFS 算法判断图中任意两个顶点之间是否连通(算法 6.14)。

通过调用 DSF 算法判断图是否连通(算法 6.15)。

通过调用 DFS 得到图的连通分量序列(算法 6.16)。

采用 BFS 遍历思想,求距离某顶点最远的顶点之一(算法 6.17)。

6.1.3　图的应用

图的应用给出了图的 4 个重点应用。

1. 最小生成树

最小生成树指在一个连通网的所有生成树中,各边代价之和最小的树。普里姆(Prim)算法和克鲁斯卡尔(Kruskal)算法是两个利用 MST(最小生成树)性质构造最小生成树的算法。

2. 最短距离

最短距离算法中涉及两个算法,迪杰斯特拉(Dijkstra)算法和弗洛伊德(Floyd)算法。

(1) Dijkstra 算法用于求解图中某顶点到其余各顶点的最短距离。此问题也称为单源点最短距离问题。该方法是按路径长度递增次序,逐步产生各条最短路径。

(2) Floyd 算法用于求解图中任意两个顶点之间的最短距离。

3. 拓扑排序

拓扑排序是 AOV 网的一个应用。按照有向图给出的活动次序关系,将网中所有顶点排成一个线性序列,此序列称为拓扑序列。构造拓扑序列的过程称为拓扑排序。

4. 关键路径

求关键路径是 AOE 网的一个应用。AOE 网是一个带权有向无环图。其中,用顶点表示事件(event),弧表示活动(activity),弧上的权值表示活动的持续时间。AOE 网的源点到汇点的最长路径称为关键路径,它由关键活动组成。关键路径的长度称为工程的最短工期。

6.2　拨云见日,谜点解析

6.2.1　图的存储设计

图由顶点和边组成。区别于线性结构和树结构的存储,图的存储中把顶点信息和边信息分开存储。

4 种存储方式中,顶点信息均采用顺序存储。邻接矩阵中,顶点信息存于一维数组 vexs[]中;邻接表存储中,顶点信息存于一维数组 vertices[].data 中;十字链表存储中,顶点信息存于一维数组 xlist[].data 中;多重邻接表存储中,顶点信息存于一维数组 muladjlist[].data 中。

顶点在数组中位序为顶点的序号。在边信息存储中,以顶点序号标识边所依附的顶点。邻接矩阵存储中,边信息采用顺序存储,存于邻接矩阵 arcs[][]中,arcs[i][j]表示第 i 个顶点与第 j 个顶点之间的边信息。邻接表存储中,依附于同一邻接点的边结点形成一个单链表,顶点存储序号 i 与边结点中的邻接点序号 adjvex 表示第 i 个顶点与第 adjvex 个顶点之间的边信息。十字链表存储和多重邻接表中,依附同一个顶点的边形成一个单链表,边依附的顶点同样用顶点序号标识。

6.2.2 邻接矩阵的秘密

邻接矩阵用二维数组存储边信息。arc[i][j]表示第 i 个顶点和第 j 个顶点之间是否有边,没有边用 0 或 ∞ 表示,有边用 1 或权值表示。图 1-6-2 分别给出一个无向图和一个有向网的邻接矩阵。

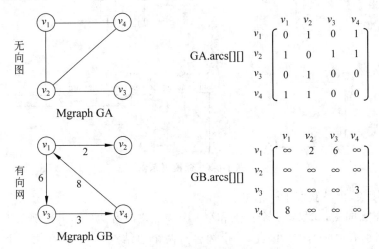

图 1-6-2   邻接矩阵示例

通过邻接矩阵,极易获取下列信息。

(1) 对于无向图查询 arcs[i][j]或 arcs[j][i]可知第 i 个顶点和第 j 个顶点之间是否有边(v_i, v_j);对于有向图查询 arcs[i][j] 可知第 i 个顶点和第 j 个顶点之间是否有边 $<v_i, v_j>$,查询 arcs[j][i] 可知第 j 个顶点和第 i 个顶点之间是否有边$<v_j, v_i>$。

(2) 对于无向图,如果第 i 个顶点和第 j 个顶点之间有边(v_i, v_j),那第 j 个顶点和第 i 个顶点之间有边(v_j, v_i),因此,arcs[i][j]=arcs[j][i],无向图的邻接矩阵是对称矩阵。

(3) 对于无向图,在第 i 个顶点和第 j 个顶点之间增、删边时,一定要修改 arcs[i][j]和 arcs[j][i]两个数组元素。

(4) 邻接矩阵的第 i 行表示的是第 i 个顶点到其余各顶点是否有边,因此,第 i 行非零或非∞元素个数,在无向图中表示第 i 个顶点的度,在有向图中表示第 i 个顶点的出度。

(5) 邻接矩阵的第 j 列表示的是其余各顶点到第 j 个顶点是否有边,因此,第 j 列非零或非∞元素个数,在无向图中表示第 j 个顶点的度,在有向图中表示第 j 个顶点的入度。

(6) 无向图邻接矩阵所有非零元素或非∞元素个数等于边数的 2 倍;有向图各行非零元素个数的和等于各列非零元素个数的和等于边数。

(7) 邻接矩阵是一个方阵,n 个顶点有 $n \times n$ 个元素;元素个数与边数无关,因此,邻接矩阵适合存储稠密图,对于稀疏图,会有较多零元素。

（8）邻接矩阵具有按下标随机访问特性，能很方便地提取(v_i,v_j)或$<v_i,v_j>$的边信息，因此，在求最小生成树和求最短距离时皆采用此存储方式。

6.2.3 邻接表的秘密

邻接表用单链表存储边信息。第i个顶点的边链表结点 adjvex 为j时，表示第i个顶点和第j个顶点有边，没有边的不存储。对于有权图的边，还需给出边上的权值。图 1-6-3 分别给出一个无向图和一个有向网的邻接表。

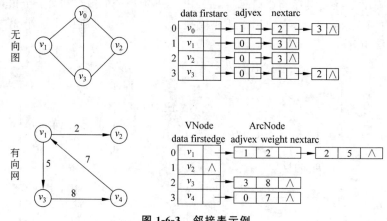

图 1-6-3 邻接表示例

通过邻接表，极易获取下列信息。

（1）对于无向图，如果第i个顶点和第j个顶点之间有边(v_i,v_j)，那第j个顶点和第i个顶点之间也有边(v_j,v_i)，因此，一个边会有两个边结点，一个存在第i个结点的边链表中，结点的 adjvex$=j$，另一个存在第j个结点的边链表中，结点的 adjvex$=i$。

（2）对于无向图，在第i个顶点和第j个顶点之间增加边时，一定要创建（1）中所提的两个边结点；在第i个顶点和第j个顶点之间删除边时，要删除（1）中所提的两个边结点。

（3）对于无向图，第i个顶点的边链表上结点个数表示第i个顶点的度。

（4）对于无向图，因为每个边被存储两次，边结点个数等于边数的 2 倍。

（5）对于有向图，如果第i个顶点和第j个顶点之间有边$<v_i,v_j>$，不等于第j个顶点和第i个顶点之间有边$<v_j,v_i>$，因此，每条边只有一个边结点。边结点的个数等于图的边数。

（6）在有向图的（正）邻接表中，第i个顶点的边链表表示以第i个顶点为弧尾的边信息，因此，边链表上边结点的个数为第i个顶点的出度。

（7）在有向图的逆邻接表中，第i个顶点的边链表表示以第i个顶点为弧头的边信息，因此，边链表上边结点的个数为第i个顶点的入度。

（8）单链表只能顺序访问。因此，在邻接表中查找第i个顶点和第j个顶点的边信息需遍历边链表。对于无向图的邻接表，可以遍历第i个（或第j个）顶点的边链表，如果有边结点的 adjvex 为j（或i），表示有边(v_i,v_j)；对于有向图的（正）邻接表，可以遍历第i个顶点的边链表，如果有边结点的 adjvex 为j，表示有边$<v_i,v_j>$；对于有向图的逆邻接表，可以遍历第j个顶点的边链表，如果有边结点的 adjvex 为i，表示有边$<v_i,v_j>$。

显然,在邻接表中查找边信息没有在邻接矩阵中方便。

（9）邻接表的边结点个数取决于图的边数,因此,邻接表适合稀疏图的存储。

6.2.4　深度优先遍历

1. 深度优先遍历思想

在图中任选一个顶点 v 作为遍历的初始点,设置一个数组 visited 来标志顶点是否被访问过,深度优先遍历方法如下。

（1）访问顶点 v,将其访问标志设置成 true,表示访问过。

（2）从 v 未被访问的邻接点中选取一个顶点 w,从 w 出发进行深度优先遍历。

（3）如果 v 的邻接点均被访问过,则回退到前一个访问顶点。以此类推,直至找到未被访问的邻接点。重复（1）、（2）、（3）直至所有与 v 连通的点均被访问。

（4）如果图中还有未被访问到的点,以它为出发点,重复上述步骤。

2. 深度优先遍历递归算法

基于深度优先遍历思想,DFS 的递归算法的算法描述如下。

```
0   void DFS(Graph &G, int v)            //从第 v 个顶点开始 DFS
1   {  visited[v]=true;                  //做被访问标志
2      cout<<v;                          //访问顶点 v
3      for(w=Firstadjvex(G,v));w>=0;w=Nextadjvex(G,v,w))
4      {  f(!visited[w])                 //对未被访问的第一个邻接点
5         DFS(G,w);                      //调用 DFS
6      }
7   }
8
```

该算法描述适用于任何存储类型的图。实际使用时需明确类型,如 MGraph（邻接矩阵存储）、ALGraph（邻接表存储）等。算法中调用了图的基本操作 Firstadjvex(G,v) 和 Nextadjvex(G,v,w) 查找邻接顶点,因此,使用它的同时需实现这些操作。对于具体类型的存储,可以在 DFS 具体化这些操作。例如,邻接矩阵存储中的 DFS 算法（算法 6.10）,算法描述如下。

```
0   template<class DT>
1   void DFS2(MGraph<DT>&G, int v)        //从第 v 个顶点开始 DFS
2   {  visited[v]=true;                   //访问标志
3      cout<<G.vexs[v];                   //访问第 v 个顶点
4      for (w=0;w<G.vexnum;w++)           //查找 v 的第一个未被访问的邻接点
5      {  if((G.arcs[v][w]!=0) && (!visited[w]))
6         DFS2(G,w);                      //递归遍历
7      }
8   }
```

语句 5 用于在邻接表中查找顶点 v 未被访问的邻接点。

3. 深度优先遍历非递归算法

深度优先遍历中需回溯查找未被访问的顶点,非递归算法中可以用栈保存已访问顶点。

主教材表 6-2 给出了一个图 DFS 遍历时栈的变化。DFS 非递归算法的算法描述如下。

```
0   void DFS(Graph &G, int v)              //从第 v 个顶点出发 DFS 遍历图 G
1   {  Stack<int>S;                        //工作栈
2      Push(S, v);                         //顶点 v 进栈
3      visited[v]=true;                    //做访问标志
4      cout<<v;                            //访问顶点
5      while(!StackEmpty(S))               //栈不空,循环
6      {  GetTop(S,v);                     //查找栈顶元素未被访问的第一个邻接点
7         for(w=Firstadjvex(G,v));w>=0; w=Nextadjvex(G,v,w))
8         {  if(!Visited[w])
9            {  Push(S, v);                //进栈
10                visited[v]=true;         //做访问标志
11                cout<<v;                 //访问
12            }
13         }
14         Pop(S,v);                       //栈顶顶点没有未访问的顶点,出栈
15   }
```

6.2.5　广度优先遍历

广度优先遍历方法为在图中任选一个顶点 v 作为遍历的初始点,设置一个数组 visited 来标志顶点是否被访问过,广度优先遍历方法如下。

（1）访问顶点 v,将其访问标志设为 true。

（2）依次访问 v 的各个未被访问的邻接点 $w_1, w_2, \cdots, w_i$。

（3）再按顺序访问与 $w_1, w_2, \cdots, w_i$ 相邻且没有被访问过的顶点。

重复上述步骤,直至图中所有和 v 连通的顶点都被访问。

（4）如果图中还有未被访问的顶点,以它为出发点,重复上述步骤。

算法描述如下。

```
0   void BFS(Graph &G, int v)
1   {  InitQueue(Q);                       //工作队列
2      cout<<v;                            //访问
3      visited[v]=true;                    //设置访问标志
4      Enqueue(Q,v);                       //入队
5      while(!QueueEmpty(Q))               //队非空,循环
6      {  DeQueue(Q,v);                    //出队
7         for(w=Firstadjvex(v);w>=0;w=Nextadjvex(G,v,w))
8         if(!visited[w])                  //所有未访问邻接顶点
9         {  cout<<w;                      //访问操作
10            visited[w]=true;             //做访问标志
11            Enqueue(Q,w);                //入队
12         }
13      }
14   }
```

与 DFS 算法一样,该算法描述适用于任何存储类型的图。实际使用时需明确类型,

如 MGraph(邻接矩阵存储)、ALGraph(邻接表存储)等。算法中调用了图的基本操作 Firstadjvex(G, v)和 Nextadjvex(G, v, w)查找未被访问的邻接点,因此,使用 BFS 算法需同时实现这些操作。对于具体类型的存储,可以在 BFS 具体化这些操作。例如,邻接表存储中的 BFS 算法(算法 6.13)。算法描述如下。

```
0    template<class DT>
1    void BFS(ALGraph<DT>&G, int v)
2    {  Queue<int> Q;                    //创建一个队列
3       cout<<G.vertices[v];             //访问顶点
4       visited[v]=true;                 //做访问标志
5       EnQueue(Q,v);                    //顶点入队
6       while(!QueueEmpty(Q))            //队不空
7       {  DeQueue(Q,v);                 //出队
8          p=G->adjlist[v].firstarc;
9          while(p!=NULL)                //遍历边链表
10         {  w=p->adjvex;
11            visited[w]==0)             //有未被访问的邻接点
12         {  cout<<G.vertices[w];       //访问
13            visited[w]=1;              //做访问标志
14            EnQueue(Q,w);              // w 入队
15            p=p->nextarc;              //指向下一个边结点
16         }
17         }
18      }
19   }
```

算法中通过循环(语句 13、15、18)顺序访问边链表,查找未被访问的所有邻接点。

6.2.6 Prim 算法与 Kruskal 算法

Prim 算法和 Kruskal 算法都是用来求最小生成树的。两者的区别如表 1-6-1 所示。

表 1-6-1 Prim 算法和 Kruskal 算法对比

对比项	Prim 算法	Kruskal 算法
初态	任选某一个顶点	所有顶点
过程	每次在已连通的分量上增加一条边	按边值从小到大有序选择能扩大连通分量的边
$T(n)$	$O(n^2)$,n 为图的顶点数	$O(e\log_2 e)$,e 为图的边数
适用	稠密图	稀疏图

当图中有权值相同的边时,最小生成树可能不唯一,两种算法生成的最小生成树也可能不相同。

6.2.7 Dijkstra 算法、Floyd 算法中求解问题域

Dijkstra 算法与 Floyd 算法都用来计算图中顶点间的距离。前者用于求解某顶点

（源点）到其余各顶点（即目标点）的距离，该类问题称为"单源点距离"问题；后者用于求解图中任意两个顶点之间的最短距离，该类问题称为"多源点距离"。多源点距离问题，也可以通过分别以各个顶点为源点，用 Dijkstra 算法求其到其余各顶点的最短距离，最终得到任何两个顶点间的最短距离。

图 1-6-4　负权环

这两个算法既可用于有向图，也可用于无向图。Dijkstra 只能适用于权值为正数的图，Floyd 算法可以适用于权值为负数的图，但不适用于带有"负权回路"或"负权环"，如图 1-6-4 所示。

6.2.8　Prim 算法、Dijkstra 算法、Floyd 算法中的距离数组

Prim 算法、Dijkstra 算法和 Floyd 算法实现中，均需记录两个顶点间的距离或边上权值，因此，计算中均采用数组记录距离或权值。这些数组在计算过程中的变化，体现出算法的推演过程。

Prim 算法中数组用于存储候选最短边的权值，矩阵下标映射候选边的一个顶点，用 closeEdge[].adjvex 存储候选边的另一个顶点；closeEdge[].lowcost 表示候选边最短权值。设有如下权值数组：

closeEdge[ ]	0	1	2	3	4	5
adjvex	0	0	4	**0**	1	4
lowcost	0	0	4	**6**	0	5

如果 closeEdge[3].adjvex＝0，closeEdge[3].lowcost＝6，表示第 0 个顶点到第 3 个顶点为候选边且权值为 6。用 closeEdge[].lowcost＝0 标识已入选最小生成树的边。

Dijkstra 算法和 Floyd 算法用于求解距离，计算中不仅记载两个顶点间的距离，还要记载其中的路径，因此，将距离和路径分别用距离数组 D 和路径数组 P 作为辅助计算的变量。

Dijkstra 算法中的距离数组 D[]是一维整型数组，其中，数组下标映射目标顶点，例如，D[k]表示源点 v_s 到第 k 个顶点的最短距离。设有如下距离数组，则图中的 D[2]＝14，表示源点（设为第 0 个顶点）到第 2 个顶点最短距离为 14。

D[]	0	1	2	3	4	…
	0	10	14	50	40	…

Floyd 算法中的距离矩阵 D[][]是二维整型数组，其中的元素 D[i][j]表示图中第 i 个顶点到第 j 个顶点的候选最短距离。求解结束，距离数组中的值为问题的解。

6.2.9　Dijkstra 算法、Floyd 算法中的路径矩阵

Dijkstra 算法和 Floyd 算法中用数组记载最短距离的路径。两个顶点间的最短距离可能是直达，此时路径简单，只有起点和终点；也可能是经过一个或多个中间点，路径上有多个顶点。路径矩阵中通过记载前驱顶点信息，可以表达任意长的路径。

Dijkstra 算法用于求解单源点的最短距离问题，问题求解中用一维整型数组 P[]存储

路径。下标 i 映射第 i 个目标点,P$[i]$表示源点到第 i 个顶点最短路径上 i 的前驱顶点序号,即 $v, ...$P$[i]→i$。如果某图有 7 个顶点,第 0 个顶点为源点,P$[]$矩阵的最终结果如下:

P$[]$矩阵示例

通过解析该矩阵,可得源点到其余各点的最短距离的路径。解析过程如下:

P$[1]=0$,表示 0→1,此为直达路径。

P$[2]=1$,表示 0...1→2,因为 P$[1]=0$,所以有:0→1→2。

P$[3]=-1$,表示顶点 0 到达不了顶点 3。

P$[4]=2$,表示 0...2→4,因为 P$[2]=1$、P$[1]=0$,所以有 0→1→2→4。

P$[5]=4$,表示 0...4→5,因为 P$[4]=2$、P$[2]=1$、P$[1]=0$,所以有 0→1→2→4→5。

P$[6]=1$,表示 0...1→6,因为 P$[1]=0$,所以有 0→1→6。

Floyd 算法用于求解多源点的最短距离问题,问题求解中用二维整型数组 P$[][]$存储路径。P$[i][j]$表示第 i 个顶点到第 j 个顶点的最短路径上 j 的前驱顶点序号。如主教材习题的应用题 3,P$[][]$矩阵的最终结果如下:

$$P^{(3)} = \begin{bmatrix} -1 & 2 & 0 & 1 \\ 1 & -1 & 3 & 1 \\ 1 & 2 & -1 & 1 \\ 1 & 2 & 3 & -1 \end{bmatrix}$$

通过解析该矩阵,可得源点到其余各顶点最短距离的路径。解析过程如下:

P$[0][1]=2$,表示 0...2→1,因为 P$[0][2]=0$,所以有 0→2→1。

P$[0][2]=0$,表示 0→2,此为直达路径。

P$[0][3]=1$,表示 0...1→3,因为 P$[0][1]=2$,P$[0][2]=0$,所以有 0→2→1→3。

P$[1][0]=1$,表示 1→0,此为直达路径。

P$[1][2]=3$,表示 1...3→2,因为 P$[1][3]=1$,所以有 1→3→2。

P$[1][3]=1$,表示 1→3,此为直达路径。

P$[2][0]=1$,表示 2...1→0,因为 P$[2][1]=2$,所以有 2→1→0。

P$[2][1]=2$,表示 2→1,此为直达路径。

P$[2][3]=1$,表示 2...1→3,因为 P$[2][1]=2$,所以有 2→1→3。

P$[3][0]=1$,表示 3...1→0,因为 P$[3][1]=2$、P$[3][2]=3$,所以有 3→2→1→0。

P$[3][1]=2$,表示 3...2→1,因为 P$[3][2]=3$,所以有 3→2→1。

P$[3][2]=3$,表示 3→2,此为直达路径。

6.3 积微成著,要点集锦

(1) 图由顶点集合和边集合组成,即 $G=(V, E)$,顶点集合 V 不能为空,边集合 E 可以为空。因此,不存在空图。

（2）图中可以有孤立的顶点。

（3）n 个顶点的无向连通图最少边数为 $n-1$，最多边数为 $\frac{n(n-1)}{2}$。

（4）n 个顶点的有向强连通图最少边数为 n，此时是 n 条边形成一个环；最多边数为 $n(n-1)$，此时是任意两个顶点 v_i、v_j 之间有 2 条边 $<v_i,v_j>$ 和 $<v_j,v_i>$。

（5）有向图中，顶点出度的和等于顶点入度的和，等于边数。

（6）无向图中，顶点度的和等于边数的 2 倍。

（7）无向图的邻接矩阵具有下列特性：(1)是对称矩阵；(2)非零或非 ∞ 元素的个数是边数的 2 倍；(3)第 i 行或第 i 列非零或非 ∞ 元素个数等于第 i 个顶点的度。

（8）有向图的邻接矩阵具有下列特性：(1)一般是非对称矩阵；(2)非零或非 ∞ 元素个数等于边数；(3)第 i 行非零或非 ∞ 元素个数等于第 i 个顶点的出度；(4)第 i 列非零或非 ∞ 元素个数等于第 i 个顶点的入度。

（9）无向图的邻接表具有下列特性：(1)第 i 个顶点的边链表中边结点个数等于第 i 个顶点的度；(2)每条边有两个边结点；(3)边结点总数等于边数的 2 倍。

（10）有向图的(正)邻接表具有下列特性：(1)第 i 个顶点的边链表中边结点个数等于第 i 个顶点的出度；(2)顶点序号 i 在边结点中出现的次数为第 i 个顶点的入度；(3)边结点总数等于边数。

（11）一个图的邻接矩阵是非对称矩阵，该图一定是有向图。

（12）从存储空间效率上看，邻接矩阵更适合稠密图，邻接表适合稀疏图。

（13）在有向图的逆邻接表中，第 i 个顶点的入度为边链表上边结点的个数，出度为所有边结点中 i 出现的次数。在逆邻接表求入度较方便。

（14）无向图连通分量的顶点和边的集合等于原图顶点和边的集合。非强连通图的强连通分量顶点和边的集合不等于原图顶点和边的集合。

（15）对于无权图，路径的长度指从一个顶点到另一个顶点路径上的边数；对于有权图，路径的长度为路径上边的权值之和。

（16）从连通图的任一顶点开始遍历，可以遍历到所有顶点。

（17）图的深度优先遍历序列、广度优先遍历序列和生成树一般均不唯一。

（18）已知图的两种遍历序列，不能唯一确定图。

（19）一个图有 k 个连通分量，需调用 k 次连通图的遍历算法才能遍历到所有顶点。

（20）图的深度优先遍历与二叉树的先序遍历类似；图的广度优先遍历与二叉树的层次遍历相似。

（21）图的深度优先遍历中用栈暂存刚访问过的顶点；图的广度优先遍历中用队列暂存刚访问过的顶点。

（22）不带权的连通图，采用深度优先遍历可以找到从顶点 v 到 u 的所有路径，而采用广度优先遍历可以找到最短的路径。

（23）Prim 算法的时间复杂度为 $O(n^2)$，适合稠密图；Kruskal 算法的时间复杂度为 $O(e\log_2 e)$，适合稀疏图。

（24）Kruskal 算法的最好性能 $O(e\log_2 e)$ 取决于边排序算法的性能。

（25）Dijkstra 算法既适合带权有向图,也适合带权无向图,不能用于求解含负权值的单源点最短距离。

（26）Floyd 算法可以对含负权值的图求最短路径,但图中不能有权值和为负数的环路。

（27）只有有向无环图有拓扑序列。若一个有向图无拓扑序列,则一定有环。

（28）强连通图一定有环,因此,强连通图没有拓扑序列。

（29）拓扑序列一般不唯一。如果唯一,则图中必定仅有一个入度为 0 的顶点和一个出度为 0 的顶点,反之不一定成立。

（30）AOV 网指用顶点表示活动的网。AOV 网的弧表示活动之间的优先关系。

（31）AOE 网是一个带权有向无环图。其中用顶点表示事件弧,表示活动,弧上的权值表示活动的持续时间。

（32）AOE 网的关键路径可能有多条,但路径长度的值只有一个,即从源点到汇点的最长路径长度。

（33）缩小关键活动的活动时间,不一定能缩短工期;延长关键活动的时间,一定会延长工期。

6.4　启智明理,习题解答

6.4.1　主教材习题解答

一、填空题

1. 一个图中的所有顶点的度数之和等于边数的_____倍。

【答案】　2

【解析】　无向图顶点的度等于边数的 2 倍,有向图顶点出度和等于入度和,都等于边数。因此,无论有向图还是无向图,所有顶点的度数之和等于边数的 2 倍。

【知识点】　度、出度、入度

2. 有向图的所有顶点的入度之和_____所有顶点的出度之和。

【答案】　等于

【解析】　有向边从一顶点出,必然指向另一个顶点,所以,向图的所有顶点的入度之和等于所有顶点的出度之和。

【知识点】　出度和入度

3. n 个顶点的无向图最多有_____条边。

【答案】　$n(n-1)/2$

【解析】　无向完全图有最多边数 $=n-1+n-2+\cdots+2+1=n(n-1)/2$。

【知识点】　完全图顶点数与边数的关系

4. 具有 4 个顶点的无向完全图有_____条边。

【答案】　6

【解析】　$n=4$ 时,$n(n-1)/2=4(4-1)/2=6$。

【知识点】　完全图

5. 具有 6 个顶点的无向图至少应有_____条边才能确保图是一个连通图。

【答案】 5

【解析】 n 个顶点无向图至少需 $n-1$ 条边才能使 n 个顶点连通。6 个顶点至少需要 5 条边。

【知识点】 连通图

6. n 个顶点 e 条边的图,若采用邻接矩阵存储,则空间复杂度为___①___。n 个顶点 e 条边的图,若采用邻接表存储,则空间复杂度为___②___。

【答案】 ①$O(n*n)$;②$O(n+e)$

【解析】 n 个顶点的邻接矩阵是 $n\times n$ 的方阵,有 n^2 个数据元素,因此,空间复杂度为 $O(n\times n)$;n 个顶点 e 条边,如果是无向图,有 n 个顶点信息,$2e$ 个边结点,如果有向图有 n 个顶点信息,e 个边结点,因此,空间复杂度为 $O(n+e)$。

【知识点】 图的邻接矩阵存储和邻接表存储

7. 稀疏图 G 采用_____存储较省空间。

【答案】 邻接表

【解析】 邻接矩阵的空间复杂度为 $O(n^2)$,邻接表的空间复杂度为 $O(n+e)$,稀疏图边较少,因此,采用邻接表存储较省空间。

【知识点】 图的邻接矩阵存储和邻接表存储

8. 有 28 条边的非连通无向图 G,至少需要_____个顶点。

【答案】 9

【解析】 n 个顶点的连通无向图最多可以有 $n(n-1)/2$ 条边,当 $n=8$ 时,最多有 $8\times7/2=28$ 条边。8 个顶点的连通无向图外加 1 个孤立点,正好是 28 条边的非连通图。

【知识点】 图的连通与顶点数、边数的关系

9. 在有 n 个顶点的有向图中,每个顶点的度最大可为_____。

【答案】 $2(n-1)$

【解析】 每个顶点可以与其他 $n-1$ 个顶点之间有出边和入边,因此,最大出度为 $n-1$,最大入度为 $n-1$,顶点度最大可为 $2(n-1)$。

【知识点】 邻接矩阵

10. 对于有 n 个顶点 e 条边且使用邻接表存储的有向图进行广度优先遍历,其算法时间复杂度是_____。

【答案】 $O(n+e)$

【解析】 n 个顶点 e 条边的有向图邻接表有 n 个顶点信息和 e 个边结点。遍历需访问到每一个结点即遍历整个邻接表,因此,无论是广度优先遍历还是深度优先遍历,时间复杂度均为 $O(n+e)$。

【知识点】 有向图、邻接表和广度优先遍历

11. 邻接表表示的图进行广度优先遍历时,通常借助_____来实现算法。

【答案】 队列

【解析】 广度优先遍历是优先遍历访问结点的所有邻接点,即先访问顶点的邻接点先处理,因此,用队列存储被访问点的邻接点。

【知识点】　广度优先遍历

12. 采用邻接表存储的图的深度优先遍历算法类似于二叉树的　__①__　。采用邻接表存储的图的广度优先遍历算法类似于二叉树的　__②__　。

【答案】　①先序遍历；②层序遍历

【解析】　图的深度优先遍历是优先选取最后一个被访问顶点的邻居，即如果顶点 A 被访问后，接着访问 A 的一个未被访问的邻接点 B，然后访问 A 的一个未被访问的邻接点 B，遍历路径逐步延伸下去；如果当前访问点没有未被访问的邻接点，回溯找前驱的未被访问的邻接点。二叉树的先序遍历从根 A 开始，然后访问 A 的左孩子 B，接着访问 B 的左孩子，遍历路径逐步延伸下去；如果当前访问结点没有左孩子，回溯到双亲转双亲的右孩子。因此，图的深度优先遍历算法类似于二叉树的先序遍历。

广度优先遍历是优先遍历访问结点的所有邻接点，二叉树的层序遍历是按访问顺序处理结点的孩子结点，孩子结点都是双亲的邻接点，因此，图的广度优先遍历类似于二叉树的层序遍历。此特性与图的存储无关。

【知识点】　图的遍历、二叉树的遍历

13. 图的深度优先遍历序列_____唯一。

【答案】　不

【解析】　图的顶点之间有多对多的关系，这就决定了图的深度优先遍历序列不唯一。

【知识点】　图的深度优先遍历

14. 一个图中包含 k 个连通分量，若按深度优先搜索方法访问所有结点，需调用_____次深度优先遍历算法。

【答案】　k

【解析】　从一个顶点出发进行深度优先遍历，只能遍历到其连通分量上的所有顶点，因此，有 k 个连通分量，需 k 次从不同的连通分量开始深度优先遍历。广度优先遍历也是一样的。

【知识点】　图的深度优先遍历

15. 用 Prim 算法求具有 n 个顶点 e 条边的图的最小生成树的时间复杂度为　__①__　；用 Kruskal 算法求取相同问题，时间复杂度是　__②__　。因此，如果是稀疏图，　__③__　算法更适合。

【答案】　①$O(n^2)$；②$O(e\log_2 e)$；③Kruskal

【解析】　Prim 算法采用邻接矩阵存储方式，邻接矩阵存储有 n^2 个数据元素，求出最小生成树，需遍历到所有边，因此，算法的时间复杂度为 $O(n^2)$。Kruskal 算法是依照边权值的升序依次考量各边，选取不在同一连通分量上的边。算法的性能取决于边排序性能，最好的排序性能是 $O(e\log_2 e)$，因此，Kruskal 算法的时间复杂度为 $O(e\log_2 e)$。在稀疏图上求最小生成树，Kruskal 算法更适合。

【知识点】　Prim 算法、Kruskal 算法

16. 用 Dijkstra 算法求某一顶点到其余各顶点间的最短路径是按_____次序来得到最短路径的。

【答案】 路径长度递增

【解析】 算法本身要求。

【知识点】 Dijkstra 算法

17.判定一个有向图是否存在回路除了利用拓扑排序外,还可以用_____。

【答案】 深度优先遍历

【解析】 图的深度优先遍历中,被访问顶点需依次进栈;当一个顶点的所有邻接点都被访问过,该顶点出栈,向前回溯访问它的父结点的其他子结点。这表示,某顶点出栈时其邻接点均已被访问,这个顺序与逆拓扑一致。因此,深度优先遍历中顶点的出栈序列正好是一个逆拓扑序列。据此,可用深度优先遍历求拓扑序列。

【知识点】 深度优先遍历、拓扑排序

18.如果 n 个顶点的图是一个环,则它有_____棵生成树。

【答案】 n

【解析】 n 个顶点的图如是一个环,必有 n 条边。任意去掉其中一条边,就是图的一棵生成树。因此,共有 n 棵生成树。

【知识点】 图的生成树

19.n 个顶点 e 条边的图采用邻接矩阵存储,深度优先遍历算法的时间复杂度为___①___;若采用邻接表存储时,该算法的时间复杂度为___②___。

【答案】 ①$O(n^2)$,②$O(n+e)$

【解析】 n 个顶点的图的邻接矩阵有 n^2 个数据元素,深度优先遍历需遍历到所有边,因此,算法的时间复杂度为 $O(n^2)$。n 个顶点 e 条边的图采用邻接表存储时有 n 个顶点信息和 e 或 $2e$ 个边结点,深度优先遍历需遍历到所有顶点和所有边,因此,算法的时间复杂度为 $O(n+e)$。

【知识点】 深度优先遍历、邻接矩阵、邻接表

20.关键路径是_____。

【答案】 从源点到汇点具有最大长度的路径

【解析】 关键路径的定义。

【知识点】 关键路径

二、简答题

1.简述对于稠密图和稀疏图采用邻接矩阵和邻接表哪个更好。

【答】 n 个顶点的图的邻接矩阵有 n^2 个数据元素,元素个数与边数无关,更适合稠密图。n 个顶点 e 条边的图采用邻接表存储时有 n 个顶点信息和 e 或 $2e$ 个边结点,邻接表占用的存储空间与边有关,更适合稀疏图。

【知识点】 图的存储

2.n 个顶点的无向连通图至少有多少条边?n 个顶点的有向强连通图至少有多少条边?最多有多少条边?试举例说明。

【答】 n 个顶点的无向连通图至少有 $n-1$ 条边,最多有 $n(n-1)/2$ 条边。例如,当 $n=4$ 时,最少有 3 条边,最多有 6 条边,如图 1-6-5 所示。

n 个顶点的强连通图至少有 n 条边，n 个顶点围成一个圈；最多有 $n(n-1)$ 条边，任意两个顶点 v_i，v_j 之间有两条边 $<v_i,v_j>$ 和 $<v_j,v_i>$。例如，$n=4$ 时，最少有 4 条边，最多有 12 条边，如图 1-6-6 所示。

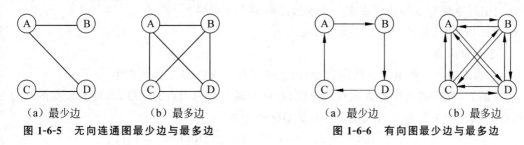

（a）最少边　　　　（b）最多边　　　　　　（a）最少边　　　　（b）最多边

图 1-6-5　无向连通图最少边与最多边　　　　**图 1-6-6　有向图最少边与最多边**

【知识点】　连通图、强连通图

3. 对于有 n 个顶点的无向图采用邻接矩阵表示，如何判断以下问题：图中有多少条边？任意两个顶点 i 和 j 之间是否有边相连？任意一个顶点的度是多少？

【答】　图中的边数等于邻接矩阵中非零元素的个数的总和除以 2。

邻接矩阵 A 中有 $A[i][j]$ 或者 $A[j][i]$ 等于 1 时，说明顶点 i 和 j 之间有边。

任意一个顶点的度等于邻接矩阵上该顶点对应的行或列上非零元素的个数。

【知识点】　邻接矩阵

4. 画出 1 个顶点、2 个顶点、3 个顶点、4 个顶点和 5 个顶点的无向完全图。试证明在 n 个顶点的无向完全图中，边的条数为 $n(n-1)/2$。

【答】　1 个顶点、2 个顶点、3 个顶点、4 个顶点和 5 个顶点的无向完全图如图 1-6-7 所示。

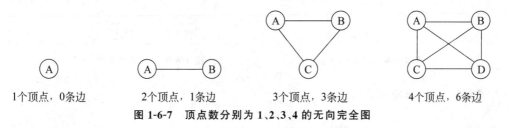

1 个顶点，0 条边　　　　2 个顶点，1 条边　　　　3 个顶点，3 条边　　　　4 个顶点，6 条边

图 1-6-7　顶点数分别为 1、2、3、4 的无向完全图

采用归纳法证明。

1 个顶点，0 条边，结论正确。

设有 $n-1$ 个顶点时有 $(n-1)(n-2)/2$ 边，增加一个顶点，该结点可以与其他 $n-1$ 个顶点形成 $n-1$ 条边，则总边数为 $(n-1)(n-2)/2+n-1=n(n-1)/2$，结论正确。

证明完毕。

【知识点】　无向完全图

5. 在什么情况下构造出的最小生成树可能不唯一？

【答】　当图中有相同权值的边时，最小生成树可能不唯一。

【知识点】　最小生成树

6. 解释 Dijkstra、Prim、Floyd 和 Kruskal 算法的作用。

【答】 Dijkstra：求解某个源点到其余各点的最短路径。

Floyd：求解每一对顶点之间的最短路径。

Prim 算法和 Kruskal 算法用于求解图的最小生成树。

【知识点】 图的 4 个典型应用算法

三、应用题

1. 如图 1-6-8 所示的有向图，请给出该图中每个顶点的入度和出度。

【解】 顶点的弧尾数为顶点的出度，顶点的弧头数为顶点的入度，出度和入度的和为顶点的度。图中各顶点的入度 ID、出度 OD 和度如下：

$$ID(1)=0, \quad OD(1)=2, \quad TD(1)=2$$
$$ID(2)=1, \quad OD(2)=1, \quad TD(2)=2$$
$$ID(3)=2, \quad OD(3)=1, \quad TD(3)=3$$
$$ID(4)=3, \quad OD(4)=0, \quad TD(4)=3$$
$$ID(5)=0, \quad OD(5)=2, \quad TD(5)=2$$
$$ID(6)=2, \quad OD(6)=2, \quad TD(6)=4$$

2. 如图 1-6-9 所示的无向带权图，(1)写出它的邻接矩阵；(2)按 Prim 算法求出从 a 开始的最小生成树，按顺序写出各条边；(3)用 Kruskal 算法求出其最小生成树，按顺序写出各条边。

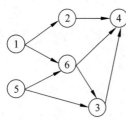

图 1-6-8 应用题 1 图

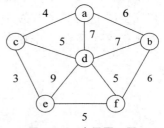

图 1-6-9 应用题 2 图

【解】 (1)邻接矩阵如下：

$$\begin{bmatrix} \infty & 6 & 4 & 7 & \infty & \infty \\ 6 & \infty & \infty & 7 & \infty & 6 \\ 4 & \infty & \infty & 5 & 3 & \infty \\ 7 & 7 & 5 & \infty & 9 & 5 \\ \infty & \infty & 3 & 9 & \infty & 5 \\ \infty & 6 & \infty & 5 & 5 & \infty \end{bmatrix}$$

注意：根据本教材邻接矩阵的定义，不存在边均用∞表示。

(2) Prim 算法：从 a 开始依次生成的各条边如图 1-6-10 所示。

注意：Prim 算法求最小生成树，一次一边一顶点。

(3) Kruskal 算法，依次生成的各条边如图 1-6-11 所示。

注意：Kruskal 算法求最小生成树，最初选中所有顶点。

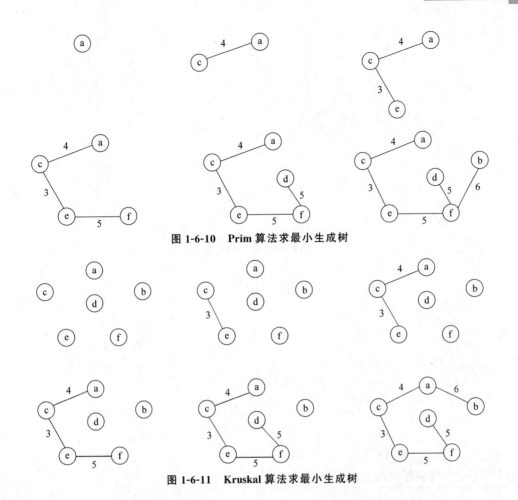

图 1-6-10 **Prim 算法求最小生成树**

图 1-6-11 **Kruskal 算法求最小生成树**

3. 对图 1-6-12 所示的带权有向图,(1)用 Dijkstra 算法求出源点 v_1 到其他顶点的最短路径,并写出计算过程。(2)用 Floyd 算法求出每一对顶点之间的最短路径,并写出计算过程。

【解】

(1)用 Dijkstra 算法求 v_1 到各顶点的最短距离和路径的距离数组和路径数组迭代如下。共经过 3 次迭代。由 D[]、P[]的最后结点可得 v_1 到其余各点的最短路径和距离。

图 1-6-12 **应用题 3 图**

(2)用 Floyd 算法求任意两顶点之间距离,距离数组 D[][]和路径数组 P[]迭代结果如下。4 个顶点 v_1、v_2、v_3、v_4 的序号分别为 0、1、2、3。

步 态	D[]				P[]				最短路径与距离
S1	0	∞	**23**	∞	-1	-1	0	-1	$v_1 \to v_3 : 23$
S2	0	**34**	**23**	∞	-1	2	0	-1	$v_1 \to v_3 \to v_2 : 34$
S3	0	**34**	**23**	**43**	-1	2	0	1	$v_1 \to v_3 \to v_2 \to v_4 : 43$

$$D^{(-1)} = \begin{bmatrix} \infty & \infty & 23 & \infty \\ 15 & \infty & \infty & 9 \\ \infty & 11 & \infty & \infty \\ \infty & \infty & 3 & \infty \end{bmatrix} \qquad P^{(-1)} = \begin{bmatrix} -1 & -1 & 0 & -1 \\ 1 & -1 & -1 & 1 \\ -1 & 2 & -1 & -1 \\ -1 & -1 & 3 & -1 \end{bmatrix}$$

$$D^{(0)} = \begin{bmatrix} \infty & \infty & 23 & \infty \\ 15 & \infty & (38) & 9 \\ \infty & 11 & \infty & \infty \\ \infty & \infty & 3 & \infty \end{bmatrix} \qquad P^{(0)} = \begin{bmatrix} -1 & -1 & 0 & -1 \\ 1 & -1 & 0 & 1 \\ -1 & 2 & -1 & -1 \\ -1 & -1 & 3 & -1 \end{bmatrix}$$

$$D^{(1)} = \begin{bmatrix} \infty & \infty & 23 & \infty \\ 15 & \infty & 38 & 9 \\ (26) & 11 & \infty & (20) \\ \infty & \infty & 3 & \infty \end{bmatrix} \qquad P^{(1)} = \begin{bmatrix} -1 & -1 & 0 & -1 \\ 1 & -1 & 0 & 1 \\ 1 & 2 & -1 & 1 \\ -1 & -1 & 3 & -1 \end{bmatrix}$$

$$D^{(2)} = \begin{bmatrix} \infty & (34) & 23 & (43) \\ 15 & \infty & 38 & 9 \\ 26 & 11 & \infty & 20 \\ (29) & (14) & 3 & \infty \\ \infty & \infty & 3 & \infty \end{bmatrix} \qquad P^{(2)} = \begin{bmatrix} -1 & 2 & 0 & 1 \\ 1 & -1 & 0 & 1 \\ 1 & 2 & -1 & 1 \\ 1 & 2 & 3 & -1 \end{bmatrix}$$

$$D^{(3)} = \begin{bmatrix} \infty & 34 & 23 & 43 \\ 15 & \infty & (12) & 9 \\ 26 & 11 & \infty & 20 \\ 29 & 14 & 3 & \infty \end{bmatrix} \qquad P^{(3)} = \begin{bmatrix} -1 & 2 & 0 & 1 \\ 1 & -1 & 3 & 1 \\ 1 & 2 & -1 & 1 \\ 1 & 2 & 3 & -1 \end{bmatrix}$$

由 $D^{(4)}$ 和 $P^{(4)}$ 得到任意两点之间的最短路径和距离如下：

4.已知有向图有 6 个顶点,边的输入序列如下：<1,2>,<1,3>,<3,2>,<3,0>,<4,5>,<5,3>,<0,1>。求：(1)该图的邻接表；(2)强连通分量的个数。

【解】 由边的集合可得有向图如图 1-6-13(a)所示。

(1) 邻接表如图 1-6-13(b)所示。

(2) 强连通分量为 4 个,分别为 013、2、4、5,如图 1-6-13(c)所示。

5.已知二维数组表示的图的邻接矩阵如图 1-6-14 所示。试分别画出自顶点 1 出发进行遍历所得的深度优先生成树和广度优先生成树。

【解】 深度优先遍历生成树如图 1-6-15(a)所示,广度优先遍历生成树如图 1-6-15(b)

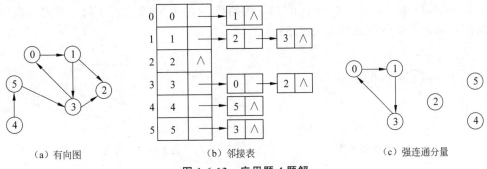

（a）有向图　　　　　（b）邻接表　　　　　（c）强连通分量

图 1-6-13　应用题 4 题解

	1	2	3	4	5	6	7	8	9	10
1	0	0	0	0	0	0	1	0	1	0
2	0	0	1	0	0	0	1	0	0	0
3	0	0	0	1	0	0	0	1	0	0
4	0	0	0	0	1	0	0	0	1	0
5	0	0	0	0	0	1	0	0	0	1
6	1	1	0	0	0	0	0	0	0	0
7	0	0	1	0	0	0	0	0	0	1
8	1	0	0	1	0	0	0	0	1	0
9	0	0	0	0	1	0	1	0	0	1
10	1	0	0	0	0	1	0	0	0	0

图 1-6-14　应用题 5 图

所示。

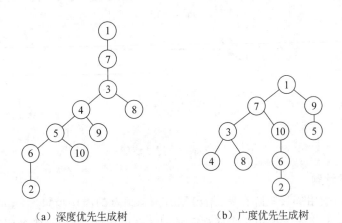

（a）深度优先生成树　　　　　（b）广度优先生成树

图 1-6-15　应用题 5 题解

　　注意：从指定顶点开始的在邻接矩阵上的遍历序列是唯一的，因此，基于遍历的深度优先生成树和广度优先生成树都是唯一的。

　　6. 写出图 1-6-16 中全部可能的拓扑排序序列。

　　【解】　共 7 个，分别为 1、5、2、3、6、4；1、5、2、6、3、4；1、5、6、2、3、4；前 3 个序列 5、1 互换位置，有 3 个；5、6、1、2、3、4。

7. AOE 网如图 1-6-17 所示。求(1)关键路径；(2)工期(要求标明每个顶点的最早发生时间和最迟发生时间并画出关键路径)。

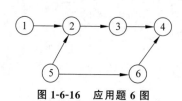

图 1-6-16　应用题 6 图

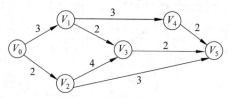

图 1-6-17　应用题 7 图

【解】　各顶点最早发生时间 ee 和最晚发生时间 el，如图 1-6-18(a)所示，根据 ee 和 el 求得活动的最早发生时间 ae 和最晚发生时间 al，如图 1-6-18(b)所示。

活动的最早发生时间 ae 和最晚发生时间 al 相等的活动为关键活动，如图 1-6-18(c) 粗线条所示，关键活动形成的从源点到汇点的路径为关键路径，即 0—1—4—5 和 0—2—3—5，关键路径的长度为工期，工期是 8。

事件	V_0	V_1	V_2	V_3	V_4	V_5
ee	0	3	2	6	6	8
el	0	3	2	6	6	8

(a) 事件的最早、最晚发生时间

活动	(V_0,V_1)	(V_0,V_2)	(V_1,V_3)	(V_1,V_4)	(V_2,V_3)	(V_2,V_5)	(V_3,V_5)	(V_4,V_5)
ae	0	0	3	3	2	2	6	6
al	0	0	4	3	2	5	6	6

(b) 活动的最早、最晚发生时间

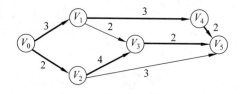

(c) 关键路径

图 1-6-18　题 7 解图

四、算法设计题

1. 已知无向图用邻接矩阵存储，给出删除一个顶点的操作步骤。

【解】　邻接矩阵表示法用 4 个属性表示图：(1)顶点信息用一维数组存储；(2)边信息用一个二维数组(邻接矩阵)存储；(3)顶点数用一个整数存储；(4)边数用一个整数存储。在无向图的邻接矩阵存储中删除一个顶点，这 4 个属性都要改变。具体步骤如下。

Step 1. 顶点定位(设为 k)，若顶点不存在($k = -1$)，不能删除。

Step 2. 统计顶点关联的边数。

计数第 k 行或第 k 列非零元素个数，设为 num。

Step 3. 修改邻接矩阵 G.arcs[][]。

3.1 依次将第 $k+1$ 行～第 G.vexnum-1 行前移一行；

3.2 依次将第 $k+1$ 列～第 G.vexnum-1 列左移一列。

Step 4. 修改顶点信息 G.vexs[]。

将第 $k+1$ 个顶点～第 G.vexnum-1 个顶点前移。

Step 5. 顶点数 G.vexnum 减 1，边数 G.arcnum 减 num。

2. 已知无向图用邻接矩阵存储，给出广度优先遍历算法。

【解】 算法思想：借用一个队列，从某个顶点出发，访问顶点，做访问标记，入队。若队不空，则循环操作：顶点出队；扫描出队顶点的所有未访问的邻接点，对其中的每一个顶点访问、做访问标志并入队。算法描述如下。

```
void BFSTraverse(MGraph G)
{ Queue<int>Q;                              //工作队列
  for (i=0; i <G.VertexNum; i++)            //初始化访问标志
    visited[i]=false;
  for (i=0; i <G.VertexNum; i++)
  { if(!visited[i])                         //未访问顶点
    { visited[i]=true;                      //做访问标志
      cout <<G.vexs[i] <<" ";               //访问
      Push(Q,i);                            //入栈
      while(!QueueEmpty(Q))                 //队不空,重复
      { Pop(Q,t);                           //出栈
        for(j=0; j<G.VertexNum;j++)         //所有未访问邻接点
        { if(G.arc[t][j]!=INT_MAX && !visited[j])
          { visited[j]=true;                //做访问标志
            cout <<G.vexs[j] <<" ";         //访问
            Push(Q, j);                     //入栈
          }
        }
      }
    }
  }
}
```

3. 已知有向图用邻接矩阵存储，给出求顶点 v 的入度和出度的算法。

【解】 算法思想：有向图以邻接矩阵存储，顶点所在行的非零元素或非零元素的个数为出度；顶点所在列的非零元素或非零元素的个数为入度。算法描述如下。

```
//出度
int outDegree(MGraph&G, int v)
{ k=LocateVex(G,v);                         //定点定位
  if (k==-1)                                //顶点不存在
```

```
        return -1;
    outdegree=0;                                    //计数器初值为 0
    for(j=0;j<G.vexnum;i++)                         //计数第 k 行非零元素个数
        if(G.edges[k][j]!=0)
            outdegree ++;
    return outdegree;
}
//入度
int InDegree(MGraph&G, DT v)
{   k=LocateVex(G,v);                               //顶点定位
    if (k==-1)                                      //顶点不存在
        return -1;
    indegree=0;                                     //计数器初值
    for(i=0;i<G.vexnum;j++)                         //计数第 k 列非零元素个数
        if(G.arcs[i][k]!=0)
            indegree ++;
    return indegree;
}
```

4. 已知有向图采用邻接表存储,给出增加一个顶点的操作步骤。

【解】 图的邻接表表示法用 3 个属性表示图:①邻接表信息存储顶点信息和边信息;②顶点数用一个整数存储;③边数用一个整数存储。在图中增加一个顶点,这 3 个属性都要发生改变。具体操作步骤如下。

Step 1. 输入顶点信息,如果顶点存在,不能插入,退出;否则,进入 Step 2。

Step 2. 将顶点信息加入 G.vertices[]中,为第 k1=G.vexnum 个顶点(顶点序号从 0 开始),顶点数 G.vexnum 增 1。

Step 3:建立该顶点关联的边信息。

　　3.1 输入另一个顶点,顶点定位 k2;

　　3.2 顶点不存在,不能新增边;

　　3.3 顶点存在,新建边结点 p,用头插或尾插,在新增结点的边链表中插入该结点,新结点 p->adjvex=k2,边数 G.arcnum 增 1。

5. 已知有向图采用邻接表存储,给出判断顶点 v, w 是否连通的算法。

【解】 从 v, w 中任一个顶点出发进行遍历,遍历完成后判断另一个顶点的访问标志;如果为 true,则 v、w 之间连通;否则不连通。算法描述如下。

```
int IsConected(ALGraph G, int v, int w)
{   for(i=0;i<G.vexnum;i++)                         //初始化访问标记
        visited[i]=0;
```

```
    DFS(G,v);                          //从第 v 个顶点开始,深度优先遍历
    if(visited[w]==0)                  //第 w 个顶点未被访问
      return 0;                        //不连通
    else
      return 1;                        //连通
  }
```

语句 3 表明算法中调用 DFS 算法。可以采用 6.2.4 节的算法 6.8,也可以采用下列针对邻接表的 DFS 递归算法。算法描述如下。

```
void DFS(Graph &G, int v)
{ visited[v]=true;                     //做被访问标志
  cout<<v;                             //访问顶点
  p=G.vertices[v].firstarc;
  while(!p)                            //遍历边链表
  { w=p->adjvex;
    if(!visited[w])                    //对未被访问的第一个邻接点
      DFS(G,w);                        //调用 DFS
    else
      p=p->nextarc;
  }
}
```

算法中采用了深度优先遍历算法,也可以采用广度优先遍历算法,如主教材算法 6.13。

6.4.2 自测题及解答

一、判断题

1. 设有一稠密图 G,则 G 采用邻接表存储较省空间。

【答案】 错误

【解析】 邻接矩阵用数组元素存储边信息,边的邻接点由下标表示。邻接表中边结点个数等于边数(有向图)或边数的 2 倍(无向图),每个边结点既存储邻接点序号,还需存储结点指针,因此,如果是稠密图,采用邻接表存储不一定节省空间。

【知识点】 邻接矩阵、邻接表

2. n 个结点的无向简单图有 $n(n-1)/2$ 条边,该图一定是连通图。

【答案】 正确

【解析】 简单图不存在顶点自己到自己的边,若 n 个结点的无向简单图有 $n(n-1)/2$ 条边,则说明图中任意两个顶点间均有边相连,该图一定连通。

【知识点】 连通图

3. 连通分量指图的极大连通子图。

【答案】 错误

【解析】 连通分量指无向图的极大连通子图。

【知识点】 连通分量

4.强连通图的各顶点均可达。

【答案】 正确

【解析】 强连通图是指在有向图中对于图中任意两顶点 v_i 和 $v_j(i \neq j)$ 之间都存在从 v_i 到 v_j 和从 v_j 到 v_i 的路径,因此,强连通图的各顶点均可达。

【知识点】 强连通图的定义

5.用邻接矩阵存储一个图所需存储单元数目与图的边数无关。

【答案】 正确

【解析】 n 个顶点的邻接矩阵是 $n \times n$ 的方阵,有 n^2 个数据元素,非压缩存储时,邻接矩阵所需存储空间与边的多少没有关系。

【知识点】 邻接矩阵

6.一个有向图的邻接表和逆邻接表中表结点的个数一定相等。

【答案】 正确

【解析】 有向图(正)邻接表和逆邻接表中边结点个数都等于边数,因此,两者一定相等。

【知识点】 邻接表

7.有 e 条边的无向图,在邻接表中有 e 个边结点。

【答案】 错误

【解析】 在无向图中,v_i 到 v_j 有边,表示 v_j 到 v_i 也有边,因此,每条边有两个边结点。e 条边的无向图,在邻接表中有 $2e$ 个边结点。

8.相比于邻接表,在逆邻接表上求各顶点的入度更容易。

【答案】 正确

【解析】 逆邻接表的某顶点的边链表是指向它的所有边信息,结点个数即为其入度。在(正)邻接表中求某顶点的入度,需遍历所有顶点的边链表,统计该顶点序号在边结点中出现的次数。

【知识点】 邻接表

9.对任意一个图,从它的某个顶点出发,进行一次深度优先或广度优先搜索,即可访问图的每个顶点。

【答案】 错误

【解析】 从图的任一点出发进行深度优先或广度优先搜索,只能访问与该顶点连通的顶点。

【知识点】 图的遍历

10.若有向图不存在回路,即使不用访问标志,同一结点也不会被访问两次。

【答案】 错误

【解析】 无论是深度优先遍历还是广度优先遍历,都是以当前访问顶点的邻接点为后继访问顶点。图的顶点之间具有多对多的关系,每个顶点可能有多个邻接点,所以,每个顶点都可能被访问多次,与是否有回路无关。

【知识点】 图的遍历

11. 对于无向图的生成树,从同一顶点出发得到的生成树相同。

【答案】 错误

【解析】 如果顶点有多个后继,会产生多种选择。不同的选择产生的生成树不同。

【知识点】 生成树

12. 有 $n-1$ 条边的图肯定都是生成树。

【答案】 错误

【解析】 $n-1$ 条边如果不能使 n 个顶点连通,就不是生成树。

【知识点】 生成树

13. 用 Prim 算法和 Kruskal 算法求得的最小生成树一样。

【答案】 错误

【解析】 当图中有权值相同的边时,可能不一样。

【知识点】 最小生成树

14. 在图 G 的最小生成树 $G1$ 中,可能会有某条边的权值超过未选边的权值。

【答案】 正确

【解析】 在最小生成树边的选择中要求每一条边的加入,不仅权值最小,还需要此边与已经生成的子树不连通。这样就有可能权值小的未被选中,而权值大的被选中。因此,在图 G 的最小生成树 $G1$ 中可能会有某条边的权值超过未选边的权值。

【知识点】 最小生成树

15. 能够成功完成拓扑排序的图一定是一个有向无环图。

【答案】 正确

【解析】 有环图没有拓扑序列。

【知识点】 拓扑排序

16. 如果有向图的拓扑排序序列是唯一的,则图中必定只有一个顶点的入度为 0,一个顶点的出度为 0。

【答案】 正确

【解析】 如果有向图中有多于一个顶点的入度为 0,或多于一个顶点的出度为 0,拓扑序列不可能唯一。

【知识点】 拓扑排序

17. 用邻接表表示图进行广度优先遍历时,通常是采用栈来实现算法的。

【答案】 错误

【解析】 广度优先遍历中借用队列实现算法,详见 6.2.5 节。

【知识点】 广度优先遍历

18. 无向网的最小生成树不唯一,但最小生成代价唯一。

【答案】 正确

【解析】 最小生成树是指生成代价最小的生成树,当有多个权值相等的边时,可能有多棵最小生成树,但生成代价是一样的。如果不一样,只有生成代价最小的那棵是最小生成树。因此,最小生成代价唯一。

【知识点】 最小生成树

19. 当改变网上某一关键路径上任一关键活动后,必将产生不同的关键路径。

【答案】 错误

【解析】 某一关键路径上的一个关键活动,如果变大,不会产生新的关键路径;如果变小,该活动就可能不是关键活动,其所在的路径,可能不是关键路径;当关键路径多条时,也不会产生新的关键路径。因此,当改变网上某一关键路径上任一关键活动后,不一定会产生不同的关键路径。

【知识点】 关键路径的定义

20. 在 AOE 网中,关键路径上某个活动时间缩短,整个工程的时间必定缩短。

【答案】 错误

【解析】 关键路径是从源点到汇点的最长路径。当某一关键路径上一项关键活动时间缩短,该路径可能就不是关键路径了,整个工程的时间也不会因为此一定缩短。

【知识点】 关键路径的定义

二、单项选择题

1. 具有 6 个顶点的无向图至少应有( )条边才能确保是一个连通图。

    A.5   B. 6   C. 7   D. 8

【答案】 A

【解析】 n 个顶点的无向图至少需 $n-1$ 条边使图连通,6 个顶点则需 5 条边。正确答案是 A。

【知识点】 连通图

2. 有 7 条边的强连通图,最少可以有( )个顶点。

    A. 4   B. 5   C. 6   D. 7

【答案】 A

【解析】 3 个顶点的强连通图最多可以有 6 条边;4 个顶点的强连通图最少有 4 条边,最多可以有 8 条边。正确答案是 A。

【知识点】 强连通图

3. 含有 $n(n>1)$ 个顶点的连通图 G,其中任意一条简单路径的长度不会超过( )。

    A. 1   B. n C. $n-1$ D. $n/2$

【答案】 C

【解析】 最长的简单路径含有所有顶点,即有 $n-1$ 个分支,路径长度为 $n-1$。正确答案是 C。

【知识点】 简单路径

4. 一个具有 n 个顶点的有向图最多有( )条边。

    A. $n\times(n-1)/2$ B. $n\times(n-1)$ C. $n\times(n+1)/2$ D. n^2

【答案】 B

【解析】 见简答题 2。正确答案是 B。

【知识点】 顶点数与边数的关系

5. 具有 n 个顶点和 e 条边的无向图采用邻接矩阵存储,则零元素的个数为(　　)。

    A. e　　　　　　B. $2e$　　　　　　C. n^2-e　　　　　　D. n^2-2e

【答案】 D

【解析】 n 个顶点的邻接矩阵共有 n^2 个元素,无向图的每条边在邻接矩阵中有 2 个非零元素,因此,具有 n 个顶点和 e 条边的无向图采用邻接矩阵存储,零元个数为 n^2-2e。正确答案是 D。

【知识点】 邻接矩阵

6. 对于有向图的邻接矩阵 $\mathbf{A}=\begin{bmatrix} 0 & 1 & 0 \\ 1 & 0 & 1 \\ 0 & 1 & 0 \end{bmatrix}$,该图共有(　　)条弧。

    A. 5　　　　　　B. 4　　　　　　C. 3　　　　　　D. 2

【答案】 B

【解析】 有向图的邻接矩阵中的非零元素个数为边数。正确答案是 B。

【知识点】 邻接矩阵

7. 下列(　　)的邻接矩阵是对称矩阵。

    A. 有向图　　　　B. 无向图　　　　C. AOV 网　　　　D. AOE 网

【答案】 B

【解析】 无向图的邻接矩阵是对称矩阵。AOV 网、AOE 网都是有向图。正确答案是 B。

【知识点】 邻接矩阵

8. 带权有向网 G 用邻接矩阵 $\mathbf{A}$ 存储,则顶点 i 的出度等于(　　)。

    A. 第 i 行非 ∞ 元素之和　　　　　　B. 第 i 列非 ∞ 元素之和

    C. 第 i 行非 ∞ 元素个数　　　　　　D. 第 i 列非 ∞ 元素个数

【答案】 C

【解析】 本书定义带权有向图中所有不存在的边均用 ∞ 表示。邻接矩阵的第 i 行表示第 i 个顶点到其余各顶点的边的信息,邻接矩阵的第 i 列表示其余各顶点到第 i 个顶点的边的信息,因此,第 i 行非 ∞ 元素个数表示第 i 个顶点的出度,第 i 列非 ∞ 元素个数表示第 i 个顶点的入度。正确答案是 C。

【知识点】 邻接矩阵的特性

9. 若图的邻接矩阵中主对角线上的元素全是 0,其余元素全是 1,则可以断定该图一定是(　　)。

    A. 无向图　　　　B. 非带权图　　　　C. 有向图　　　　D. 完全图

【答案】 D

【解析】 除对角线外其余元素全为 1,表示图中任何两个顶点之间均有边,因此,有最多边的图即完全图。正确答案是 D。

【知识点】 邻接矩阵、完全图

10. 在有向图的邻接表存储结构中,顶点 V 在链表中出现的次数是(　　)。

    A. 顶点 V 的度   B. 顶点 V 的出度

    C. 顶点 V 的入度   D. 依附于顶点 V 的边数

【答案】 C

【解析】 在(正)邻接表中,出现在边结点中的邻接点是弧尾顶点,因此,顶点 v 在链表中出现的次数是顶点 v 的入度。正确答案是 C。

【知识点】 度、入度、出度

11. 下列说法不正确的是( )。

    A. 图的遍历是从给定的源点出发,每一个顶点仅被访问一次

    B. 图的深度优先遍历不适用于有向图

    C. 遍历的基本算法有两种:深度优先遍历和广度优先遍历

    D. 图的深度优先遍历是一个递归过程

【答案】 B

【解析】 可用排除法,A、C、D 都对,则正确答案是 B。

【知识点】 图的遍历

12. 图 1-6-19 的深度优先搜索序列为( )。

    A. ABEDCF   B. AEFCDB   C. ABCEDF   D. ACBDEF

【答案】 B

【解析】 深度优先遍历中,AB 后应该是 C,因此,选项 A 不对;ABC 后,可以为 D 或 F,不可能是 E,因此,选择 C 不对;A 后不可能是 C,因此,选项 D 不对。正确答案是 B。

【知识点】 深度优先遍历

13. 一个有向图 G 的邻接表存储如图 1-6-20 所示,现按深度优先搜索方式从顶点 A 出发执行一次遍历,所得到的顶点序列是( )。

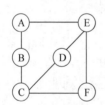
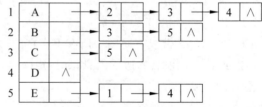

图 1-6-19 选择题题 12 图   图 1-6-20 选择题题 13 图

    A. 1,2,3,4,5   B. 1,2,3,5,4

    C. 1,2,4,5,3   D. 1,2,5,3,4

【答案】 B

【解析】 在如图所示的邻接表中深度优先遍历,A(1)B(2) 后是 C(3),因此,选项 C 和 D 不对;A(1)B(2)C(3) 后应该是 E(5),因此,选项 A 不对。正确答案是 B。

【知识点】 深度优先遍历

14. 邻接表是图的一种( )存储结构。

    A. 顺序   B. 链式   C. 索引   D. 顺序和链式相结合的

【答案】 D

【解析】　邻接表表头信息存储于一维数组中,边信息存储于链表中,因此,邻接表是图的一种顺序与链式相结合的存储结构。正确答案是 D。

【知识点】　邻接表

15. 如果从无向图的任一顶点出发进行一次深度优先遍历即可访问所有顶点,则该图一定是(　　)。

　　　A. 完全图　　　　　B. 连通图　　　　　C. 有回路　　　　　D. 一棵树

【答案】　B

【解析】　选项 A 和 D 是连通图的特例,连通图不一定有回路。正确答案是 B。

【知识点】　连通图、DFS

16. 一个无向连通图的生成树是含有该连通图的全部顶点的(　　)。

　　　A. 极小子图　　　　　　　　　　B. 极小连通子图

　　　C. 极大子图　　　　　　　　　　D. 极大连通子图

【答案】　B

【解析】　根据生成树的定义可知正确答案是 B。

【知识点】　图的生成树

17. 已知一个如图 1-6-21 所示的图,则依据 Dijkstra 算法将按照(　　)次序依次求出从顶点 V_1 到其余各顶点的最短路径。

　　　A. V_2,V_5,V_4,V_6,V_3　　　　　　B. V_2,V_5,V_3,V_4,V_6

　　　C. V_2,V_3,V_5,V_4,V_1　　　　　　D. V_5,V_4,V_6,V_3,V_2

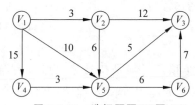

图 1-6-21　选择题题 17 图

【答案】　B

【解析】　由 Dijkstra 算法求 V_1 到其余各个顶点最短距离,求得先后得到的路径和最短距离为(1)$V_1 \rightarrow V_2$:3;(2)$V_1 \rightarrow V_2 \rightarrow V_5$:9;(3)$V_1 \rightarrow V_2 \rightarrow V_5 \rightarrow V_3$:14;(4)$V_1 \rightarrow V_4$:15;(5)$V_1 \rightarrow V_2 \rightarrow V_5 \rightarrow V_6$:15。第(4)和第(5)条路径等长,次序可以互换。因此,正确答案是 B。

【知识点】　Dijkstra 算法

18. 下面(　　)可以判断出一个有向图中是否有环(回路)。

　　　A. 广度优先遍历　　　　　　　　B. 拓扑排序

　　　C. 求最短路径　　　　　　　　　D. 求关键路径

【答案】　B

【解析】　只有有向无环图有拓扑序列,因此,可以用拓扑排序检查图是否有环。正确答案是 B。

【知识点】 拓扑排序

19. 下列关于图遍历的说法不正确的是( )。

A. 连通图的深度优先搜索是一个递归过程

B. 图的广度优先搜索中邻接点的寻找具有"先进先出"的特征

C. 非连通图不能用深度优先搜索法

D. 图的遍历要求每一个顶点仅被访问一次

【答案】 C

【解析】 连通图和非连通图都可以进行深度优先遍历。上述不正确的说法是 C。

【知识点】 图的遍历

20. 已知一个有向图的邻接矩阵表示,要删除所有从第 i 个结点发出的边,应( )。

A. 将邻接矩阵的第 i 行删除   B. 将邻接矩阵的第 i 行元素全部置为 0

C. 将邻接矩阵的第 i 列删除   D. 将邻接矩阵的第 i 列元素全部置为 0

【答案】 B

【解析】 邻接矩阵的规模由顶点数决定,不能随意改变。因此,选项 A、C 是错误的。有向图的邻接矩阵的第 i 行表示第 i 个顶点 v_i 到其余各顶点是否有边,要删除所有从第 i 个结点发出的边,应将邻接矩阵的第 i 行元素全部置为 0。正确答案是 B。

【知识点】 邻接矩阵

21. 在 Prim 算法执行的某时刻,已选取顶点集合 $U=\{1,2,3\}$,已选取边集合 TE$=\{(1,2),(2,3)\}$,先取下一条权值最小的边,应当从( )中选取。

A. $\{(1,4),(3,4),(3,5),(2,5)\}$ B. $\{(4,5),(1,3),(3,5)\}$

C. $\{(1,2),(2,3),(3,5)\}$ D. $\{(3,4),(3,5),(4,5),(1,4)\}$

【答案】 A

【解析】 下一条边的一个顶点必须是在已选顶点 $U=\{1,2,3\}$ 中,另一个顶点在 U 中。B 中$(4,5)$、$(1,3)$不符合要求;C 中$(1,2)$、$(2,3)$不符合要求;D 中$(4,5)$不符合要求。正确答案是 A。

【知识点】 Prim 算法

22. 在 Kruskal 算法执行的某时刻,已选取边集合 TD$=\{(1,2),(2,3),(3,5)\}$,要选取下一条权值最小的边,可能选取的边是( )。

A. $(1,2)$ B. $(3,5)$ C. $(2,5)$ D. $(6,7)$

【答案】 D

【解析】 新加入的边,不能形成回路。正确答案是 D。

【知识点】 Kruskal 算法

23. 如图 1-6-22 所示有向图的拓扑排序的序列是( )。

A. 125634   B. 516234

C. 123456   D. 521643

【答案】 B

【解析】 顶点 1 和顶点 5 的入度为 0,因此,可以从 1

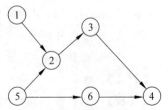

图 1-6-22 选择题题 23 图

或 5 开始。如果以 1 开始，后面可以是 5，因此，选项 A 和 C 错误；如果从 5 开始，后面可以是 1 或 6，因此，选项 D 错误。正确答案是 D。

【知识点】 拓扑排序

24. 设 $G1=(V_1,E1)$ 和 $G2=(V_2,E2)$ 为两个图，如果 $V_1 \subseteq V_2$，$E1 \subseteq E2$，则称（　　）。

  A. $G1$ 是 $G2$ 的子图   B. $G2$ 是 $G1$ 的子图

  C. $G1$ 是 $G2$ 的连通分量 D. $G2$ 是 $G1$ 的连通分量

【答案】 A

【解析】 连通分量是极大的连通子图。本题已知条件中只给出属于关系，只能判断图与子图的关系。正确答案是 A。

【知识点】 子图、连通分量

25. 设图 G 用邻接表存储，则拓扑排序的时间复杂度为（　　）。

  A. $O(n)$ B. $O(n+e)$ C. $O(n^2)$ D. $O(n \times e)$

【答案】 B

【解析】 对于 n 个顶点 e 条边的有向图，建立各顶点的入度时间复杂度为 $O(e)$，建立入度为零的栈的时间复杂度为 $O(n)$，在拓扑排序过程中，最多每个顶点进一次栈，入度减 1 的操作最多共执行 e 次，因此，总的时间复杂度为 $O(n+e)$。正确答案是 B。

【知识点】 拓扑排序

26. 任何一个连通图的最小生成树（　　）。

  A. 只有一棵 B. 有一棵或多棵 C. 一定有多棵 D. 可能不存在

【答案】 B

【解析】 连通图一定有最小生成树。如果有权值相等的边，最小生成树可能有多棵，但不一定有多棵。正确答案是 B。

【知识点】 最小生成树

27. 当各边上的权值（　　）时，BFS 算法可以解决单源点最短路径问题。

  A. 均相等 B. 均互不相等 C. 不一定相等

【答案】 A

【解析】 由 BFS 遍历的点是距离遍历起点分支数最少的路径，当各边上的权值相等时，此路径为以遍历起点为源的单源点最短路径。正确答案是 A。

【知识点】 BFS、单源点最短路径

28. 下列关于 AOE 网的叙述中，不正确的是（　　）。

  A. 关键活动不按期完成就会影响整个工程的完成时间

  B. 任何一个关键活动提前完成，那么整个工程将会提前完成

  C. 所有的关键活动提前完成，那么整个工程将会提前完成

  D. 某些关键活动提前完成，那么整个工程将会提前完成

【答案】 B

【解析】 工程的完成时间是由关键活动形成的关键路径的长度决定的，即关键路径上所有关键活动时长的和。因此，关键活动不按期完成就会影响整个工程的完成时间，选

项 A 正确。

一个关键活动提前可能会导致其失去关键活动的资格,另外,关键路径可能多条,因此,任何一个关键活动提前完成不一定会使整个工程提前完成,选项 B 错误。

所有的关键活动提前完成,那么整个工程将会提前完成,选项 C 正确。

工程中时长最长的关键活动提前完成,工期可能缩短,因此,某些关键活动提前完成,那么整个工程将会提前完成,选项 D 正确。

【知识点】 工期

29. 关键路径是 AOE 网中( )。
    A. 关键事件结点组成的最长路径   B. 源点到汇点的最短路径
    C. 关键事件结点组成的最短路径   D. 关键活动组成的路径

【答案】 D

【解析】 关键路径是从源点到汇点的最长路径,关键路径由关键活动构成。因此,选项 A、B、C 都不对。正确答案是 D。

【知识点】 关键路径

30. 下面关于求关键路径的说法不正确的是( )。
    A. 求关键路径以拓扑排序为基础
    B. 一个事件的最早开始时间同以该事件为尾的弧的活动最早开始时间相同
    C. 一个活动的最早开始时间同以它的弧头事件最早开始时间相同
    D. 关键活动一定位于关键路径上

【答案】 B

【解析】 求关键路径需完成以下 4 件工作:(1)事件的最早发生时间;(2)事件的最迟发生时间;(3)活动的最早开始时间;(4)活动的最晚开始时间。其中第(1)件工作要求按拓扑序列依次求取,因此,A 正确。C、D 也是正确的。一个事件的最早开始时间 $Ve(k)$ 的计算方法为

$$Ve(k) = \begin{cases} ve(1) = 0 \\ ve(k) = Max\{ve[j] + dut(<v_j, v_k>)\} \end{cases}$$

其中,$dut(<v_j, v_k>)$ 为弧 $<v_j, v_k>$ 的权值,即对应活动的持续时间。因此,选项 B 错误。选项 C、D 正确。正确答案是 B。

【知识点】 关键路径

第 **7** 章　　查　　找

7.1　由根及脉,本章导学

本章知识结构图如图 1-7-1 所示。

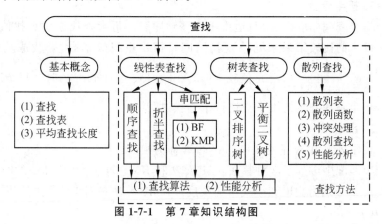

图 1-7-1　第 7 章知识结构图

本章内容分为基本概念和查找方法两大部分,查找方法按查找表的不同分为线性表查找、树表查找、散列查找。

7.1.1　基本概念

基本概念中包含查找表、查找、静态查找、动态查找、平均查找长度等。

查找表是用来查找的具有同一类型的数据元素(记录)的集合。记录中被用来标识记录的属性称为关键字。

查找是在查找表中查找满足给定条件的记录。通过查找,若找到匹配的记录称为"查找成功";通过查找,若未找到匹配的记录称为"查找不成功"。

对查找表不产生影响的查找称为"静态查找";如果根据查找结果对查找表进行增、删等操作从而影响查找表的查找称为"动态查找"。

查找中关键字比较次数的数学期望值定义为平均查找长度(ASL),仅考虑查找成功的 ASL 称为查找成功的平均查找长度,仅考虑查找不成功的 ASL 称为查找不成功的平均查找长度。ASL 的计算公式为

$$ASL = \sum_{i=1}^{n} p_i c_i \qquad (7\text{-}1)$$

其中,p_i 为查找第 i 个记录的概率;c_i 为查找第 i 个记录所需的关键字的比较次数。

7.1.2 线性表查找

线性表查找中包括 3 项内容:顺序查找、折半(二分)查找和串匹配。

1. 顺序查找

顺序查找从表头至表尾或从表尾至表头依次比较查找值(算法 7.1)。顺序查找成功的平均查找长度为 $(n+1)/2$,查找不成功的平均查找长度为 n 或 $n+1$(设有哨兵)。查找成功与不成功的时间复杂度均为 $O(n)$。

2. 折半查找

折半查找(算法 7.2)只适用于有序顺序表。折半查找通过查找值与查找区间中间记录关键字的比较结果来缩小查找区间。折半查找效率高,查找成功的平均查找长度为 $\dfrac{n+1}{n}\log_2(n+1)-1$,当 n 值较大时,$ASL \approx \log_2(n+1)-1$,时间复杂度为 $O(\log_2 n)$。

折半查找判定树用于描述折半查找过程。

3. 串匹配

在主串 S 中查找模式串 T 的过程称为模式匹配。

串匹配中讲到了 2 种算法:BF 算法和 KMP 算法。BF 算法的时间复杂度为 $O(n \times m)$,n、m 分别为主串和模式串的长度。KMP 算法是对 BF 算法的改进,时间复杂度提高到 $O(n+m)$。

7.1.3 树表查找

树表涉及两种树:二叉排序树和平衡二叉树,平衡二叉树是二叉排序树的改进。

1. 二叉排序树

二叉排序树(又称为二叉查找树)或者是一棵空树;或者是具有下列性质的二叉树:

(1) 若左子树不空,则左子树上所有结点的值均小于根结点的值。

(2) 若右子树不空,则右子树上所有结点的值均大于根结点的值。

(3) 左、右子树均为二叉排序树。

二叉排序上不能有同值元素。

二叉排序树的相关操作有查找(算法 7.6)、插入(算法 7.7)、创建和删除(算法 7.8)。

2. 平衡二叉树

平衡二叉树或者是一棵空树,或者是所有结点的平衡因子的绝对值均不大于 1 的二叉排序树。平衡因子指结点的左、右子树的高度差。

在二叉排序树构建中通过平衡旋转使其为平衡二叉树。平衡二叉树的查找方法与二

叉排序树的查找方法一样，算法的时间复杂度为 $O(\log_2 n)$。

7.1.4 散列查找

散列/哈希查找是在散列表上的查找。

1. 散列表

根据记录的关键字计算出存储地址的方法称为散列（Hash）法、哈希法或杂凑法。基于散列构造的查找表称为散列表。散列表中记录的个数与表容量之比，称为散列表的装填因子 α，即

$$\alpha = \frac{\text{散列表数据元素的个数}}{\text{散列表的长度}}$$

2. 散列函数

用于计算散列地址的函数称为散列函数/哈希函数。散列函数值称为散列/哈希地址。常用散列函数构造方法有直接定址法和除留余数法，其他如折叠法、平方取中法、随机数法、数字分析法等。

3. 冲突

不同的关键字计算出相同的散列地址的现象，称为冲突，相同散列地址的关键字称为同义词。解决冲突的方法有开放定址法、链地址法、公共溢出区、再散列等。

4. 散列查找

基于散列的查找方法称为散列查找/哈希查找。散列查找的性能与装填因子和冲突解决的方法相关。

7.2 拨云见日，谜点解析

7.2.1 查找表与查找方法

不同的查找表适用不同的查找方法，不同查找方法查找性能相异。实际使用中要做好问题分析，选择合适的存储结构和查找算法。

顺序表的存储效率高于链表，但顺序表上增、删数据元素需移动数据元素，因此，顺序表适用于静态查找。

树表采用二叉链表存储，数据元素的增、删无须移动数据元素，适用于动态查找。要在树表上获得好的查找性能，需维护树为平衡二叉树。

折半查找效率高，但只适用于有序顺序表，使用折半查找，需维护好查找表的有序性，如果每次折半查找前通过排序获得有序性，最好的排序性能是 $O(n\log n)$，大于顺序查找的时间复杂度，这种处理方式不可取。

理想情况下，散列查找性能最好，但散列表仅适用于存储集合。

7.2.2 折半查找判定树

1. 折半查找树的构造

折半查找判定树是折半查找中，按照查找区间中间元素位序 mid 计算次序构造的二

叉树。如 11 个数据元素的折半查找判定树如图 1-7-2 所示。

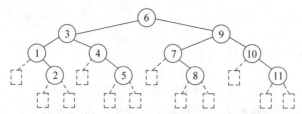

图 1-7-2　11 个数据元素的折半查找判定树

设元素序号为 1～11,mid1＝(1＋11)/2＝6,6 号元素为树根。

如果查找关键字小于 6 号元素的关键字,到左区间查找,mid21＝(1＋5)/2＝3;如果查找关键字大于 6 号元素的关键字,到右区间查找,mid22＝(7＋11)/2＝9。3 号和 9 号元素分别为树根的左、右孩子。

同理,如果查找关键字小于 3 号元素的关键字,在区间[1,2]中查找,mid31＝(1＋2)/2＝1;如果查找关键字大于 3 号元素的关键字,到区间[4,5]查找,mid32＝(4＋5)/2＝4。1 号和 3 号元素分别为 3 号元素的左、右孩子。

如果查找关键字小于 9 号元素的关键字,在区间[7,8]中查找,mid33＝(7＋8)/2＝7;如果查找关键字大于 9 号元素的关键字,到区间[10,11]查找,mid34＝(10＋11)/2＝10。7 号和 10 号元素分别为 9 号元素的左、右孩子。

同理继续查找下去,直至每个元素都在二叉树中。本例中,2 号、5 号、8 号和 11 号分别为 1 号、4 号、7 号和 10 号元素的右孩子。

折半查找判定树的构造过程实质是计算查找区间的中间位序 mid 的过程,并按计算顺序根据左子树上结点小于根,右子树上结点大于根的原则插入二叉树中。

2. 折半查找判定树上的查找

有了折半查找判定树,查找中就不需要计算 mid 了,只需按下列方法查找。

(1) 根元素关键字等于查找关键字 key,找到;

(2) 关键字小于根元素关键字,到根的左子树查找;关键字大于根元素关键字,到根的右子树查找。

重复(1)和(2)。

折半查找判定树可以清晰地展示折半查找的过程,即根到结点的路径。例如:

- 查找 2 号元素,查找路径为 6→3→1→2,共比较 4 次,查找成功;
- 查找 10 号元素,查找路径为 6→9→10,共比较 3 次,查找成功。

查找成功时,比较次数等于数据元素在树中的层次数。

图中虚线结点为外部结点,其个数为内部结点数＋1。查找落到外部结点处,表示未找到。例如:

- 查找关键字小于 1 号元素关键字的数据元素,查找路径为 6→3→1,共比较 3 次,查找失败。
- 查找关键字大于 9 号元素关键字的数据元素、小于 10 号元素关键字,查找路径为 6→9→10,共比较 3 次,查找失败。

- 查找关键字小于 11 或大于 11 号元素关键字的数据元素,查找路径均为 6→9→10→11,共比较 4 次,查找失败。

查找不成功时,比较次数等于外部结点在树中的层次数-1。

3. 折半查找性能分析

折半查找判定树使折半查找的性能分析更直观。树中结点所在的层次数反映出查找的比较次数。对于内部结点,结点的层次数是查找成功的比较次数;对于外部结点,结点的层次数是查找失败的比较次数-1。如图 1-7-2 所示的折半查找判定树,查找成功与查找不成功的平均查找长度计算方法如下。

1) 查找成功的平均查找长度

树中,有 1 个元素(根)需要比较 1 次,被找到;有 2 个元素(3 号、9 号)需要比较 2 次,被找到;有 4 个元素(1 号、4 号、7 号、10 号)需要比较 3 次,被找到;有 4 个元素(2 号、5 号、8 号、11 号)需要比较 4 次,被找到。

等概率条件下(即设每个存在的元素被查找的概率一样),查找成功的平均查找长度 $ASL_{succ} = (1 \times 1 + 2 \times 2 + 4 \times 3 + 4 \times 4)/11 = 3$。

2) 查找不成功的平均查找长度

树中第 4 层有 4 个外部结点,到这些结点需比较 3 次;第 5 层有 8 个外部结点,到这些结点需比较 4 次,所有不存在数据元素按此分为 12 类,等概率条件下(即设每类不存元素被查找的概率一样),查找不成功的平均查找长度 $ASL_{unsucc} = (4 \times 3 + 8 \times 4)/12 = 3.67$。

一般情况下,n 个元素的折半查找判定树的高度等于 n 个元素的完全二叉树的高度 $\lfloor \log_2 n \rfloor + 1$ 或 $\lceil \log_2(n+1) \rceil$。因此,查找成功与不成功的时间复杂度为 $O(\log_2 n)$。

7.2.3　折半查找判定树、二叉排序树与平衡二叉树

折半查找判定树、二叉排序树和平衡二叉树都具有二叉排序树的特性,即按关键字比较,左子树上的元素小于根元素,右子树上的元素大于根元素,所有子树也具有相同特性。

折半查找判定树、二叉排序树和平衡二叉树三者的构造不一样。折半查找判定树是由有序序列根据折半查找规律求得,反映的是折半查找的路径。二叉排序树对序列没有要求,相同元素集合不同的元素顺序可构造出不同的二叉排序树。平衡二叉树中是在二叉排序树构造中加上平衡控制形成的二叉排序树。

折半查找判定树、二叉排序树和平衡二叉树因为都具有二叉排序树的特性,其上查找方法和性能分析方法一样。因此,二叉排序树和平衡二叉树上的性能分析方法与 7.2.1 节给出的折半查找判定树的性能分析方法一样。

折半查找判定树和平衡二叉树上查找时间复杂度均为 $O(\log_2 n)$,是性能较好的查找方法。

7.2.4　KMP 算法对 BF 算法的改进

KMP 算法对 BF 算法的改进之处在于匹配过程中,主串不回退。

BF 算法中,每次匹配失败,主串回退到本趟匹配起始位置的后一个位置,尝试新的匹配。最坏的情况下(见图 1-7-3),依次以主串的每一个字符为起点尝试匹配,每一趟匹配

中比较 m 次,导致算法的时间复杂度为 $O(n \times m)$。

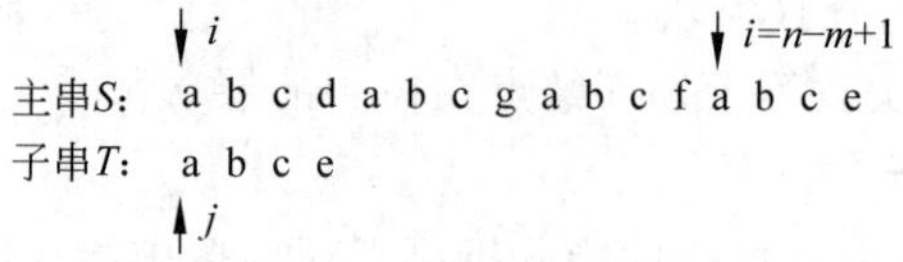

$$\begin{array}{ll} & \downarrow i \qquad\qquad\qquad\qquad\qquad \downarrow i=n-m+1 \\ \text{主串}S: & \text{a b c d a b c g a b c f a b c e} \\ \text{子串}T: & \text{a b c e} \\ & \uparrow j \end{array}$$

图 1-7-3 BF 算法匹配性能最坏情况示例

KMP 算法中,匹配失败时,主串不回退,子串回退。主串扫描一遍,子串回退位置 next[] 的计算的时间复杂度为 $O(m)$,因此,KMP 算法的时间复杂度为 $O(m+n)$,远好于 BF 算法。

7.2.5 KMP 的 next[j] 计算

1. next[j] 的含义

在 KMP 算法中,next[j] 用于模式串的回退,即当比较中出现 $S_i \neq T_j$ 时,i 不回退,j 回退到 next[j],开始下一轮的比较。

如图 1-7-4 所示,如果匹配因 $S_i \neq T_j$ 停止(见图中粗虚线小框),表明 T_j 前的 $j-1$ 个字符与 S 是匹配成功的,即(见图中大虚线框):

$$S_{i-j+1}S_{i-j+2}\cdots S_{i-(k-1)}\ S_{i-(k-2)}\cdots S_{i-1}=T_1 T_2\cdots T_{j-(k-1)}\ T_{j-(k-2)}\cdots T_{j-1} \qquad (7\text{-}2)$$

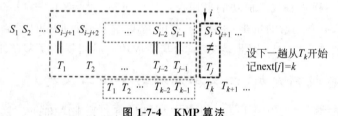

图 1-7-4 KMP 算法

下一趟匹配,模式串如果能够从 next[j](设为 k)与 $S[i]$ 比较开始,必须满足如下条件(见两个平行的浅色虚线框):

$$S_{i-(k-1)}\ S_{i-(k-2)}\cdots S_{i-1}=T_1\ T_2\cdots T_{k-1} \qquad (7\text{-}3)$$

根据式(7-2)和式(7-3)的黑体部分,可得:

$$T_1\ T_2\cdots T_{k-1}=T_{j-(k-1)}\ T_{j-(k-2)}\cdots T_{j-1} \qquad (7\text{-}4)$$

式(7-4)表明:模式串下一趟起始比较位置与主串无关,取决于自身。如果从 T_1 开始有正数 $k-1$ 个字符形成的子串与从 T_{j-1} 开始倒数 $k-1$ 个字符形成的子串相等,则下一趟比较 j 取 k(记 next[j]=k)。k 是两个最长相等子串的长度加 1。如果没有相等的子串,k 取 1。另定义 next[1] 为 0。由此得 next[j] 的计算公式如式(7-5)所示:

$$\text{next}[j]=\begin{cases} 0, & j=1 \\ 1, & j=2 \\ \max\{k \mid 1<k<j\ \text{且}\ t_1 t_2\cdots t_{k-1}=t_{j-k+1}t_{j-k+2}\cdots t_{j-1}\}, & \text{其他} \end{cases} \qquad (7\text{-}5)$$

当 next[1]=0 表明 S_i 与模式串的第 1 个字符不匹配,此时,$i++$ 主串从匹配失败的后一个字符开始,模式串从第 1 个字符开始,进行下一趟匹配。

例如,根据式(7-4)的定义,模式串 T=abababbabab 的 next[]值如表 1-7-1 所示。

表 1-7-1　模式串 abababbabab 的 next[]值(一)

j	1	2	3	4	5	6	7	8	9	10	11
T[j]	a	b	a	b	a	b	b	a	b	a	b
next[j]	0	1	1	2	3	4	5	1	2	3	4

2. 串下标对 next[j]的影响

式(7-4)是假设串的下标从 1 开始,如果串的下标从 0 开始,则 0 表示串的第 1 个字符,next[1]不能定义为 0。式(7-5)可以修正为式(7-6)。

$$next[j]=\begin{cases}-1, & j=0\\0, & j=1\\\max\{k\mid 1<k<j\ \text{且}\ t_1t_2\cdots t_{k-1}=t_{j-k+1}t_{j-k+2}\cdots t_{j-1}\}, & \text{其他}\end{cases}\quad(7\text{-}6)$$

根据式(7-5)的定义,模式串 T=abababbabab 的 next[]值如表 1-7-2 所示。

表 1-7-2　模式串 abababbabab 的 next[]值(二)

j	0	1	2	3	4	5	6	7	8	9	10
T[j]	a	b	a	b	a	b	b	a	b	a	b
next[j]	−1	0	0	1	2	3	4	0	1	2	3

3. k 的定义对 next[j]的影响

关于 next[j]=k,还可能碰到另一种 k 的定义,定义 k 为最长相等子串的长度,即 $k=\max\{k\mid1<k<j\ \text{且}\ t_1t_2\cdots t_k=t_{j-k}t_{j-k+1}\cdots t_{j-1}\}$(注意子串的下标),由 k 的本义是“两个最长的相等子串的长度加1”可知,此时的 next[j]为 $k+1$。串下标从 1 开始时,next[j]的定义修改如式(7-7)所示:

$$next[j]=\begin{cases}\mathbf{0}, & j=1\\\mathbf{1}, & j=2\\\max\{k\mid 1<k<j\ \text{且}\ t_1t_2\cdots t_k=t_{j-k}t_{j-k+1}\cdots t_{j-1}\}+1, & \text{其他}\end{cases}\quad(7\text{-}7)$$

注意:式(7-7)中加粗部分为与式(7-6)不同部分。

4. next[j]算法(算法 7.4)

主教材采用式(7-5)计算 next[j],即串下标从 1 开始,next[j]=k。算法描述如下。

```
1  void get_next(char t[], int next[])
2  {  j=1;                    //主串中匹配起始位置
3     k=0;                    //公共子串长度
4     n=strlen(t);            //模式串长
5     next[j]=0;              //next[1]=0
6     while (j<n)
7     {  if(k==0 || t[j]==t[k])  //计算其余位置的 next[j]值
8        {  j++;
```

```
9            k++;
10           next[j]=k;
11       }
12     else
13         k=next[k];
14   }
15 }
```

从算法描述可见，next[j]的计算是 while{}循环里完成的，但每一次 next[j]的计算，不是依次取长度为 $1\sim k-1$ 的子串找最长相等子串，而是在 next[j−1]的基础上进行的。例如：

计算 next[5]是在 $j=4$ 的循环体内。前面计算出 next[4]=2，现在 t[2]=t[4]，if 条件成立，执行语句 10～12，得到 next[5]=next[4]+1=3。为什么 if 条件成立就可以由 next[j−1]+1 计算出 next[j]呢？解析如下：next[4]=2，表明 t[1]=t[3]，如果 t[2]=t[4]，表明 t[1]t[2]=t[3]t[4]，这是在 t[4]前可能的最长相等子串，因此，next[5]=3。

同理，计算 next[6]是在 $j=5$ 的循环体内。因为 t[3]=t[5]（表明 t[1]t[2]t[3]=t[3]t[4]t[5]），if 条件成立，next[6]=next[5]+1=4。

计算 next[7]是在 $j=6$ 的循环体内。因为 t[4]=t[6]（表明 t[1]t[2]t[3]t[4]=t[3]t[4]t[5]t[6]），if 条件成立，next[7]=next[6]+1=5。

进入循环后，如果 if 条件不能满足，执行语句 15，进行回溯。例如：

计算 next[8]，$j=7$ 进入循环，t[5]≠t[7]，k 回溯到 next[7]=5，比较 next[7]与 next[5]，即尝试长度减 1 后的两个子串能否相等：如果 next[7]与 next[5]相等，可得 **t[1]t[2]t[3]t[4]**t[5]=**t[3]t[4]t[5]t[6]**t[7]，黑体的部分是计算 next[7]时得到的结论，那么，next[8]=next[5]+1；如果 next[7]与 next[5]不相等，k 需要继续回溯。本例中，接下来的处理方法如下：

$k=$next[5]=3，t[3]≠t[7]，k 继续回溯；

$k=$next[3]=1, t[1]≠t[7]，k 继续回溯；

$k=$next[1]=0，if 条件成立，next[8]=next[0]+1。

通过以上分析可见，每一次 next[j]的计算，充分利用了前面的计算结果，这使得 next[]计算的时间复杂度为 $O(m)$，m 为模式串的长度。

7.2.6 冲突处理方法

冲突处理方法决定发生冲突时如何查找下一个散列地址。

1. 开放定址法

开放地址法在发生冲突后计算下一个散列地址的方法是在散列函数计算出的地址 $H_0(=H(\text{key}))$ 的基础上前或后偏移一个值，查找未用的存储单元。所有未用单元均向其开放，因此，称为"开放地址法"。

开放地址法的下一个地址的计算式子为 $H_i=(H(\text{key})+d_i)\text{ MOD }m(i=1,2,\cdots,s)$，$H$ 为散列函数，m 为散列表表长，d_i 为增量序列。H_i 的值域为 $0\sim m-1$ 的自

然数,开放定址法形成闭散列表。开放定址法根据偏移量 d_i 不同取值,形成以下不同探测方法。

(1) **线性探测**,取 d_i 为 $1,2,3,\cdots,m$,即在 H_0($H_0=H(\text{key})$)后顺序查找可用单元。因每次都是在上一个冲突地址后顺序查找可用单元,这样极易连带其后继单元地址上的冲突,造成数据元素集中在某个地址段,即所谓的"堆积/聚集"现象。堆积会增加冲突次数。

(2) **二次探测**,取 d_i 为 $1^2,-1^2,2^2,-2^2,\cdots,q^2,-q^2(1\leqslant q\leqslant m-1)$,该方式以更大的偏移距离在 H_0 附近查找可用单元,有利于数据元素在散列表中的均匀存放,减少冲突次数。

(3) **随机探测**,取 d_i 为一组随机数时,增加数据元素在散列表中存储的均匀性。

开放地址法是在一块连续的内存单元中散列存放数据元素,容量有限,且装填因子小于或等于 1。

2. 拉链法

拉链法将同义词以结点的形式存放在一个单链表中。结点的地址不受限于散列地址,用拉链法解决冲突形成的散列表为开散列表。

拉链法形成的散列表,每个散列地址是一个链表的表头指针,所有元素另开辟空间存放,不占用基本存储空间,表中元素个数可能大大超过表的大小,因此,链地址法的装填因子可能大于 1。

拉链形成的散列表中,数据元素结点在链表的位置因链表创建采用头插或尾插方法的不同而不同。

3. 公共溢出区

将查找表分为两个表,基本表和溢出表(通常溢出表和基本表的大小相同),将发生冲突的数据元素存储在溢出表中。

上述 3 种为常用的冲突处理方法,但冲突处理方法并不局限于这 3 种。例如,也可以定义一组散列函数,在冲突发生时依次选用、计算下一个地址。

7.2.7 冲突处理与散列查找方法

不同冲突处理方法,构造的散列表不一样,散列查找方法上也有所区别。

1. 开放定址法

在开放定址形成的散列表中进行散列查找,只需将查找关键字与计算出的散列地址所指单元的数据元素的关键字比较。具体查找方法如下。

(1) 根据查找关键字 key 计算散列地址 H_0。

(2) 如果散列表中 $R[H_0]$ 单元空,没有记录,查找失败。

(3) 如果散列表中记录 $R[H_0]$ 的关键字与 key 相等,查找成功。

(4) 如果散列表中记录 $R[H_0]$ 的关键字与 key 不相等,按冲突处理方法计算下一个散列地址,重复(2)、(3)、(4),直至查找失败或查找成功。

2. 拉链法

在拉链形成的散列表中进行散列查找时,需到 $H(\text{key})$ 所指链表上顺序查找。具体查找方法如下。

（1）根据查找关键字 key 计算散列地址 H_0。

（2）在地址为 H_0 的链表中顺序查找，如果有记录的关键字与 key 相同，则查找成功；如果没有，则查找失败。

3. 公共溢出区

在公共溢出法形成的散列表中进行查找，发生冲突时，只能到溢出表中顺序查找。具体查找方法如下。

（1）根据查找关键字 key 计算散列地址 H_0。

（2）如果散列表中 R[H_0]单元空，没有记录，查找失败。

（3）如果散列表中记录 R[H_0]的关键字与 key 相等，查找成功。

（4）如果散列表中记录 R[H_0]的关键字与 key 不相等，到溢出区顺序查找，如果有记录的关键字等于 key，查找成功；否则，查找失败。

7.2.8 各种查找方法性能比较

不同的查找方法有不同特性和适用场合，归纳如表 1-7-3 所示。

表 1-7-3　查找方法比较

比较项	顺序查找	折半查找	二叉排序树	平衡二叉树	BF	KMP	散列查找
逻辑结构	集合、线性表	有序表	中序遍历序列为升序的二叉树		字符串		集合
存储结构	顺序表、链表	顺序表	二叉链表		顺序结构		散列
$T(n)$	$O(n)$	$O(\log_2 n)$	$O(n)\sim$ $O(\log_2 n)$	$O(\log_2 n)$	$O(n\times m)$	$O(n+m)$	取决于冲突解决方法和装填因子

7.3　登高望远，要点集锦

（1）顺序查找成功的平均查找长度为 $(n+1)/2$，查找失败的查找长度为 n 或 $n+1$（设有哨兵），查找的时间复杂度为 $O(n)$。

（2）顺序查找既可用于顺序表，也可用于链表。

（3）顺序表更适合静态查找，树表适合动态查找。

（4）查找成功的平均查找长度指只考虑找到情况且等概率条件下查找过程中的平均比较次数。

（5）查找不成功的平均查找长度指只考虑未找到情况且等概率条件下查找过程中的平均比较次数。

（6）折半查找只适用于顺序存储的有序表。

（7）n 个结点的折半查找判定树的高度等于 n 个结点的完全二叉树的高度，即高度为$\lfloor \log_2 n \rfloor + 1$ 或$\lceil \log_2 (n+1) \rceil$,查找的时间复杂度均为$O(\log_2 n)$。

（8）树表上查找,查找成功时落在内部结点上,比较次数等于结点在树中的层次数;查找失败时落在外部结点上,比较次数等于结点在树中的层次数-1。

（9）折半查找树若内部结点有n个,则外部结点有$n+1$个。

（10）二叉排序树的中序遍历序列是升序序列。

（11）给定二叉排序树的先序(后序)遍历序列可以唯一确定二叉排序树。

（12）二叉排序树中新插入的结点一定是叶结点。

（13）在二叉排序树中插入结点所需的关键字比较次数最多为二叉树的高度。

（14）在二叉排序树中,若先删除某个结点,再重新插入该结点,不一定得到原来的二叉排序树。

（15）二叉排序树的任意一棵子树中,关键字最小的结点必无左孩子,关键字最大的结点必无右孩子。

（16）平衡二叉树的调整分为 LL 型、RR 型、LR 型、RL 型 4 种。

（17）平衡二叉树的构建方法为先按二叉排序树的方法插入结点,当发生不平衡时,进行调整。调整方法为 LL 型,右(R)转,也称为顺序时针转;RR 型,左(L)转,也称为逆序时针转;LR 型,先左(L)转成 3 点一线的 LL 型再右(R)转;RL 型先右(R)转成 3 点一线的 RR 型再左(L)转。

（18）折半查找判定树、二叉排序树、平衡二叉树都具有二叉排序树的特性,具有相同的查找方法和性能分析方法。

（19）折半查找判定树、二叉排序树和平衡二叉树中,二叉树非空时查找成功和查找失败最少比较次数为 1,最多的比较次数为树的高度。

（20）二叉排序树和散列表中均不存在关键字相同的数据元素。

（21）树表查找中,查找失败不一定落在叶结点的外部结点上。

（22）给定结点的平衡二叉树不唯一,高度上也可能不一样。

（23）散列查找是基于计算与比较的查找,且主要时间花在散列地址的计算上。

（24）在散列地址分布均匀的条件下,散列查找的性能主要取决于冲突解决方法和散列表的装填因子,且装填因子越大,平均查找长度越长,性能越差。

（25）没有冲突的情况下,散列查找的时间复杂度为$O(1)$。

（26）线性探测易引起堆积(或聚集)现象,增加冲突次数。

（27）闭散列表的容量是有限的。

（28）散列存储中,非同义词也可能存在冲突现象。

（29）在采用线性探测处理冲突的散列表中,同义词在表中位置不一定相邻。

（30）散列存储不能存储元素之间的关系,只能存储元素的值。

7.4 启智明理，习题解答

7.4.1 主教材习题解答

一、填空题

1. 顺序查找 n 个元素的顺序表，若查找成功，则比较关键字的次数最多为 ___①___ 次；当使用监视哨时，若查找失败，则比较关键字的次数为 ___②___ 次。

【答案】 ①n；②$n+1$

【解析】 (1)顺序查找中，如果第1次被比较的关键字正是要查找的关键字，则只需比较1次，以此类推，查找成功的最多比较次数为 n。(2)不使用监视哨时，扫描结束未找到表示失败，共比较 n 次；有监视哨时，与监视哨中元素比较为第 $n+1$ 次比较，且一定相等，且从监视哨处结束的查找，表示查找失败。因此，当使用监视哨时，若查找失败，则比较关键字的次数为 $n+1$ 次。

【知识点】 顺序查找

2. 在顺序表$(8,11,15,19,25,26,30,33,42,48,50)$中，用折半（二分）法查找关键字值20，需做的关键字比较次数为_____。

【答案】 4

【解析】 该序列的折半查找树如图 1-7-5 所示。由图可知，查找 20 的查找路径为 26→15→19→25，查找失败，比较了 4 次。

【知识点】 二分/折半查找

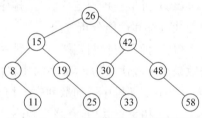

图 1-7-5 填空题 2 题解的折半查找树

3. 在有序表 A[1..12]中，采用折半查找算法查等于 A[12]的元素，所比较的元素下标依次为_____。

【答案】 6,9,11,12

【知识点】 二分/折半查找

4. 在 n 个记录的有序顺序表中进行折半查找，最大比较次数是_____。

【答案】 $\lfloor \log_2 n \rfloor + 1$

【解析】 n 个结点的折半查找判定树的高度等于 n 个结点的完全二叉树的高度，即高度为$\lfloor \log_2 n \rfloor + 1$，最大比较次数等于树高。

【知识点】 二分/折半查找

5. 如果按关键字值递增的顺序依次将关键字值插入二叉排序树中，则对这样的二叉排序树检索时，平均比较次数为_____。

【答案】 $(n+1)/2$

【解析】 此时为一棵斜树，折半查找退化为顺序查找，平均查找次数为$(n+1)/2$。

【知识点】 二叉排序树

6. 散列存储与查找中冲突指_____。

【答案】 散列存储中的冲突指按散列关键字计算出的散列地址所指单元已被占用。散列查找中冲突指按查找关键字计算出的散列地址所指单元存储的记录关键字不等于查找关键字。

【知识点】 散列中的冲突

7. 动态查找表和静态查找表的重要区别在于前者包含_____①____和____②____运算,而后者不包含这两种运算。

【答案】 ①插入;②删除

【解析】 因为这两种操作会改变查找表。

【知识点】 动态查找表、静态查找表

8. 假定有 k 个关键字互为同义词,若用线性探测再散列法把这 k 个关键字存入散列表中,至少要进行_____次探测。

【答案】 $k(k+1)/2$

【解析】 第 1 个出现时不冲突,探测 1 次;第 2 个出现时冲突,最少探测 2 次,第 3 个出现时冲突,最少探测 2 次,以此类推,第 k 个出现时冲突,最少探测 k 次,合起来,最少次数为 $1+2+3+\cdots+k=k(k+1)/2$。

【知识点】 散列查找

9. 已知模式匹配的 KMP 算法中模式串 $t=$ adabbadada,其 next 函数的值为_____。

【答案】 0112112343

【知识点】 KMP 算法

二、简答题

1. 如何衡量散列函数的优劣? 简要叙述散列表技术中的冲突概念并指出 3 种解决冲突的方法。

【答】 衡量散列函数优劣的因素:能否将关键字均匀映射到散列空间,有无好的解决冲突的方法,计算散列函数是否简单、高效。

"冲突"指不同的关键字通过散列函数的计算得到同一散列地址。由于散列函数是压缩映象,冲突难以避免。散列表存储中解决冲突的基本方法如下。

(1) 开放定址法。形成地址序列的公式为 $H_i=(H(\text{key})+d_i)\%m$,其中 m 是表长,d_i 是增量。根据 d_i 取法不同,又分为如下 3 种。

① $d_i=1,2,\cdots,m-1$ 称为线性探测再散列,其特点是逐个探测表空间,只要散列表中有空闲空间,就可以解决冲突,缺点是容易造成"聚集",即不是同义词的关键字争夺同一散列地址。

② $d_i=1^2,-1^2,2^2,-2^2,\cdots,\pm k^2(k\leqslant m/2)$ 称为二次探测再散列,它减少了聚集,但不容易探测到全部表空间。

③ $d_i=$ 伪随机数序列,称为随机探测再散列。

(2) 拉链法。将关键字为同义词的记录存储在同一链表中,散列表地址区间用 $H[0..m-1]$ 表示,分量初始值为空指针。凡散列地址为 $i(0\leqslant i\leqslant m-1)$ 的记录均插在以 $H[i]$ 为头指针的链表中。这种解决方法中数据元素个数不受表长限制,插入和删除操作方便,但增加了指针的空间开销。

（3）建立公共溢出区。设 $H[0..m-1]$ 为基本表，凡关键字为同义词的记录，都填入溢出区 $O[0..m-1]$。

【知识点】 散列函数、解决冲突的方法

2. 在采用线性探测法处理冲突的散列表中，所有同义词在表中是否一定相邻？为什么？

【答】 不一定相邻。若当发生散列冲突时的"下一个"位置是空闲的，则同义词在散列表中位置是相邻的；若发生散列冲突时的"下一个"位置此前已被分配（或者说被其他关键字占用），此时同义词在散列表中的位置会不相邻。

【知识点】 解决冲突的方法

3. 设二叉排序树中关键字由 $1\sim1000$ 的整数组成，现在要查找关键字为 363 的结点，下述关键字序列哪一个不可能是在二叉排序树中查到的序列？说明原因。① 51,250,501,390,320,340,382,363；② 24,877,125,342,501,623,421,363。

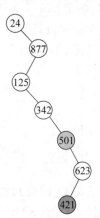

【答】 序列②不可能。查找序列②的部分路径如图 1-7-6 所示，由图可见，421 出现在二叉排序树上不可能出现的位置。按值它只能在 501 的右子树上。因此，序列②不可能是查找关键字为 363 结点的查找序列。

图 1-7-6　简答题 3 的题解图

【知识点】 二叉排序树

4. 用关键字为 1,2,3,4 的 4 个结点能构造出几种不同的二叉排序树？其中最优查找树有几种？AVL 树有几种？完全二叉树有几种？试画出这些二叉排序树。

【答】 二叉排序树有 14 种（见图 1-7-7），最优查找树有 4 种（见图 1-7-7 中 6～9），AVL 树有 4 种（见图 1-7-7 中 6～9），完全二叉树有 1 种（见图 1-7-7 中 9）。

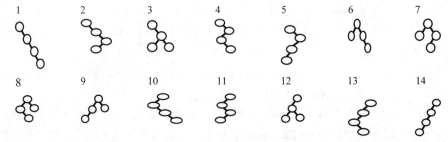

图 1-7-7　简答题 4 的题解图

【知识点】 二叉排序树

5. 一棵具有 m 层的 AVL 树至少有多少个结点，最多有多少个结点？

【答】 最少：$N_1=1$；$N_2=2$；$N_m=N_{m-1}+N_{m-2}+1(m\geqslant2)$；

　　　最多：2^m-1。

【分析】 设 N_m 表示深度为 m 的 AVL 树中含有的至少结点数。显然，$N_1=1$，$N_2=2$，且 $N_m=N_{m-1}+N_{m-2}+1(m\geqslant2)$。这个关系与斐波那契数列类似，用归纳法可以证明:当 $m \geqslant 0$ 时,$N(m) = F_{m+2} - 1$,而 F_m 约等于 $\phi^m / \sqrt{5}$,其中,$\phi = (1+\sqrt{5})/2$,则 N_m 约等于 $\phi^{m+2} / \sqrt{5} - 1$(即深度为 m 的 AVL 树具有的最小结点数)。

当 m 层的 AVL 树是满二叉树时,结点数最大值为 $2^m - 1$。

【知识点】 平衡二叉树

6. 试画出从空树开始由字符序列(t,d,e,s,u,g,b,j,a,k,r,i)构成的平衡二叉树,并为每一次的平衡处理指明旋转类型。

【答】 构造过程如图 1-7-8 所示。

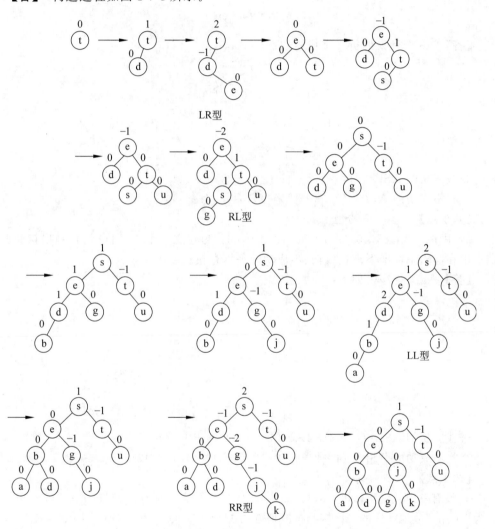

图 1-7-8 简答题 6 的题解图

【知识点】 平衡二叉树

三、应用题

1. 设有有序序列 A[1..13],画出折半查找树并分析查找成功和不成功的平均查找长度。

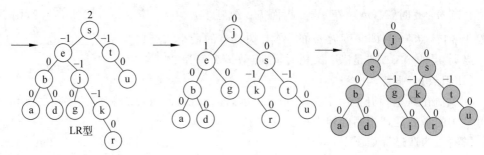

图 1-7-8 （续）

【答】 13 个元素的折半查找树如下：

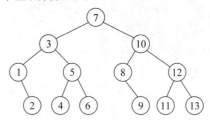

查找成功的 ASL＝(1＋2×2＋4×3＋6×4)/13＝41/13。

查找不成功的 ASL＝(2×3＋12×4)/14＝54/14。

【知识点】 折半/二分查找

2. 用序列(46,88,45,39,70,58,101,10,66,34)建立一个二叉排序树,画出该树并分别求出在等概率情况下查找成功、不成功的平均查找长度。

【答】 二叉排序树如下：

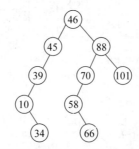

查找成功的 ASL＝(1×1＋2×2＋3×3＋2×4＋2×5)/10＝3.2。

查找不成功的 ASL＝(1×2＋4×3＋2×4＋4×5)/11＝42/11。

【知识点】 二叉排序树

3. 设有一组关键字{9,1,23,14,55,20,84,27},采用散列函数 $H(\text{key})=\text{key mod }7$,表长为 10,用开放地址法的二次探测再散列方法 $H_i=(H(\text{key})+d_i) \bmod 10(d_i=1^2,2^2,3^2,\cdots)$解决冲突。要求:对该关键字序列构造散列表并计算查找成功的平均查找长度。

【答】

散列地址	0	1	2	3	4	5	6	7	8	9
关键字	14	1	9	23	84	27	55	20		

散列地址	0	1	2	3	4	5	6	7	8	9
比较次数	1	1	1	2	3	4	1	2		

平均查找长度：$ASL_{succ} = (1+1+1+2+3+4+1+2)/8 = 15/8$。

以关键字 27 为例：$H(27) = 27\%7 = 6$（冲突）　$H_1 = (6+1)\%10 = 7$（冲突）

$\quad\quad\quad H_2 = (6+2^2)\%10 = 0$（冲突）　$H_3 = (6+3^2)\%10 = 5$

从上可知比较了 4 次。

【知识点】　散列查找

4. 采用散列函数 $H(k) = 3k \bmod 13$ 并用线性探测开放地址法处理冲突，在地址空间$[0..12]$中对关键字序列$\{22, 41, 53, 46, 30, 13, 1, 67, 51\}$构造散列表（画示意图）；计算装填因子；给出等概率下成功的和不成功的平均查找长度。

【答】

散列地址	0	1	2	3	4	5	6	7	8	9	10	11	12
关键字	13	22		53	1		41	67	46		51		30
比较次数	1	1		1	2		1	2	1		1		1

$$装填因子 = 9/13 = 0.7$$
$$ASL_{succ} = 11/9$$
$$ASL_{unsucc} = 29/13$$

【知识点】　散列表的构造、散列查找 ASL

5. 设有一组关键字$\{1, 77, 78, 5, 57, 13, 12, 17\}$，需插入表长为 10 的散列表中，散列函数为 $H(K) = K \bmod 11$。（1）用 $H(K)$ 将上述关键字插入散列表，画出建好的散列表结构（假定用链表法解决冲突）；（2）求该散列表的装填因子；（3）等概率下，查找成功的平均查找长度为多少？

【答】（1）将关键字依次按 $H(K) = K \bmod 11$ 计算其散列地址，并插入散列表，得到的散列表如下。

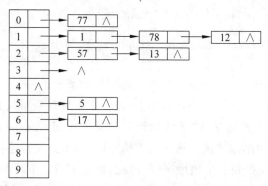

（2）装填因子$= 8/10 = 0.8$。

（3）等概率下，查找成功的 $ASL = (1 \times 5 + 2 \times 2 + 3 \times 1)/8 = 12/8 = 1.5$。

【知识点】　散列查找

四、算法设计题

1. 从键盘上输入一串正整数,以−1 为输入结束的标志。试设计一种算法,生成一棵二叉排序树(即依次把该序列中的结点插入二叉排序树)。

【解】 算法思想:采用二叉链表存储二叉排序树,只要输入的数不为−1,则生成一个结点,并把该结点插入已有的二叉排序树上,在插入过程中若待插入值与二叉排序树的根结点值相等则不插入,若小于根结点值则插在左子树上,若大于根结点值则插在右子树上。

算法描述如下。

```
// 插入结点
void insert(BTNode * &bst, BTNode * s)
{
    if (bst==NULL)                    //插入结点为二叉排序树的第一个结点
        bst=s;
    else if (s->data==bst->data)      //插入的数已经存在
        return ;                      //不能插入
    else if(s->data<bst->data)        //插入关键小于根记录关键字
        insert(bst->lchild,s);        //插在左子树上
    else                              //插入关键大于根记录关键字
        insert(bst->rchild,s);        //插在右子树上
}
// 调用插入结点函数创建二叉排序树
void creat((BTNode * &bst)
{ bst=NULL;                           //建立一棵空二叉排序树
  do                                  //若输入值不为-1,则循环
  { cin>>x;                           //读入数值
    s=new BiTNode;                    //新建一个结点
    s->data=x;                        //结点值为 x
    s->lchild=NULL;                   //结点左孩子域为空
    s->rchild=NULL;                   //结点右孩子域为空
    insert(bst,s);                    //将该结点插入二叉排序树上
  } while(x!=-1);
}
```

2. 试写一个判别给定二叉树是否为二叉排序树的算法。

【解】 本题要特别注意二叉排序树的定义。易犯的典型错误是按下述思路进行判别:"若一棵非空的二叉树其左、右子树均为二叉排序树,且左子树根的值小于根结点的值、右子树根的值大于根结点的值,则是二叉排序树"。由二叉排序树的定义可知,对二叉排序树进行中序遍历应得到一个递增序列,因此,可以采用以下两种方法解决。

方法一:根据二叉排序树的定义,对二叉树进行递归遍历,左子树关键字比根结点关键字小,右子树的关键字比根结点的关键字大,一旦不满足条件则可判断不是二叉排序树。通过参数 flag 的值来判断,flag 为 1 表示是二叉排序树,为 0 则表示不是二叉排序

树,flag 初值为 1。设定全局变量 pre(初始值为 NULL)来指向遍历过程结点的前驱。

算法描述如下。

```
void JudgeBST((BTNode * bst, int &flag)
{
    if(bst !=NULL && flag)
    {
        JudgeBST(bst->lchild, flag);        //中序遍历左子树
        if(pre==NULL)                        //中序遍历的第一个结点不必判断
            pre=bst;
        else if(pre->data <bst->data)
            pre=bst;                         //前驱指针指向当前结点
        else flag =0;                        //不是二叉排序树
        JudgeBST(bst->rchild, flag);         //中序遍历右子树
    }
}
```

方法二:对二叉排序树来说,其中序遍历序列为一个递增有序序列,因此,对给定的二叉树进行中序遍历,如果始终能保持前一个值比后一个值小,则说明该二叉树是一棵二叉排序树。

算法描述如下。

```
predt=-32767;                              //全局变量,保存结点中序遍历前驱的值,初值为-∞
int judgeBST(BSTNode * bst)
{   if (bst==NULL)                          //空树是一棵二叉排序树
        return 1;
    else
    {   flagL=judgeBST(bst->lchild);        //判断左子树
        if (flagL==0 || predt>=bst->key)
            return 0;
        predt=bt->key;                      //保存当前结点的关键字
        flagR=judgeBST(bst->rchild);        //判断右子树
        return flagR;
    }
}
```

3. 给出折半查找的递归算法并给出算法的时间复杂度分析。

【解】 设查找表为 int R[n],折半查找的递归算法的算法描述如下。

```
int BinSearch(int R[],int n,int low, int high, int k)
{   int mid;                               //mid 为查找区间的中间位置
    if(low<=high)                          //查找区间存在
    {   mid=(low+high)/2;
```

```
    if (R[mid]==k)                              //中位值与待查找值相等
        return mid;                             //查找成功,返回 mid
    if (R[mid]>k)                               //中位值大于待查找值
        return BinSearch(R,n,low,mid-1,k);      //在左半区间继续找
    if (R[mid]<k)                               //中位值小于待查找值
        return BinSearch(R,n,mid+1,high,k);     //在右半区间继续找
    }
  else
      return 0;                                 //查找失败
}
```

算法分析:将查找值与查找区间中间位置的元素作比较,相等则找到;小于中间值则继续在左区间查找;大于则在右区间查找。时间复杂度为 $O(\log_2 n)$。

4. 写出从散列表中删除关键字为 K 的一个记录的算法,设散列函数为 H,解决冲突的方法为链地址法。

【解】 用链地址法解决冲突的散列表是一个指针数组,数组元素均是指向单链表的指针,(第 i 个)单链表结点有两个域,一个是散列地址为 i 的记录,另一个是指向同义词结点的指针。删除算法与单链表的删除算法类似。算法描述如下。

```
bool Delete(HLK HT[], DT k)
{  i=H(k);                      //用散列函数 H 确定关键字 K 的散列地址
   if(HT[i]==NULL)              //若该地址为空,查找失败
       return false;
   p=H[i];q=p;                  //p 指向当前记录(关键字),q 是 p 的前驱
   while(p && p->key!=k)        //在散列表中顺序查找待删除的元素
   {  q=p;
      p=p->next;
   }
   if(p==NULL)                  //未找到待删除的元素,查找失败
       return false;
   if(q==H[i])                  //找到,且被删除元素是链表中第一个结点
   {  HT[i]=HT[i].next;         //从链表中删除该结点
      delete p;                 //释放该结点
   }
   else                         //被删除关键字不是链表中第一个结点
   {  q->next=p->next;          //从链表中删除该结点
      delete p;                 //释放该结点
   }
   return true;                 //删除成功
}
```

7.4.2　自测题及解答

一、判断题

1. 顺序查找法适用于存储结构为顺序或链式存储的线性表。

【答案】　正确

【解析】　顺序查找算法对顺序存储及链式存储均适用。

【知识点】　顺序查找

2. 对长度均为 n 的有序表和无序表分别进行顺序查找,等概率条件下,对于查找成功,它们的平均查找长度是相同的,而对于查找失败,它们的平均查找长度是不同的。

【答案】　正确

【解析】　顺序查找在等概率条件下,对于有序表和无序表的查找成功的平均查找长度均为 $(n+1)/2$;而查找失败时,无序表的平均查找长度为 n(未设哨兵)或 $n+1$(设有哨兵),有序表的平均查找长度为 $n/2+1$。

【知识点】　顺序查找

3. 折半查找效率总比顺序查找高。

【答案】　错误

【解析】　这种说法是不准确的。例如,对同一个有序表,查找其中的最大值,采用顺序查找的比较次数为 1,而采用折半查找的比较次数为其折半查找判定树的树高。因此,一般来说,在等概率条件下,折半查找的平均查找长度要优于顺序查找,但具体到某一序列的某次查找,折半查找次数不一定优于顺序查找。

【知识点】　折半查找

4. 对无序表用折半查找比顺序查找快。

【答案】　错误

【解析】　折半查找的适用条件必须是有序表。

【知识点】　折半查找

5. KMP 算法的特点是在模式匹配时指示主串的指针不会变小。

【答案】　正确

【解析】　KMP 算法的特点。

【知识点】　模式匹配

6. 模式匹配是串的一种重要运算。

【答案】　正确

【解析】　模式匹配定义。

【知识点】　模式匹配

7. 在二叉排序树的任何一棵子树中,关键字最小的结点必无左孩子,关键字最大的结点必无右孩子。

【答案】　正确

【解析】　二叉排序树中,如果关键字最小的结点有左孩子,该关键字就不是最小;如果关键字最大的结点有右孩子,该关键字就不是最大。

【知识点】 二叉排序树

8. 二叉排序树中,每个结点的关键字都比其左孩子关键字大,比其右孩子关键字小。

【答案】 正确

【解析】 二叉排序树的定义。

【知识点】 二叉排序树

9. 每个结点的关键字都比左孩子的关键字大,比右孩子的关键字小,这样的二叉树一定是二叉排序树。

【答案】 正确

【解析】 根据二叉排序树的定义,每个结点的关键字要比其左子树上所有结点的关键字都大,比其右子树上所有结点的关键字都小,而不仅是左孩子或右孩子单个结点。

【知识点】 二叉排序树

10. 二叉排序树的任意一棵子树也是二叉排序树。

【答案】 正确

【解析】 二叉排序树的定义。

【知识点】 二叉排序树

11. n 个结点的二叉排序树有多种,其中树高最小的二叉排序树是最佳的。

【答案】 正确

【解析】 二叉排序树的查找性能与树高相关,相同结点总数的二叉排序树,树高最小的查找性能最佳。

【知识点】 二叉排序树的查找

12. 二叉排序树的平均查找时间都小于用顺序查找法查找同样结点的线性表的平均查找时间。

【答案】 错误

【解析】 二叉排序树的查找时间与其形态有关。若 n 个结点的二叉排序树其树高为 n,则其平均查找时间与用顺序查找法查找同样结点的线性表的平均查找时间相当。

【知识点】 二叉排序树的查找

13. 在二叉排序树中,新插入的关键字总是处于最底层。

【答案】 错误

【解析】 根据二叉排序树的插入方法,若新插入的关键字比根结点值小则插在左子树,若根结点值大则插在右子树,因此,插入位置不一定为最底层。

【知识点】 二叉排序树的插入

14. 对二叉排序树的查找都是从根结点开始,则查找失败一定落在叶子上。

【答案】 错误

【解析】 不一定,也有可能该结点有左子树或右子树。

【知识点】 二叉排序树

15. 在任意一棵非空二叉排序树中,删除某结点后又将其插入,则所得二排序叉树与原二排序叉树相同。

【答案】　错误

【解析】　不一定相同,设被删结点 p 同时具有左右子树,删除结点 p 后,将 p 的左子树的中序遍历的最后一个结点设为 q,并取代 p;而再将 p 插入时,将会插在 q 的右子树上,因此,形态将与原二叉树不同。

【知识点】　二叉排序树

16. 若给定一棵非空二叉排序树的先序序列,则一定可以唯一确定该二叉树。

【答案】　正确

【解析】　由二叉排序树的先序序列可以确定其所有结点,将所有结点值按递增排序构成其中序序列,由先序序列和中序序列就可以唯一构造一棵二叉排序树。

【知识点】　二叉排序树

17. 完全二叉树肯定是平衡二叉树。

【答案】　错误

【解析】　平衡二叉树一定是二叉排序树,而完全二叉树只对形态有要求,对结点的值不作要求,因此,不一定是二叉排序树。

【知识点】　平衡二叉树、完全二叉树

18. 在平衡二叉排序树中,每个结点的平衡因子值都是相等的。

【答案】　错误

【解析】　根据平衡二叉树的定义,只要结点的平衡因子取值为 −1、0、1 均可。

【知识点】　平衡二叉树

19. 对于不同关键字可能得到同一散列地址,即 key1 ≠ key2,而 $H(key1)=H(key2)$,这种现象称为冲突。

【答案】　正确

【解析】　冲突的定义。

【知识点】　散列查找的冲突

20. 散列函数越复杂越好,因为这样随机性好,冲突概率小。

【答案】　错误

【解析】　散列函数要简单,这样才能在较短的时间内计算出结果;反之,复杂的散列函数计算时间长,对查找时间是不利的。

【知识点】　散列查找

21. 散列表的平均查找长度与处理冲突的方法无关。

【答案】　错误

【解析】　散列表的比较次数与冲突次数有关,不同的处理冲突方法其冲突次数有可能不同,因此,散列表的平均查找长度与处理冲突的方法是有关的。

【知识点】　散列查找

22. 装填因子是散列法的一个重要参数,它反映散列表的装满程度。

【答案】　正确

【解析】　装填因子反映散列表的装满程度,其值越大,存储密度越高,冲突越容易发生。

【知识点】 散列查找

23. 装填因子 α 小于 1 时,向散列表中存储元素时不会引起冲突。

【答案】 错误

【解析】 装填因子小于 1 是不产生冲突的必要条件,但非充分条件。根据冲突的定义,若 key1≠key2,而 $H(key1)=H(key2)$,则产生冲突,因此,是否产生冲突与散列函数有关。

【知识点】 散列查找

24. 散列存储方法只能存储数据元素的值,不能存储数据元素之间的关系。

【答案】 正确

【解析】 散列存储的定义。

【知识点】 散列存储

25. 在用线性探测法处理冲突的散列表中,散列函数值相同的关键字总是存放在一片连续单元中。

【答案】 错误

【解析】 不一定的,在处理冲突时,后续存储空间有可能已存有其他数据元素。

【知识点】 散列存储

26. 散列表的查找效率主要取决于构造散列表选取的散列函数和处理冲突的方法。

【答案】 错误

【解析】 在散列存储均匀的前提下,散列表的查找性能取决于装填因子与处理冲突的方法。

【知识点】 散列查找的性能

二、单项选择题

1. 采用顺序查找的方法查找长度为 n 的线性表时,查找每个元素的平均比较次数(即平均查找长度)为(   )。

    A. n B. $n/2$ C. $(n+1)/2$ D. $(n-1)/2$

【答案】 C

【解析】 在等概率的情况下,顺序查找的查找成功的 $\mathrm{ASL} = \dfrac{1}{n}\sum\limits_{i=1}^{n} i = (n+1)/2$。

【知识点】 顺序查找

2. 顺序查找法适用于存储结构为(   )的线性表。

    A. 散列存储   B. 压缩存储

    C. 链式存储和顺序存储   D. 索引存储

【答案】 C

【解析】 顺序存储和链式存储的线性表均可以使用顺序查找。

【知识点】 顺序查找

3. 请指出在顺序表{2,5,7,10,14,15,18,23,35,41,52}中,用折半查找法查找关键字 12 需做(   )次关键字比较。

　　A. 2　　　　　　　B. 3　　　　　　　C. 4　　　　　　　D. 5

【答案】　C

【解析】　可以构造顺序表的折半查找判定树可知,将关键字 12 分别与 15、7、10、14 作比较,查找会失败。

【知识点】　折半查找

　　4. 用折半查找法在有序表{A[1],A[2],A[3],A[4],A[5],A[6],A[7],A[8]}中查找 A[5],需进行的关键字比较次数是(　　)。

　　A. 3　　　　　　　B. 4　　　　　　　C. 5　　　　　　　D. 9

【答案】　A

【解析】　从可以构造顺序表的折半查找判定树可知,将 A[5]分别与 A[4]、A[6]、A[5]比较,查找会成功。

【知识点】　折半查找

　　5. 一个长度为 32 的有序表,若采用折半查找算法查找一个不存在的元素,则比较次数最多是(　　)。

　　A. 4　　　　　　　B. 5　　　　　　　C. 6　　　　　　　D. 7

【答案】　C

【解析】　由 n 个元素的有序表构造的折半查找判定树的深度为 $\lceil \log_2(n+1) \rceil$,本题 $n=32$,则判定树的深度为 6,因此,比较的次数最多为 6。

【知识点】　折半查找

　　6. 具有 12 个关键字的有序表,查找成功的折半查找的平均查找长度为(　　)。

　　A. 3.1　　　　　　B. 4　　　　　　　C. 2.5　　　　　　D. 5

【答案】　A

【解析】　12 个元素的折半查找树如图 1-7-9 所示。

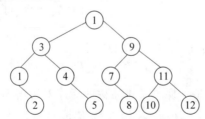

图 1-7-9　12 个元素的折半查找树

　　由图可得:$\mathrm{ASL_{succ}}=(1\times1+2\times2+4\times3+5\times4)/12=3.08$。因此,正确答案是 A。

【知识点】　折半查找

　　7. 适用于折半查找的表的存储方式及元素排列要求为(　　)。

　　A. 链式方式存储,元素无序　　　　　B. 链式方式存储,元素有序

　　C. 顺序方式存储,元素无序　　　　　D. 顺序方式存储,元素有序

【答案】　D

【解析】　折半查找的适用条件为顺序存储的有序表。

【知识点】　折半查找

8. 设有两个串 p 和 q,求 q 在 p 中首次出现的位置的运算称作(   )。

A. 连接　　　　　B. 模式匹配　　　　C. 求子串　　　　D. 求串长

【答案】 B

【解析】 模式匹配的定义。

【知识点】 模式匹配

9. 串是一种特殊的线性表,其特殊性体现在(   )。

A. 只能顺序存储　　　　　　　　B. 数据元素类型为字符型

C. 数据元素可以是多个字符　　　D. 只包含 a~z、A~Z、0~9 等字符

【答案】 B

【解析】 串是数据元素类型为字符型的线性表。

【知识点】 模式匹配

10. 串的长度指(   )。

A. 串中所含不同字母的个数　　　B. 串中所含的字符个数

C. 串中所含字符的个数 +1　　　 D. 串中所含非空格字符的个数

【答案】 B

【知识点】 串长的定义

11. 已知串 S="aaab",其 next[] 值为(   )。

A. 0123　　　　　B. 1123　　　　　C. 1231　　　　　D. 1211

【答案】 A

【解析】 next 函数的计算。

【知识点】 模式匹配

12. 串 ababaaababaa 的 next 数组值为(   )。

A. 012345678999　　　　　　　B. 012121111212

C. 011234223456　　　　　　　D. 012301232234

【答案】 C

【解析】 next 函数的计算。

【知识点】 模式匹配

13. 以下序列中不可能是一棵二叉排序树的后序遍历序列的是(   )。

A. 1,2,3,4,5　　　　　　　　　B. 3,5,1,4,2

C. 1,2,5,4,3　　　　　　　　　D. 5,4,3,2,1

【答案】 B

【解析】 根据二叉排序树的定义可知,左子树的所有结点(若存在)的值均比根结点的值小,右子树所有结点(若存在)的值均比根结点的值大,因此,对二叉树进行后序遍历序列 LRD 的特点为 L 要么空,要么 L<D;R 要么空,要么 R>D。选项 A 可划分成【1,2,3,4】5,即 LD,R 为空,同时 L 亦满足;选项 C 可划分成【1,2】【5,4】,3,即 LRD,满足且 L、R 均满足;选项 D 可划分成【5,4,3,2】1,即 RD,L 为空,同时 R 亦满足;而选项 B 根为 2,前面的序列无法划分成符合条件的 L、R。本题亦可采用已知中序遍历序列(1、2、3、4、5)和后序遍历序列构造二叉树进行判断。选项 B 无法完成构造。

【知识点】　二叉排序树

14. 将整数序列 7-2-4-6-3-1-5 按该顺序构建一棵二叉排序树 A,之后将整数 8 按照二叉排序树规则插入树 A 中,插入之后二叉排序树 A 的中序遍历结果是(　　)。

　　A. 1-2-3-4-5-6-7-8　　　　　　　B. 7-2-1-4-3-6-5-8

　　C. 1-3-5-2-4-6-7-8　　　　　　　D. 1-3-5-6-4-2-8-7

【答案】　A

【解析】　对二叉排序树进行中序遍历一定得到一个由小到大的序列。

【知识点】　二叉排序树

15. 假设某棵二叉排序树的所有关键字均为 1 到 10 的整数,现在要查找 5,下面不可能是关键字的查找序列是(　　)。

　　A. 10,9,8,7,6,5　　　　　　　　B. 2,8,6,3,7,4,5

　　C. 1,2,9,3,8,7,4,6,5　　　　　　D. 2,3,10,4,8,5

【答案】　B

【解析】　根据二叉排序树的特点可知,每次查找不成功后续的查找位置的值要么均比其小,要么均比其大。选项 B 中比较完 6 后又比较了 3,说明在与 6 比较不成功后在其左子树上查找,那后续比较的关键值均不可能大于 6。

【知识点】　二叉排序树

16. 已知数据元素为 34,76,45,18,26,54,92,65,按照依次插入结点方法生成一棵二叉排序树,则该树的深度为(　　)。

　　A. 7　　　　　　B. 6　　　　　　C. 5　　　　　　D. 4

【答案】　C

【解析】　按序列次序构造二叉排序树。

【知识点】　二叉排序树

17. 分别以下列序列构造二叉排序树,与用其他 3 个序列所构造的结果不同的是(　　)。

　　A. (100,80,90,60,120,110,130)　　B. (100,120,110,130,80,60,90)

　　C. (100,60,80,90,120,110,130)　　D. (100,80,60,90,120,130,110)

【答案】　C

【解析】　A、B、C、D 对应的二叉排序树如下,其中 C 序列构造的与 A、B、D 序列的不同。正确答案是 C。

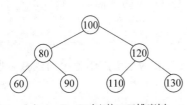
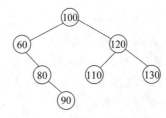

（a）A、B、D 对应的二叉排序树　　　　　（b）C 对应的二叉排序树

【知识点】　二叉排序树的构建

18. 二叉排序树中最小值结点在二叉排序树中(　　)。

A. 只能是根结点

B. 只能是叶结点

C. 可能是叶结点,也可能是根结点,还可能是只有右孩子的父结点

D. 可以是任何结点

【答案】 C

【解析】 二叉排序树中最小值结点一定是二叉排序树中序遍历的第一个结点,因此,它可能是叶结点,也可能是根结点,还可能是只有右孩子的父结点。

【知识点】 二叉排序树

19. 当一棵二叉排序树的左、右子树都不空时,其最大值在二叉排序树的(   )。

A. 根结点   B. 叶结点   C. 父结点   D. 没有右孩子的结点

【答案】 D

【解析】 二叉排序树中最大值结点一定是二叉排序树中序遍历的最后一个结点,因此,它一定是没有右孩子的结点。

【知识点】 二叉排序树

20. 下列二叉排序树中查找效率最高的是(   )。

A. 平衡二叉树   B. 二叉排序树

C. 没有左子树的二叉排序树   D. 没有右子树的二叉排序树

【答案】 A

【解析】 二叉排序树的查找效率与其形态有关,相同结点数,树高越小平均查找长度越小。

【知识点】 平衡二叉树

21. 在平衡二叉树中插入一个结点后造成了不平衡,设最低的不平衡结点为 A,并已知 A 的左孩子的平衡因子为 0,右孩子的平衡因子为 1,则应作(   )型调整以使其平衡。

A. LL   B. LR   C. RL   D. RR

【答案】 C

【解析】 根据题设的二叉树,A 的平衡因子为 -1,右边高。(1)如果是 LL 型或 LR 型,即插在 A 的左子树上或 A 的左孩子的右子树上,插入后,A 的平衡因子将为 0,不会造成了不平衡,选项 A、B 错误;(2)如果是 RR 型,即插在 A 右孩子的右子树上,插入后,A 的右孩子的平衡因子变为 0,A 的平衡因子还是 -1,也不会造成不平衡,选项 D 错误;(3)如果是 RL 型,即插在 A 的右孩子的左子树上,则 A 的平衡因子将变成 -2,二叉排序树不平衡。因此,正确答案是 C。

【知识点】 平衡二叉树的构造

22. 设散列地址空间为 $0 \sim m-1$,用函数 $H(k) = k \% p$ 作为散列函数,则为了减少发生冲突的概率,一般取 p 为(   )。

A. 小于 m 的最大奇数   B. m

C. 小于 m 的最大素数   D. 大于 m 的最大素数

【答案】 C

【解析】　设散列表表长为 m,一般情况下,选 p 为小于或等于 m(最好接近 m)的最小素数或不包含小于 20 质因子的合数。

【知识点】　散列查找

23. 散列表的地址区间为 0~17,散列函数为 $H(K)=K\%17$ 采用线性探测法处理冲突,并将关键字序列 26,25,72,38,8,18 依次存储到散列表中。元素 8 存放在散列表中的地址是(　　)。

　　A. 8　　　　　　B. 9　　　　　　C. 10　　　　　　D. 11

【答案】　C

【解析】　计算 $H(8)=8\%17=8$,但由于前面的 $H(26)=26\%17=9$,$H(25)=25\%17=8$ 可知,关键字 26、25 分别存储到散列表的位置 9、8,因此,元素 8 计算得到散列地址为 8 时产生冲突,采用线性探测法解决冲突时探测位置 9 又冲突,因此存放到位置 10。

【知识点】　散列查找

24. 散列法存储的基本思想是根据关键字值来决定(　　)。

　　A. 存储地址　　B. 元素的序号　　C. 平均检索长度　　D. 散列表空间

【答案】　A

【解析】　散列存储的定义。

【知识点】　散列查找

25. 对包含 n 个元素的散列表进行检索,平均查找长度为(　　)。

　　A. $O(\log_2 n)$　　B. $O(n)$　　　　C. $O(n\log_2 n)$　　D. 不直接依赖于 n

【答案】　D

【解析】　对于散列查找,关键字的比较次数取决于产生冲突的概率。而影响冲突产生的因素有以下 3 个方面:(1)散列函数是否均匀;(2)处理冲突的方法;(3)散列表的装填因子。因此,平均查找长度与表长无直接关系。

【知识点】　散列查找

26. 设有 n 个关键字具有相同的散列函数值,则用线性探测法把这 n 个关键字映射到散列表中需要做(　　)次线性探测。

　　A. n^2　　　　　B. $n\times(n+1)$　　C. $n\times(n+1)/2$　　D. $n\times(n-1)/2$

【答案】　C

【解析】　查找这 n 个数所需的比较次数为 $\sum_{i=1}^{n}i=n\times(n+1)/2$。

【知识点】　散列查找

27. 冲突指的是(　　)。

　　A. 不同的关键字值对应相同的存储地址

　　B. 两个元素具有相同序号

　　C. 两个元素的关键字值不同,而属性相同

　　D. 装填因子过大

【答案】　A

【解析】　冲突的定义。

【知识点】 散列查找

28.设有一组记录的关键字为{19,14,23,1,68,20,84,27,55,11,10,79},用链地址法构造散列表,散列函数为 $H(key) = key \bmod 13$,散列地址为1的链中有( )个记录。

A. 1   B. 2   C. 3   D. 4

E. 5   F. 6

【答案】 D

【解析】 散列地址为1的关键字有4个,分别是14,1,27,79。正确答案是D。

【知识点】 链地址冲突解决法的散列表构造

29.采用开放定址法解决冲突的散列查找中,发生集聚的原因主要是( )。

A. 数据元素过多   B. 负载因子过大

C. 散列函数选择不当   D. 解决冲突的算法选择不当

【答案】 D

【解析】 冲突由同义词引起,因此,聚集主要与冲突解决方法有关。正确答案是D。

【知识点】 散列表的构建

30.关于散列查找说法不正确的有( )个。

(1)采用链地址法解决冲突时,查找一个元素的时间是相同的。

(2)采用链地址法解决冲突时,若采用头插法插入记录,则插入任一个元素的时间相同。

(3)采用链地址法解决冲突易引起聚集现象。

(4)再散列不易产生聚集。

A. 1   B. 2   C. 3   D. 4

【答案】 B

【解析】 (2)、(4)正确。因此,正确答案是B。

【知识点】 链地址冲突解决法的散列表构造

第 **8** 章 排 序

8.1 由根及脉，本章导学

本章知识结构图如图 1-8-1 所示。

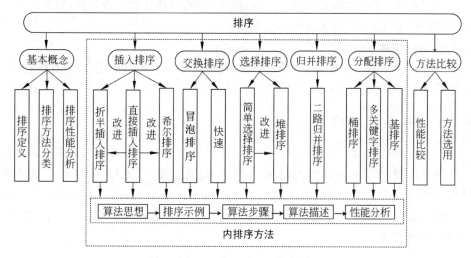

图 1-8-1 第 8 章知识结构图

本章主要讲解了排序的基本概念、内排序技术及排序方法的对比和选用。

8.1.1 排序的基本概念

排序的基本概念中包括排序相关定义、排序分类、排序性能参数等。

排序是按关键字的非递减或非递增顺序对一组记录重新进行排列的过程。根据参加排序的关键字个数，排序分为单键排序和多键排序。

把待排序所有记录全部放置在内存中进行的排序，称为内排序，否则，称为外排序。待排序序列分为无序、正序、逆序。

排序性能分析包括时间复杂度、空间复杂度、稳定性等。

根据排序原理，内排序分为插入排序、交换排序、选择排序、归并排序和分配排序等。

8.1.2 内排序技术

1. 插入排序

插入排序是通过"插入"操作将无序序列中的记录逐个插入有序序列中,最终实现排序。插入排序的方法有直接插入排序(算法8.1)、折半插入排序(算法8.2)和希尔排序(算法8.3)。

2. 交换排序

交换排序是基于"交换"操作进行的排序。交换排序的方法有冒泡排序(算法8.4)和快速排序(算法8.5、算法8.6)。

3. 选择排序

选择排序的基本思想是每趟从无序序列中选出关键字最小的记录,添加到有序序列中,从而不断减少无序记录,增加有序记录。选择排序的方法有简单选择排序(算法8.7)和堆排序(算法8.8~算法8.10)。

4. 归并排序

归并排序是借助"归并"操作进行的排序,即将有序序列两两归并,直至所有记录在一个有序序列中为止(算法8.11~算法8.14)。

5. 分配排序

分配排序是基于分配操作和收集操作的排序方法。相关排序方法有桶排序、多关键字排序和基排序(算法8.15)。

8.1.3 排序方法比较

排序方法比较给出了内排序5个方面的性能比较和方法选用时需考虑的因素。

性能比较的5个方面为时间复杂度、空间复杂度、稳定性、简单性与可适用的存储结构。

方法选用除需考虑算法本身的性能外,还需考虑记录本身信息量大小、数据规模、关键字分布情况等。

8.2 拨云见日,谜点解析

8.2.1 关于0号单元

采用顺序存储的排序表中,0号单元一般不用于存储记录,元素位序从1开始。除分配排序外的其他排序方法,排序的基本操作是比较和移动。为了改善算法的空间性能,0号单元被用于移动操作的辅助单元。

1. 直接插入排序

在直接插入排序的第 i 趟($i=2\sim n$)排序中,有序序列中记录关键字大于第 i 个记录 R[i]关键字 key 的记录需后移,为了减少记录的移动,做了如下处理。

(1) 当 R[$i-1$]的关键字大于 key 时,将第 i 个记录 R[i]复制到0号单元,第 $i-1$ 个记录 R[$i-1$]后移一个位序到 R[i]位置,这使得第 $i-1$ 个存储单元成为可用单元。

（2）从 $j=i-2$ 开始往前，依次把记录的关键字与 key 比较，只要大于就后移一个位序。

（3）把 R[0] 复制到 R[j+1] 中。

这样处理后，每个记录的后移不会引起其他记录的移动。整个算法的空间复杂度为 $O(1)$。

2. 折半插入排序

折半插入排序的第 i 趟中，需将大于插入位置 k 的记录后移一个位序，腾出插入位置。处理的方法也是先把待插入记录 R[i] 复制到 0 号单元；然后将 R[i-1] 至 R[k+1] 依次后移一个位序；最后将 R[0] 复制到 R[k+1] 中。

3. 冒泡排序

冒泡排序相邻元素两两比较，如果逆序需进行位序互换。记录互换需一个辅助空间，用的是 0 号单元。

4. 快速排序

快速排序中，将数据互换改进为数据移动后，存在大量数据移动。为提高算法的空间复杂度，作了以下处理。

（1）首先把枢轴记录复制到 0 号单元，这样 0 号单元成为可用单元。

（2）在高端扫描中，如果记录 R[j] 关键字小于枢轴记录关键字，将它复制到 R[i] 单元，使第 j 个存储单元成为可用存储空间。

（3）转至低端扫描时，如果记录 R[i] 关键字大于枢轴记录关键字，将它复制到 R[j] 中，使第 i 存储单元成为可用存储空间。

（4）之后，高低端轮流扫描，需进行记录移动时，高端的复制到 R[i] 中，低端的复制到 R[j]。

（5）扫描完序列后，将 0 号单元复制到 R[i] 或 R[j]（此时 $i=j$），完成一趟排序。

这样处理后，每个记录的移动不会引起其他记录的移动。整个算法的空间复杂度为 $O(1)$。

5. 简单选择排序

简单选择排序中，第 i 趟排序是从 $n-i+1$ 个待排序记录中选择关键字最小的记录，将其与第 i 个记录互换位置。记录互换需一个辅助空间，用的也是 0 号单元。

6. 堆排序

堆排序的建堆与排序中的"筛选"操作中，记录互换用了 0 号单元作为辅助单元。

值得注意的是，一般高级语言中数组下标是从 0 开始的，因此，当记录下标从 1 开始时，申请存储空间需多申请一个，且将记录从 1 号单元开始存储。

8.2.2 排序算法的进阶

排序算法有一个特点，一个基本原理之下会有多个方法，如插入排序方法有直接插入、折半插入等，交换排序方法有冒泡排序和快速排序等。同类方法中算法由简单到复杂。以简单算法的性能缺陷为改进的突破点形成新算法。

1. 直接插入排序、折半插入排序和希尔排序

直接插入排序、折半插入排序和希尔排序均属插入排序方法。折半插入与希尔排序是从两个不同方面对直接插入排序的改进。

直接插入排序是依次将记录插入其前面的有序序列。整个插入工作分为两个方面：(1)查找插入位置；(2)通过移动元素完成插入。查找插入位置是在有序序列中查找，将顺序查找改为折半查找，形成折半插入排序方法。这样将查找性能由 $O(n)$ 提升到 $O(\log_2 n)$。

直接插入排序中元素移动较多，算法的时间复杂度为 $O(n^2)$，性能较差。但在 n 值很大时，若序列按关键字基本有序，效率可以较高。由此产生了希尔排序。开始时将排序序列分为若干组，减少排序的数据规模，各组分别进行直接插入排序；随着数据有序性的增加减少组数，即增加排序规模；最后一趟所有记录一起参排，此时记录基本有序性最好，由此提高了直接插入排序的性能。

2. 简单选择排序、树形排序与堆排序

简单选择排序的空间复杂度为 $O(1)$，性能好，但时间性能差，排序中花 $O(n^2)$ 的时间在最小关键字的记录选择上。树形排序和堆排序是简单选择排序的改进。

树形排序将选择时间降为 $O(n\log_2 n)$，但空间复杂度提高为 $O(n)$。堆排序将记录选择时间降为 $O(n\log_2 n)$，同时又不提高空间复杂度，是一种性能好的选择排序。

一般而言，改进前算法比较简单，但性能差，改进后算法变复杂，性能得到提高。在数据量少时可以采用简单算法，大数据量时采用改进后的算法。

8.2.3 排序算法稳定性的可变性

假定在待排序的记录序列中存在多个关键字相同的记录，排序后不改变这些记录原来顺序的排序方法称为**稳定的排序方法**。在排序方法中，只要能举证一个不稳定示例，则该方法即为不稳定的排序。主教材中对每一种排序方法都给出了其稳定性，但结论仅在讨论的上下文中成立，不能随意扩大结论适用范围。不同的存储结构上实施的同一种排序方法，稳定性可能不一样。

1. 冒泡排序

非降序冒泡排序算法(算法 8.4)的算法描述如下。

```
1   void Bubble_Sort(int R[],int n)           //非降序排列
2   {  exchange=true;                          //初始化交换标志
3      for(i=1; i<n && exchange; i++)          //无序或未完成 n-1 趟排序
4      {   exchange=false;                     //无交换标志
5          for(j=1;j<=n-i;j++)                 //无序序列中相邻元素两两比较
6      if(R[j]>R[j+1])                         //逆序,互换位置
7      {   R[j]←→R[j+1];
8          exchange=true                       //有交换标志
9      }
10     }
11  }
```

上述冒泡排序算法为稳定的排序方法。如果将语句 6 "if(R[j]＞R[j＋1])"中的"＞"改为"＞＝",依然可以得到有序序列,但排序方法将变为不稳定的排序方法。

2. 快速排序

快速排序算法(算法 8.5)是不稳定的排序。如果枢轴的轴值正好是相同关键字中的一个,此时快速排序将是稳定的排序。

3. 简单选择排序

顺序表上的简单选择排序(算法 8.7)是不稳定的排序方法。如果在链表上实施简单选择排序,把无序序列中关键字最小的记录结点移到有序序列后,算法将是稳定的。

8.2.4 二叉排序树与堆

二叉排序树与堆虽然都是二叉树,但存在下列不同处。

(1) **用途不一样**。二叉排序树虽名为"排序树",实际是为查找而设计的数据结构,用于查找。堆是为排序而设计的数据结构,用于排序。

(2) **存储结构不一样**。二叉排序树采用二叉链表存储;堆是完全二叉树,采用顺序存储。

(3) **结点值分布规律不一样**。二叉排序树中,每个结点的值均大于其左子树所有结点的值,小于其右子树上所有结点的值,二叉排序树的中序遍历序列是一个升序序列。堆中,大根堆的任一结点的值大于其左、右孩子,小根堆的任一结点的值小于其左、右孩子,且不限定左、右孩子之间的大小关系。

8.2.5 存储结构与排序方法

排序是一种线性表上的操作,待排序记录可以用顺序存储也可以用链式存储,但不是所有的排序方法都能用于两种存储结构。一般而言,通过下标访问记录的排序就不适合于链式存储,如折半插入排序、希尔排序、快速排序、堆排序、归并排序均不适合链式结构。

更适合于顺序存储结构的排序方法有折半插入排序、希尔排序、快速排序、堆排序和归并排序。

更适合于链式存储结构的排序方法有基排序。

两种存储结构都适合的有直接插入排序冒泡排序和简单选择排序。

8.2.6 链表上的排序

直接插入排序、冒泡排序和简单选择排序等均可以在链表上实施。

1. 直接插入排序

在单链表上进行直接插入排序,查找插入位置只能从头结点开始顺序查找,另需标识有序序列的尾结点。

如图 1-8-2 所示,设用于查找插入位置的工作指针为 p,初始化时指向头结点,指针 r 指向有序序列尾结点。

第 i 趟的插入工作如下。

(1) 如果 r 结点数据的关键字小于插入结点关键字,r 后移,无须查找与插入操作。否则:

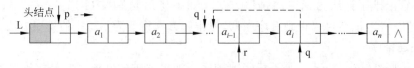

图 1-8-2　单链表上直接插入排序

（2）循环操作：如果 p 后继结点数据的关键字小于插入结点的关键字，p 后移；

（3）将 r 的后继结点 q 插入 p 的后面。

设数据元素类型为整型，算法描述如下：

```
1   void InsertSort_LL(LNode<int> * &L)
2                                        //非降序插入排序
3   { r=L;
4     if(!r->next||!r->next->next)       //空链或只有一个结点
5       return;                          //无须排序
6     else
7     { r=L->next;
8       q=r->next;
9       while(q)
10      { if(r->data<=q->data)           //插入点数据大于 r->data
11          r=q;                         //r 后移
12        else                           //查找插入点
13        { p=L;
14          while(p->next->data<q->data)
15            p=p->next;
16          r->next=q->next;             //q 插在 p 的后面
17          q->next=p->next;
18          p->next=q;
19        }
20        q=r->next;
21      }
22    }
23  }
```

2. 冒泡排序

在单链表上进行冒泡排序，每次从首元开始两两比较，如果逆序则互换；另需标识有序序列的首结点，作为每趟排序的结束。如图 1-8-3 所示，设工作指针 p、q 分别指向两两相比的结点，r 指向有序序列首结点。

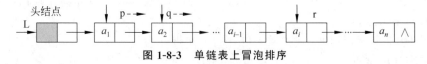

图 1-8-3　单链表上冒泡排序

设数据元素为整型，单链表上非降序的冒泡排序的算法描述如下。

```
1   void BubbleSort_L(LinkList<int>&L)
2   {   r=NULL;                              //有序序列首元
3       while(r!=L->next)                    //非全部序列有序,继续下一趟
4       {   p=L->next;                       //每一趟从首元开始
5           q=p->next;                       //q 是 p 的后继
6           while (q->next!=r)               //无序序列相邻结点两两相比
7           {   if(p->data>q->data)          //相邻结点逆序
8               p->data<-->q->data;          //结点数据互换
9               p=q;                         //p、q 后移
10              q=q->next;
11          }
12          r=q;                             //有序序列首元位置
13      }
14  }
15
```

3. 简单选择排序

在单链表上进行简单选择排序,同样是把最小元素与无序序列首元互换。如图 1-8-4 所示,设第 i 趟无序序列首元指针 p 指向第 i 个数据元素,查找其后最小元素,设为 r 所指结点,将 p->data 与 r->data 互换,p 后移,完成一趟排序。

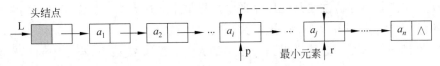

图 1-8-4　单链表上简单选择排序

设排序序列为整型数据,算法描述如下:

```
1   void SelectSort_LL(LNode<int> * &L)      //非降序选择排序
2   {   p=L->next;                           //从首元结点开始
3       if(!p || !p->next)                   //空表或只有一个结点
4           return;                          //无须排序
5       while(p)                             //p 非空
6       {   r=p;                             //求无序序列的最小结点 r
7           q=r->next;
8           while(q)
9           {   if(q->data<r->data)
10              r=q;
11              q=q->next;
12          }
13          if(r!=p)                         // p 不是最小结点
14          {   e=p->data;                   // p 结点与 r 结点互换结点值
15              p->data=r->data;
16              r->data=e;
```

```
17  │    }
18  │    p=p->next;                        //进行下一趟排序
19  │  }
20  │}
```

8.3　积微成著,要点集锦

(1) 直接插入排序方法是从第 2 个记录开始依次按排序关键字的值将记录插入有序序列的排序方法。

(2) 折半插入排序方法是在有序序列中采用折半查找方法查找插入位置,然后将待排序记录插入的插入排序方法。

(3) 希尔排序方法是将序列分为若干子序列,在子序列内分别进行直接插入排序,待整个序列基本有序时,再一起进行直接插入排序的排序方法。

(4) 冒泡排序是通过相邻记录关键字比较,若逆序则互换,直到没有反序记录为止的排序方法。

(5) 快速排序方法是以枢轴为界将排序序列一分为二(左侧记录关键字小于枢轴记录关键字,右侧记录关键字大于枢轴记录关键字),对子序列以相同方式进行划分,直至每个子序列只有一个记录的排序方法。

(6) 简单选择排序方法是从无序序列中选择最小或最大记录与无序序列的第 1 个记录互换位置从而增加有序序列、缩小无序序列的排序方法。

(7) 堆排序方法是通过建堆得到关键字最大(大根堆)或最小(小根堆)记录,将其与无序序列的最后元素互换位置,直到堆中只有一个记录为止的排序方法。

(8) 二路归并排序是将若干有序序列进行两两归并,直至所有待排序记录都在一个有序序列的排序方法。

(9) 桶排序方法是将关键字按其值分配到相应的桶里,再将各个桶的记录依次收集起来形成有序序列的排序方法。

(10) 多关键字排序方法有主位优先的 MSD 方法和最低位优先的 LSD 方法。

(11) 基数排序是将单关键字看成由若干子关键字复合而成,然后借助多关键字的分配、收集操作且采用 LSD 方法进行的排序方法。

(12) 如果待排序序列中具有相同排序关键字值的两个数据元素,排序前后它们的相互位置不发生改变,该排序方法是稳定的;反之,排序前后它们的相互位置发生颠倒,则该排序方法是不稳定的。

(13) 直接插入排序和冒泡排序都是正序时性能最好,时间复杂度为 $O(n)$,逆序时性能最坏,时间复杂度为 $O(n^2)$,平均情况接近最坏情况。

(14) 直接插入排序、折半插入排序产生的有序区为局部有序区。

(15) 冒泡排序、简单选择和堆排序产生的有序区是全局有序区。

(16) 快速排序在正序和逆序时都呈现最坏情况,时间复杂度为 $O(n^2)$;平均情况接近最好情况,时间复杂度为 $O(n\log_2 n)$。

(17) 快速排序每趟将一个记录归位,但每趟并不产生有序区。

(18) 简单选择排序,n 个数据元素无论什么序列,比较次数均为 $n(n-1)/2$。

(19) 选择类排序(简单选择排序和堆排序)的执行时间与初始序列无关。

(20) 直接插入排序和归并排序在最后一趟结束之前,可能没有元素在其最终位置;其中的一趟也未必能选出一个元素放在其最终位置上。

(21) 在一个大根堆中,根结点到叶结点的路径是关键字的递减序列。

(22) 二路归并排序的空间复杂度为 $O(n)$,是本书介绍的排序方法中空间性能最差的排序方法。

(23) 多关键字排序中可能需要考虑排序算法的稳定性。

(24) 有序区随着排序趟数不断增大的排序方法有直接插入排序、冒泡排序、简单选择排序、堆排序。

(25) 堆可以用于挑选最大(或最小)关键字记录。当需要从一组记录中选择序列的前 k 个时,可以采用堆排序。

(26) 基数排序不需要关键字比较。

(27) 不能简单地认为一种排序方法一定好于另外一种排序方法,影响排序性能的因素有多个。

8.4　启智明理,习题解答

8.4.1　主教材习题解答

一、填空题

1. 若不考虑基数排序,则在排序过程中,主要进行的两种基本操作是关键字的　①　和记录的　②　。

【答案】　①比较;②移动

【知识点】　排序

2. 设用希尔排序对数组 $\{98,36,-9,0,47,23,1,8,10,7\}$ 进行排序,给出的步长依次是 4,2,1,则排序第一趟结束后,序列为_____。

【答案】　$10,7,-9,0,47,23,1,8,98,36$

【知识点】　希尔排序

3. 快速排序在_____的情况下最易发挥其长处。

【答案】　每次划分定位后,两侧子序列长度相同

【知识点】　快速排序

4. 对 n 个元素的序列进行冒泡排序,在　①　的情况下比较次数最少,为　②　次;在　③　的情况下,比较次数最多,为　④　次。

【答案】　①正序;②$n-1$;③逆序;④$n\times(n-1)/2$

【知识点】　冒泡排序

5. 对一组记录(50,38,90,20,10,70,60,44,80)进行直接插入排序,当把第 7 个记录 60 插入有序表时,为寻找插入位置,需比较_____次。

【答案】 3

【解析】 第 7 个记录 60 待插入时,前 6 个记录已形成有序序列:{10,20,38,50,70, 90},60 应插在 50 后,分别与 90、70 和 50 进行比较,共比较了 3 次。

【知识点】 直接插入排序

6. 对序列(50,38,90,20,10,70,60,44,80)进行快速排序,在递归调用中使用的栈所 能达到的最大深度为_____。

【答案】 5

【解析】 该序列的快速排序,共经过 3 趟、5 次划分,如图 1-8-5 所示,递归最大深度 为 5。

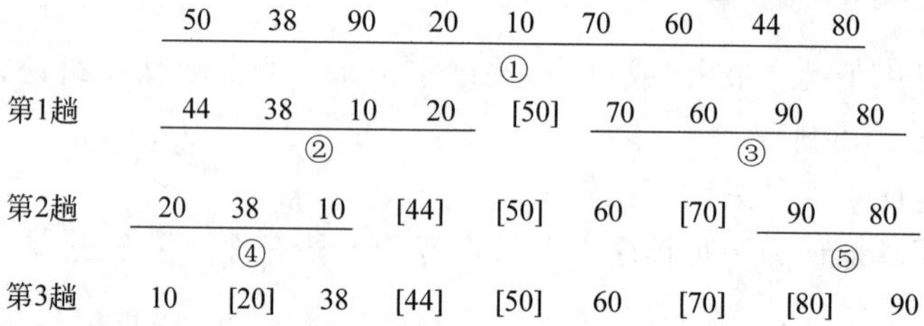

```
              50    38    90    20    10    70    60    44    80
                                  ①
第1趟         44    38    10    20   [50]   70    60    90    80
                          ②                           ③
第2趟       20    38    10   [44]  [50]   60   [70]   90    80
                    ④                                 ⑤
第3趟       10   [20]   38   [44]  [50]   60   [70]  [80]   90
```

图 1-8-5 填空题 6 题解

【知识点】 快速排序

7. 如果将序列(90,16,48,70,88,35,28)建成堆,只需把 16 与_____交换。

【答案】 88

【解析】 把 16 与 88 交接后,即为大根堆。

【知识点】 堆排序

8. 在二路归并排序中,若待排序记录的个数为 20,则共需要进行 ① 趟归并,在第 3 趟归并中,把长度为 ② 的有序表归并为长度为 ③ 的有序表。

【答案】 ①5;②4;③8

【解析】 20 个记录归并趟数为⌈$\log_2 20$⌉=5,共需进行 5 趟。归并的子序列长度分别 为 1、2、4、8、16,第 3 趟归并是把长度为 4 的子序列归并为长度为 8 的有序序列。

【知识点】 二路归并排序

9. 分别采用堆排序、快速排序,冒泡排序和归并排序,当初态为有序表时,则最省时 间的是 ① 排序,最费时间的是 ② 排序。

【答案】 ①冒泡;②快速

【解析】 堆排序与归并排序时间与初始序列无关;冒泡排序在正序时最省时,时间复 杂度为 $O(n)$;快速排序在正序时最费时,时间复杂度为 $O(n^2)$。

【知识点】 排序时间性能比较

10. 不受待排序初始序列影响,时间复杂度为 $O(n^2)$ 的排序算法是 ① 排序,在排 序算法的最后一趟开始前,所有元素都可能不在其最终位置上的排序算法是 ② 排序。

【答案】 ①简单选择;②直接插入

【知识点】　排序方法

11. 直接插入排序用监视哨的作用是_____。

【答案】　免去查找过程中第一趟都要检测整个表是否查找完毕的步骤,提高查找效率

【知识点】　直接插入排序

12. 对 n 个记录 R[1..n]进行简单选择排序,所需进行的关键字间的比较次数为_____。

【答案】　$n(n-1)/2$

【解析】　简单选择排序是依次从 $n,n-1,n-2,\cdots,3,2$ 个元素中选择最小(非降序排序)或最大元素(非升序排序),每次选择需进行 $n-1,n-2,n-3,\cdots,2,1$ 次比较,因此,总的比较次数为 $n-1+n-2+n-3+\cdots+2+1=n\times(n-1)/2$。

【知识点】　简单选择排序

13. 堆排序是一种　①　排序,堆实际上是一棵　②　的层次遍历序列。在对含有 n 个元素的序列进行排序时,堆排序的时间复杂度为　③　,空间复杂度为　④　。

【答案】　①选择;②完全二叉树;③$O(n\log_2 n)$;④$O(1)$

【知识点】　堆排序

14. 对于关键字序列(16,15,10,18,55,25,6,20,35,88),用筛选法建堆,应从关键字为_____的元素开始。

【答案】　55

【解析】　将关键字序列按完全二叉树的形态构造一棵二叉树,然后从下往上,从右往左进行调整,55 是第 1 个有孩子的结点。

【知识点】　堆排序

15. 对于数据序列{28,271,360,531,187,235,56,199,18,23},采用最低位优先的基数排序进行递增排序,第 1 趟排序后的结果是_____。

【答案】　360,271,531,23,235,56,187,28,18,199

【知识点】　基数排序

二、简答题

1. 在各种排序方法中,哪些是稳定的? 哪些是不稳定的? 并为每一种不稳定的排序方法举出一个不稳定的实例。

【答】　不稳定的排序方法有简单选择排序、希尔排序、快速排序、堆排序,其余为稳定排序。

简单选择排序	12	15	22	8	18	<u>12</u>	5
一趟:	5	15	22	8	18	<u>12</u>	12
二趟:	5	8	22	15	18	<u>12</u>	12
三趟:	5	8	<u>12</u>	15	18	22	12
希尔排序:	40	65	37	87	8	<u>37</u>	25 ($d=4,2,1$)
一趟:	8	<u>37</u>	25	87	40	65	37
二趟:	8	<u>37</u>	25	65	37	87	40

三趟：	8	25	37	37	40	65	87
快速排序：	35	17	97	8	17	40	
一趟后：	17	17	8	35	97	40	
堆排序：	88	66	55	66	44	3	
一趟：	66	66	55	3	4	88	
二趟：	66	44	55	3	66	88	
三趟：	55	44	3	66	66	88	

【知识点】　排序算法的稳定性

2. 堆排序、快速排序和二路归并排序的选择。

（1）若只从存储空间考虑,则应首先选取哪种方法,其次选取哪种方法,最后选取哪种方法?

（2）若只从排序结果的稳定性考虑,则应选取哪种方法?

（3）若只从平均情况下排序最快考虑,则应选择哪种方法?

（4）若只从最坏情况下排序最快考虑,则应选择哪种方法?

【答】　（1）若只从存储空间考虑,应首选堆排序(空间复杂度为 $O(1)$),其次是快速排序(空间复杂度为 $O(\log_2 n)$),最后选择二路归并排序(空间复杂度为 $O(n)$)。

（2）若只从排序结果的稳定性考虑,应选择二路归并排序,其余两种方法均不稳定。

（3）若只从平均情况下排序最快考虑,应选择快速排序。

（4）堆排序,时间复杂度为 $O(n\log_2 n)$。

【知识点】　排序性能

3. 欲求前 k 个最大元素,用什么排序方法好? 为什么?

【答】　堆排序较好。建堆时关键字比较次数不超过 $4n$ 次,调整建堆时的比较次数不超过 $2\log_2 n$ 次。在 n 个元素求前 k 个最大元素,在堆排序情况下比较次数最多不超过 $4n + 2k\log_2 n$。

【知识点】　堆排序

4. 快速排序的最大递归深度是多少? 最小递归深度是多少?

【答】　快速排序的最大递归深度为 n,最小递归深度为 $\lfloor \log_2 n \rfloor + 1$。

【分析】　若每次快速排序的枢轴均是该次排序的极值,那么快速排序将达最大递归深度;若每次快速排序的枢轴均将待排序序列分为两个元素个数差值不超过 1 的序列,那么快速排序将达最小递归深度。

【知识点】　快速排序

5. 如果只要找出一个具有 n 个元素的集合的第 $k(1 \leqslant k \leqslant n)$ 个最小元素,哪种排序方法最适合?

【答】　堆排序最合适。建堆(小根堆)时关键字比较次数不超过 $4n$ 次,调整建堆时的比较次数不超过 $2\log_2 n$ 次。因此得到第 k 个最小元素之前的部分序列所花时间不超过 $4n + 2k\log_2 n$。而冒泡排序和简单选择排序所需时间为 kn。

【知识点】　堆排序

三、应用题

设有一组关键字 $\{29,18,25,47,58,12,51,10\}$，分别写出按下列各种排序方法非降序排序的各趟排序结果。

(1) 直接插入排序；

(2) 希尔排序($d=4,2,1$)；

(3) 冒泡排序；

(4) 快速排序；

(5) 简单选择排序；

(6) 堆排序；

(7) 归并排序；

(8) 基数排序。

【答】　(1) 直接插入排序：

| 初始：| 29 | 18 | 25 | 47 | 58 | 12 | 51 | 10 |

一趟：**18　29**　25　47　58　12　51　10

二趟：**18　25　29**　47　58　12　51　10

三趟：**18　25　29　47**　58　12　51　10

四趟：**18　25　29　47　58**　12　51　10

五趟：**12　18　25　29　47　58**　51　10

六趟：**12　18　25　29　47　51　58**　10

七趟：**10　12　18　25　29　47　51　58**

(2) 希尔排序($d=4,2,1$)：

初始：29　18　25　47　58　12　51　10

一趟：**29**　12　**25**　10　**58**　18　**51**　47

二趟：25　10　29　12　51　18　58　47

三趟：10　12　18　25　29　47　51　58

(3) 冒泡排序：

初始：29　18　25　47　58　12　51　10

一趟：18　25　29　47　12　51　10　**58**

二趟：18　25　29　12　47　10　**51　58**

三趟：18　25　12　29　10　**47　51　58**

四趟：18　12　25　10　**29　47　51　58**

五趟：12　18　10　**25　29　47　51　58**

六趟：12　10　**18　25　29　47　51　58**

七趟：10　**12　18　25　29　47　51　58**

(4) 快速排序：

初始：29　18　25　47　58　12　51　10

一趟：10　18　25　12　**29**　58　51　47

二趟：**10**　18　25　12　**29**　47　51　**58**

三趟：**10** 12 **18** 25 **29** **47** 51 **58**

（5）简单选择排序：

初始：29 18 25 47 58 12 51 10

一趟：**10** 18 25 47 58 12 51 29

二趟：**10** **12** 25 47 58 18 51 29

三趟：**10** **12** **18** 47 58 25 51 29

四趟：**10** **12** **18** **25** 58 47 51 29

五趟：**10** **12** **18** **25** **29** 47 51 58

六趟：**10** **12** **18** **25** **29** **47** 51 58

七趟：**10** **12** **18** **25** **29** **47** **51** 58

（6）堆排序：

初始：29 18 25 47 58 12 51 10

　堆：58 47 51 29 18 12 25 10

一趟：51 47 25 29 18 12 10 **58**

二趟：47 29 25 10 18 12 **51** **58**

三趟：29 18 25 10 12 **47** **51** **58**

四趟：25 18 12 10 **29** **47** **51** **58**

五趟：18 10 12 **25** **29** **47** **51** **58**

六趟：12 10 **18** **25** **29** **47** **51** **58**

七趟：10 **12** **18** **25** **29** **47** **51** **58**

（7）归并排序：

初始：29 18 25 47 58 12 51 10

一趟：18 29 25 47 12 58 10 51

二趟：18 25 29 47 10 12 51 58

三趟：10 12 18 25 29 47 51 58

（8）基数排序：

初始：29 18 25 47 58 12 51 10

一趟：10 51 12 25 47 18 58 29

二趟：10 12 18 25 29 47 51 58

四、算法设计题

1. 设待排序记录序列用单链表作存储结构，试写出直接插入排序算法。

【解】　见 8.2.6 节"链表上的排序"。

2. 设待排序记录序列用单链表作存储结构，试写出简单选择排序算法。

【解】　见 8.2.6 节"链表上的排序"。

3. 设有一组整数，有正数也有负数。编写算法，重新排列整数，使负数排在非负数之前。

【解】　算法思想：设置序列的低端 i 和高端 j；扫描低端找正数，扫描高端找负数；把低端的正数与高端的负数交换；继续扫描，处理；直到上、下界相遇。

算法描述如下：

```
Void example(int A[],int n)
{  i=1, j=n;                              //i,j 为左右边界
   while (i<j)
   {  while ((i<j) && (A[i]<0)) i++;      //在低端找正数
      while ((i<j)&& (A[j]>0)) j--;       //在高端找负数
      if (i<j)
      {  A[i]<-->A[i];                    //交换两个元素的值
         i++; j--;                        //继续查找
      }
   }
}
```

4. 基于快速排序的划分思路，在一组无序的整数记录 $R[n]$ 中按值寻找，查找成功，返回位序。分析算法的时间复杂度。

【解】 算法思想：设置前、后端指针 low 和 high，以待查关键字为枢轴；只要 low<high，重复下列过程：从高端开始，元素与枢轴比较，比枢轴大，high 前移，继续比较；比枢轴小，转向低端比较；低端元素小于枢轴，low 后移，继续比较；否则，交换 $R[low]$ 和 $R[high]$，low 前移，high 后移。如果 low>=high，仍未找到，则查找失败。

算法描述与算法步骤如下：

```
int fun_find(int R[], int n,int key)
{
    low=1;high=n;                           //设元素下标从 1 开始
    while(low<high)
    {
        while(low<high && R[high]>key)      //高端比较,比查找值大
            high--;                         //比较前一个值
        if(R[high]==key) return high;       //找到,返回位序
        while(low<high && R[low]<key)       //低端比较,比查找值小
            low++;                          // 比较后一个值
        if(R[low]==key) return low;         //找到,返回位序
        R[low]<-->R[high];                  //交换 R[low]与 R[high]
        low++;high--;                       //low 后移,high 前移
    }
    return 0;                               //未找到,返回 0
}
```

时间复杂度为 $O(n)$。

8.4.2 自测题及解答

一、判断题

1. 内排序要求数据一定要以顺序方式存储。

【答案】 错误

【解析】 排序是改变元素间的位序关系,没有插入和删除元素,因此除基数排序外,宜采用顺序存储,但很多排序算法使用链式存储也可以。

【知识点】 排序

2. 在顺序表上实现的排序方法在链表上也可以实现。

【答案】 错误

【解析】 很多排序算法既可以用顺序存储,也可以用链式存储,但也有算法只能选其一,例如,折半插入排序只能使用顺序存储,而不能使用链式存储。

【知识点】 排序

3. 在待排序的元素序列基本有序的前提下,效率最高的排序方法是直接插入排序。

【答案】 正确

【解析】 直接插入排序的最好情况是初始序列为正序,每一趟比较 1 次,没有记录移动;n 个数据元素,共 $n-1$ 趟,共比较 $n-1$ 次,移动 0 次,因此,时间复杂度为 $O(n)$。如果待排序的元素序列基本有序的话,其时间复杂度将接近于 $O(n)$。

【知识点】 直接插入排序

4. 折半插入排序所需比较次数与待排序记录的初始排列状态相关。

【答案】 错误

【解析】 折半插入排序所需比较次数与待排序序列的初始序列无关,仅依赖于记录个数。

【知识点】 折半插入排序

5. 对同一待排序序列分别进行折半插入排序和直接插入排序,元素的移动次数一定相同。

【答案】 正确

【解析】 折半插入排序与直接插入排序只是在给待排序记录找插入位置的方法不同,其他操作均一样。

【知识点】 插入排序

6. 冒泡排序在初始关键字序列为逆序的情况下执行的交换次数最多。

【答案】 正确

【解析】 冒泡排序的最坏情况是初始序列为逆序,需进行 $n-1$ 趟,其中第 i 趟,比较 $n-i$ 次,发生 $n-i$ 次互换,需要交换的总次数为 $n(n-1)/2$。

【知识点】 冒泡排序

7. 快速排序的枢轴元素可以任意选定。

【答案】 正确

【解析】 根据快速排序的算法思想,枢轴可以任意选定,一般选第一个元素。

【知识点】 快速排序

8. 在初始数据表已经有序时,快速排序算法的时间复杂度为 $O(n\log_2 n)$。

【答案】 错误

【解析】 快速排序的最好情况为每趟排序后都能将记录序列均匀分割成两个长度大

致相等的子表,其时间复杂度为 $O(n\log_2 n)$;最坏情况为每次划分所有记录在一个子序列中,另一个子序列为空,如正序与逆序,其时间复杂度为 $O(n^2)$。而初始数据表已经有序,即属于最坏情况之一。

【知识点】 快速排序

9.简单选择排序算法在最好情况下的时间复杂度为 $O(n)$。

【答案】 错误

【解析】 简单选择排序的比较次数与记录的初始排列无关,第 i 趟从无序序列中选择最小记录,需进行关键字的比较次数为 $n-i$ 次,共需 $n-1$ 趟,总的比较次数为 $n(n-1)/2$,其时间复杂度为 $O(n^2)$。

【知识点】 简单选择排序

10.$(101,88,46,70,34,39,45,58,66,10)$ 是堆。

【答案】 正确

【解析】 可以直接按堆定义判断,也可以将该序列依次按完全二叉树的形态构造二叉树,这样更容易直观地判断。

【知识点】 堆排序

11.在用堆排序方法排序时,如果要进行增序排序,则需要采用“大根堆”。

【答案】 正确

【解析】 按堆排序的方法,每趟排序将堆顶调整到该趟序列的最后一个位置,因此,要进行增序排序,应建大根堆。

【知识点】 堆排序

12.堆一定是一棵平衡二叉树。

【答案】 错误

【解析】 平衡二叉树是“形态匀称”的二叉排序树,但堆不是二叉排序树。

【知识点】 堆排序

13.快速排序和归并排序在最坏情况下的比较次数都是 $O(n\log_2 n)$。

【答案】 错误

【解析】 快速排序的最坏情况时间复杂度为 $O(n^2)$,而归并排序的比较次数与数据的初始状态无关,因此其最好、最坏及平均情况下的比较次数都是 $O(n\log_2 n)$。

【知识点】 快速排序、归并排序

14.对同一线性表使用不同的排序方法进行排序,得到的排序结果可能不同。

【答案】 正确

【解析】 不同的排序方法可能稳定性不一样,因此如果线性表中存在相同关键字的元素,可能会导致排序结果不一样。

【知识点】 排序方法的稳定性

15.排序的稳定性是指排序算法中的比较次数保持不变,且算法能够终止。

【答案】 错误

【解析】 排序方法的稳定性定义。

【知识点】 排序方法的稳定性

16. 在执行某排序算法过程中,出现了排序码朝着与最终排序序列相反方向移动的现象,则称该算法是不稳定的。

【答案】　错误

【解析】　排序方法的稳定性定义。

【知识点】　排序方法的稳定性

17. 稳定的排序方法优于不稳定的排序方法。

【答案】　错误

【解析】　评价一个排序算法要从多个方面考量,一般包含时间、空间、稳定性及算法本身的复杂程度等,因此,不能仅用稳定性作为评价标准。

【知识点】　排序方法的稳定性

18. 如果某种算法是不稳定的,则该排序方法没有实际应用价值。

【答案】　错误

【解析】　评价一个排序算法要从多个方面考量,一般包含时间、空间、稳定性及算法本身的复杂程度等,因此,不能仅用稳定性作为评价标准。

【知识点】　排序方法的稳定性

二、单项选择题

1. 排序方法中,从未排序序列中取出一个元素与已排序序列(初始时为空)中的元素进行比较,将其放入已排序序列中正确位置上的方法称为(　　)。

　　A. 希尔排序　　　B. 冒泡排序　　　C. 插入排序　　　D. 选择排序

【答案】　C

【解析】　排序说明与插入排序方法相同。正确答案是 C。

【知识点】　插入排序

2. 用直接插入排序方法对下面 4 个序列进行排序(由小到大),元素比较次数最少的是(　　)。

　　A. 94,32,40,90,80,46,21,69　　　B. 32,40,21,46,69,94,90,80

　　C. 21,32,46,40,80,69,90,94　　　D. 90,69,80,46,21,32,94,40

【答案】　C

【解析】　直接插入排序在原始序列基本有序的情况下,性能好。正确答案是 C。

【知识点】　直接插入排序

3. 设一组初始记录关键字序列为(50,40,95,20,15,70,60,45),则以增量 $d=4$ 的一趟希尔排序结束后前 4 条记录关键字为(　　)。

　　A. 40,50,20,95　　　　　　　　　B. 15,40,60,20

　　C. 15,20,40,45　　　　　　　　　D. 45,40,15,20

【答案】　B

【解析】　对该关键字系列采用希尔排序,设 $d=4$,一趟后的结果为 15,40,60,20,50,70,95,45。正确答案是 B。

【知识点】　希尔排序

4. 给定一个整数集合为{20,15,14,18,21,36,40,10},一趟快速排序结束时,关键字的排列是(　　)。

  A. 10,15,14,18,20,36,40,21   B. 10,15,14,18,20,40,36,21

  C. 10,15,14,20,18,40,36,21   D. 15,10,14,18,20,36,40,21

【答案】　A

【解析】　以 20 为枢轴进行划分,高端比 20 的大数据位置不会变,低端比 20 小的元素不会变。B 和 C 选项中 40、36 的位置变了,D 选项中 10 和 15 的位置发生了改变,因此,选项 B、C、D 均是错误的。正确答案是 A。

【知识点】　快速排序

5. 用某种排序方法对线性表(25,84,21,47,15,27,68,35,20)进行排序时,元素列序的变化情况如下:

  初始序列: 25,84,21,47,15,27,68,35,20

  第 1 趟: 20,15,21,25,47,27,68,35,84

  第 2 趟: 15,20,21,25,35,27,47,68,84

  第 3 趟: 15,20,21,25,27,35,47,68,84

则所采用的排序方法是(　　)。

  A. 选择排序   B. 快速排序   C. 归并排序   D. 希尔排序

【答案】　B

【解析】　从排序结果可知,第 1 趟是以 25 为枢轴对序列进行了划分;第 2 趟是分别从左序列以 20 为枢轴、右序列以 47 为枢轴进行了划分;第 3 趟是分别以 35 和 68 为枢轴进行的划分。因此,采用的排序方法是快速排序。正确答案是 B。

【知识点】　快速排序

6. 对下列关键字序列用快速排序法进行排序时,速度最快的情形是(　　)。

  A. {21、25、5、17、9、23、30}   B. {25、23、30、17、21、5、9}

  C. {21、9、17、30、25、23、5}   D. {5、9、17、21、23、25、30}

【答案】　A

【解析】　快速排序的最好情况为每趟排序后都能将记录序列均匀分割成两个长度大致相等的子表(即两个子表的元素个数差值不超过 1),两个子表的元素个数差异越小,性能越好,反之,差异越大,性能越差。首先排除选项 D,初始有序是快速排序的最坏情况之一;再排除选项 B,该选项选择 25 作枢轴,左序列有 5 个元素,右序列有 1 个元素;选项 C 经过一趟快速排序后序列为【5、9、17】21【23、25、30】,其左右序列均基本有序了,为快速排序的最快情况之一,选项 C 排除。正确答案是 A。

【知识点】　快速排序

7. 对一组数据(84,47,25,15,21)排序,数据的排列次序在排序的过程中变化为

  初始序列: 84   47   25   15   21

  第 1 趟: 15   47   25   84   21

  第 2 趟: 15   21   25   84   47

  第 3 趟: 15   21   25   84   47

则采用的排序是(　　)。

　　A. 插入排序　　　B. 快速排序　　　C. 冒泡排序　　　D. 简单选择排序

【答案】　D

【解析】　从排序结果可知:第 1 趟是将第最小元素 15 与第 1 个元素进行了互换;第 2 趟是将第 2 小元素 21 与第 2 个元素进行了互换;第 3 小元素在第 3 个位置,无须数据互换。因此,该排序选用的是简单选择排序。正确答案是 D。

【知识点】　简单选择排序

8. 在下列排序方法中,关键字比较的次数与记录的初始排列无关的是(　　)。

　　A. 插入排序　　　B. 希尔排序　　　C. 冒泡排序　　　D. 简单选择排序

【答案】　D

【解析】　简单选择排序的比较次数与记录的初始排列无关,第 i 趟从无序序列中选择最小记录,需进行关键字的比较次数为 $n-i$ 次,共需 $n-1$ 趟,总的比较次数为 $n(n-1)/2$。另外,折半插入排序、堆排序及归并排序的比较次数也与记录的初始排列无关。正确答案是 D。

【知识点】　简单选择排序

9. 下面的序列中,(　　)是堆。

　　A. 1,2,8,4,3,9,10,5　　　　　　　　B. 1,5,10,6,7,8,9,2

　　C. 9,8,7,6,4,8,2,1　　　　　　　　D. 9,8,7,6,5,4,3,7

【答案】　A

【解析】　B 选项作为小根堆,10 比其左孩子 8 大,B 不是堆;C 选项作为大根堆,7 比其左孩子 8 小,C 不是堆;D 选项作为大根堆,6 比其左孩子 7 小,D 不是堆。A 是小根堆。正确答案是 A。

【知识点】　堆排序

10. 设有关键字序列(q,g,m,z,a,n,p,x,h),下面序列中是从上述序列出发建堆的结果的是(　　)。

　　A. a,g,h,m,n,p,q,x,z　　　　　　　B. a,q,m,h,g,n,p,x,z

　　C. g,m,q,a,n,p,x,h,z　　　　　　　D. h,g,m,p,a,n,q,x,z

【答案】　B

【解析】　关键字序列中最小字母是 a,最大字母是 z,小根堆必以 a 开始,大根堆必以 z 开始,因此,选项 C、D 是错误的。a 开头建的小根堆序列为 aqmhgnpxz。正确答案是 B。

【知识点】　堆排序

11. 以下序列中,(　　)不是堆。

　　A. (100,85,98,77,80,60,82,40,20,10,66)

　　B. (100,98,85,82,80,77,66,60,40,20,10)

　　C. (10,20,40,60,66,77,80,82,85,98,100)

　　D. (100,85,40,77,80,60,66,98,82,10,20)

【答案】　D

【解析】　D 选项作为大根堆,40 比其左孩子(60)和右孩子(66)都小,D 不是堆。正确答案是 D。

【知识点】　堆排序

12. 对 n 个记录进行堆排序,所需要的辅助存储空间为(　　)。
　　A. $O(1)$　　　　　B. $O(\log_2 n)$　　　　C. $O(n)$　　　　D. $O(n^2)$

【答案】　A

【解析】　堆排序中,只需要一个记录单元空间,用于记录交换,因此它的空间复杂度为 $O(1)$。正确答案是 A。

【知识点】　堆排序

13. 一组记录的排序码为(25,48,16,35,79,82,23,40,36,72),其中含有 5 个长度为 2 的有序表,按归并排序的方法对该序列进行一趟归并后的结果为(　　)。
　　A. 16 25 35 48 23 40 79 82 36 72　　B. 16 25 35 48 79 82 23 36 40 72
　　C. 16 25 48 35 79 82 23 36 40 72　　D. 16 25 35 48 79 23 36 40 72 82

【答案】　A

【解析】　长度为 2 的子序列归并,合并后有序序列长度为 4。选项 B 的第 5~8 号元素无序,选项 C 的第 1~4 号元素无序,选项 D 的第 5~8 号元素无序,选项 B、C、D 均不符合要求。正确答案为 A。

【知识点】　归并排序

14. 已知序列{278,109,063,930,589,184,505,269,008,083},则采用链式基数排序法对该序列作升序排序时第一趟排序的结果为(　　)。
　　A. 008,063,083,109,184,269,278,505,589,930
　　B. 930,063,083,184,505,278,008,109,589,269
　　C. 930,589,505,278,269,184,109,083,063,008
　　D. 505,008,109,930,063,269,278,083,184,589

【答案】　B

【解析】　采用链式基数排序法对该序列作升序排序时第一趟应按个位数的升序排序。正确答案是 B。

【知识点】　基数排序

15. 要求尽可能快地对序列进行稳定的排序,则应选(　　)。
　　A. 快速排序　　B. 归并排序　　C. 冒泡排序　　D. 简单选择排序

【答案】　B

【解析】　这 4 个算法中,快的有快速排序和归并排序,稳定的有归并排序和冒泡排序。正确答案是 B。

【知识点】　排序算法的性能

16. 以下 4 种排序方法,空间复杂度最大的是(　　)。
　　A. 堆排序　　B. 快速排序　　C. 归并排序　　D. 希尔排序

【答案】　C

【解析】　分析各算法的空间复杂度可知,归并排序空间性能最差,为 $O(n)$;快速排序次之,为 $O(\log_2 n)\sim O(n)$;基排序取决于"基 r",即子关键字可能的值域,一般与问题规模 n 无关。除此之外,均为 $O(1)$,即就地排序。正确答案是 C。

【知识点】 排序算法的比较

17.若表 R 在排序前已按元素键值的递增排列,则采用(　　)方法的比较次数要少。

　　A.直接插入排序　　　　　　　　B.快速排序

　　C.归并排序　　　　　　　　　　D.简单选择排序

【答案】 A

【解析】 直接插入排序最好情况为初始序列为正序,这样,每一趟比较 1 次,没有记录移动,n 个数据元素,共 $n-1$ 趟,共比较 $n-1$ 次;而原始数据表初始就有序,属于快速排序的最坏情况之一,其比较次数为 $n(n-1)/2$;归并排序与选择排序的比较次数均与原始数据表的初态无关,一趟归并排序需要将待排序记录扫描一遍,时间性能为 $O(n)$,整个归并排序需要进行 $\lceil\log_2 n\rceil$ 趟,因此,总的时间代价为 $O(n\log_2 n)$;简单选择排序,第 i 趟从无序序列中选择最小记录,需进行关键字的比较次数为 $n-i$ 次,共需 $n-1$ 趟,总的比较次数为 $n(n-1)/2$。正确答案是 A。

【知识点】 排序算法的比较

18.在下列排序方法中,关键字比较的次数与记录的初始排列无关的是(　　)。

　　A.希尔排序　　B.冒泡排序　　C.插入排序　　D.简单选择排序

【答案】 D

【解析】 在排序过程中,关键字的比较次数与初始排列无关的算法有折半插入排序、简单选择排序、堆排序、归并排序。正确答案是 D。

【知识点】 排序算法

19.设有 1000 个无序的元素,希望用最快的速度挑选出其中前 10 个最大的元素,最好选用(　　)排序法。

　　A.冒泡排序　　B.快速排序　　C.堆排序　　　　D.基数排序

【答案】 C

【解析】 快速排序和基数排序需排完最后一趟才能确定前 10 个元素;冒泡排序和堆排序只需做 10 趟,即可得到前 10 个最大元素。每趟排序中,堆排序中的数据比较次数少于冒泡排序,因此,用最快的速度挑选出其中前 10 个最大元素,最好选用堆排序。正确答案是 C。

【知识点】 排序算法

20.数据序列(8,9,10,4,5,6,20,1,2)只能是下列排序算法中的(　　)的两趟排序后的结果。

　　A.选择排序　　B.冒泡排序　　C.插入排序　　D.堆排序

【答案】 C

【解析】 选项 A、B、D 均属全局有序。本序列为局部有序,正确答案是 C。

【知识点】 排序算法

21.下列排序算法中,(　　)不能保证每趟排序至少能将一个元素放到其最终的位置上。

    A. 快速排序   B. 希尔排序   C. 堆排序   D. 冒泡排序

【答案】 B

【解析】 这 4 个算法中,快速排序每趟排序至少能将枢轴放置到正确位置,堆排序和冒泡排序的每趟排序均可将该趟排序的最大元素放置到正确位置,而希尔排序的一趟排序因为放置的位置与分组情况有关,一趟排序结束,未必使元素能放置在最终位置上。正确答案是 B。

【知识点】 排序算法

22. 数据序列(2,1,4,9,8,10,6,20)只能是下列排序算法中的(   )的两趟排序后的结果。

    A. 快速排序   B. 选择排序   C. 插入排序   D. 冒泡排序

【答案】 A

【解析】 选择排序经过两趟排序后一定至少将 2 个最小的元素的排列有序,选项 B 排除;插入排序经过两趟排序后一定形成一个至少有 3 个元素的有序序列,选项 C 排除;冒泡排序经过两趟排序后一定至少将 2 个最大的元素排列有序,选项 D 排除;而快速排序每趟排序至少能将枢轴放置到正确位置,最终序列应为 1,2,4,6,8,9,10,20,可见两趟排序后数据 4、8、10 均在正确位置,根据序列特点,可以推测第一趟快速排序的枢轴为 20,第二趟快速排序的枢轴为 4。正确答案是 A。

【知识点】 排序算法

23. 在文件"局部有序"或文件长度较小的情况下,最佳内部排序方法是(   )。

    A. 直接插入排序   B. 冒泡排序

    C. 简单选择排序   D. 快速排序

【答案】 A

【解析】 简单选择排序中,其性能主要取决于比较次数,而比较次数与排序序列无关;快速排序中,序列越有序,性能越差;冒泡排序中,局部有序能减少相邻元素的互换次数,不会减少比较次数和排序趟数;直接插入排序,如果待排序的元素序列基本有序的话,能减小比较次数和元素的移动次数,其时间复杂度将接近于 $O(n)$。正确答案是 A。

【知识点】 排序方法比较

24. 在下列排序方法中,(   )方法可能出现这种情况:在最后一趟开始之前,所有元素都不在其最终应在的位置上。

    A. 快速排序   B. 冒泡排序   C. 堆排序   D. 插入排序

【答案】 D

【解析】 正确答案是 D。

【知识点】 排序方法

第二篇

实践指导篇

第 **1** 章　　　　　绪　　论

1.1　上机练习题

1.1.1　常见函数的增长趋势

【问题陈述】　常见算法时间函数的增长趋势分析。编程,对于集合$\{2^4,2^5,2^6,2^7,2^8\}$中的每个整数,输出$\log_2 n$、$\sqrt{n}$、$n\log_2 n$、n^2、n^3、2^n、$n!$的值。

【设计提示】

(1) 调用库函数,计算$\log_2 n$、$\sqrt{n}$、2^n;编写计算阶层的函数。

(2) 定义一个数组存放n的多个值,例如:int n[]=\{16,32,64,128,256\},这样可以通过循环取值。

(3) 设计输出或做一张表,可以直观地看到每个函数值随n增加的变化趋势。

【参考源码】

```
// 包含文件等
1   #include <iostream>        // cin,cout
2   #include <iomanip>         //setw()
3   #include <cmath>
4   using namespace std;
// 计算 n!
1   long fact(int n)
2   { long i , fac=1;
3       if(n<1) return 0;
4       else
5       { for(i=1;i<=n;i++)
6            fac=fac * i;
7       }
8       return fac;
9   }
```

```
// 主函数
1  int main()
2  {   int d[4]={16,64,128,256};
3      int i;
4      cout<<endl;
5      cout<<"n"<<setw(12)<<"logn"<<setw(12)<<"sqrt"<<setw(10)
6          <<"nlogn" <<setw(12)<<"n2"<<setw(13)<<"n3"<<setw(14)
7          <<"pow"<<setw(14)<<"n!"<<endl;
8      for(i=0;i<4;i++)
9      {   cout<<d[i]<<setw(10)<<log(d[i])/log(2)
10         <<setw(12)<<sqrt(d[i])<<setw(12)<<d[i]*log(d[i])/log(2)
11         <<setw(12)<<d[i]*d[i]<<setw(14)<<d[i]*d[i]*d[i]
12         <<setw(14)<<pow(d[i],3)<<setw(14)<<fact(d[i])<<endl;
13     }
14     return 0;
15  }
```

1.1.2 高效计算阶层和

【问题陈述】 设计一个时间性能尽可能好的算法,求 $1!+2!+3!+\cdots+n!$ 的值,说明算法的时间复杂度。

【设计提示】 最高效的方法是利用 $n!=n*(n-1)!$ 的规律,在前面计算的基础上,做一次乘法得到下一个阶层,时间复杂度为 $O(n)$。

求阶层和的【参考源码】如下:

```
1  long Algo(int n)              //1!+2!+...+n!
2  {   int p=1,s=0;              //p是1!, s放累加
3      int i;                    //循环变量
4      for(i=1;i<=n;i++)
5      {   p=p*i;
6          s=s+p;
7      }
8      return s;
9  }
```

1.1.3 溢出及函数退出方式

【问题陈述】 试编写一个函数计算 $n!\times 2^n$ 的值,结果存于数组 $a[N]$ 的第 n 个数组元素中,$0 \leqslant n \leqslant N$。若计算过程中出现第 k 项 $k!\times 2^k$ 超出计算机表示范围,按出错处理。给出下列 3 种方式的出错处理,记录处理结果:(1)用 exit(1)语句;(2)用 return 0、1 区别正常或非正常返回;(3)在函数参数表设置一个引用型变量来区别正常或非正常返回。

试讨论 3 种方法各自的优缺点。

【设计提示】

（1）符号数最高位 0 表示正数，1 表示负数；对于正整数运算，当为负数时，表示超出正整数的范围。程序中可据此判断是否溢出。

（2）设 $T(k)=k! \times 2^k$，则 $T(k+1)=T(k)*(k+1)*2$，利用前面的结果求后一项，可以提高算法的时间效率。

【参考源码】

```
// 包含文件等
1   #include <iostream>
2   using namespace std;
3   const int N=50;                              //结果项数

// 计算 n!×2ⁿ 的各项
1   int Clac(int T[],int n)
2   { int i;
3     T[0]=1;
4     if(n!=0)
5     {  for(i=1;i<n;i++)
6        {  cout<<i-1<<":"<<T[i-1]<<endl;         //输出各项
7           T[i]=T[i-1] * i * 2;                  //计算 i!×2ⁱ
8           if(T[i]<=0)                           //溢出,返回 0
9               return 0;
10       }
11    }
12    return 1;                                   //不溢出,返回 1
13  }

//主函数
1   int main()
2   { int n,a[N];
3     cout<<"Input n:"<<endl;
4     cin>>n;
5     if(!Clac(a,n))                              //计算结果溢出
6         cout<<"Overflow!"<<endl;                //给出提示
7     return 0;
8   }
```

3 种结束方式的比较如下。

方式一：用"exit()"函数退出，结束整个应用程序，回到操作系统状态。如图 2-1-1 所示，溢出后没有返回 main()函数。如果由函数的运行结果决定整个应用程序是否继续，采用此方式。

方式二：采用 return 0 或 1 返回，被调函数执行到此语句时，结束运行，返回到调用函数。调用函数通过判断返回值，了解被调用函数的处理情况。如图 2-1-2 所示，溢出后

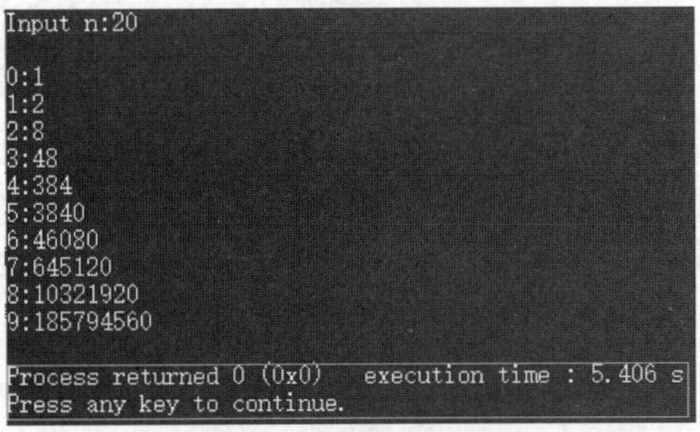

图 2-1-1 exit()退出示例

回到 main(),执行标记语句 6,输出提示信息"Overflow!"。

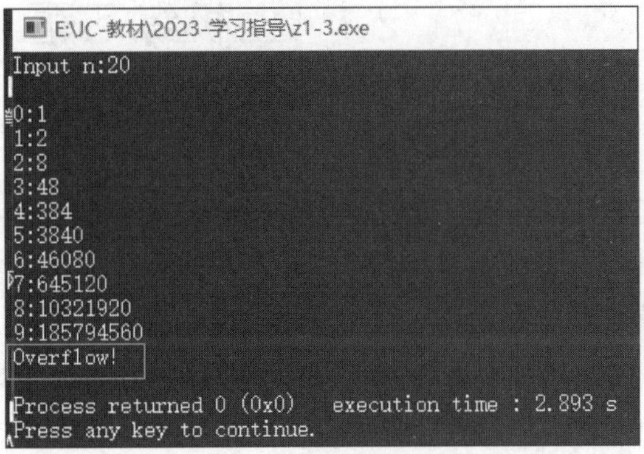

图 2-1-2 return 退出示例

因为 return 只能返回一个值,所以,这种方式只适用于返回一个值,或返回是/否、有/否等两种情况的判断。

方式三:通过引用型形参把运算结果带回调用函数,调用函数获取该值或通过它了解被调用函数处理情况。形参可以多个,因此,该方法适用于多种情况的判断。

第 **2** 章　　　　线　性　表

2.1　上机练习题

2.1.1　用顺序表基本操作求解 $A=A\bigcap B$

【问题描述】　分别用顺序表表示两个数据元素类型为整型的集合 A 和 B，用顺序表的基本操作求解问题：$A=A\bigcap B$。

【设计提示】

（1）题目要求用顺序表的基本操作实现，通过使用头文件"SqList.h"调用已实现的顺序表。

（2）实现求两集合交集，需创建表示集合的线性表及显示集合元素，这两个操作均可使用已实现的顺序表相关操作，无须编程。

【参考源码】

```
//文件头(包含文件等)
1   #include <iostream>
2   using namespace std;
3   #include "SqList.h"                      //已实现的顺序表
//求 A=A∩B
0   template <class DT>
1   void InterSect(SqList<DT>&La, SqList<DT>Lb)
2   { DT e;
3     int i,j;
4     for (i=1; i<=La.length; i++)          //扫描 La
5     { GetElem_i(La,i,e);                   //获取 La 的第 i 个元素
6       if (!LocateElem_e(Lb, e))            //Lb 中没有此元素
7       { DeleElem_i(La,i);                  //从 La 中删除此元素
8         i--;;                              //设置扫描位序
9       }
10    }
11  }
```

```
     主函数
0  │ int main()
1  │ {    SqList<int>la,lb;
2  │      int na, nb;
3  │      cout <<"创建集合 A" <<endl;
4  │      cout <<"输入集合 A 元素个数: " <<endl;
5  │      cin >>na;
6  │      InitList(la, na);                        //创建集合 A
7  │      CreateList(la, na);
8  │      cout <<"创建集合 B" <<endl;
9  │      cout <<"输入集合 B 元素个数: " <<endl;
10 │      cin >>nb;
11 │      InitList(lb, nb);                        //创建集合 B
12 │      CreateList(lb, nb);
13 │      cout <<"创建的集合 A 为: ";
14 │      DispList(la);
15 │      cout <<endl;
16 │      cout <<"创建的集合 B 为: ";
17 │      DispList(lb);
18 │      cout <<endl;
19 │      InterSect(la,lb);                        //求 A=A∩B
20 │      cout <<"A∩B 为: ";
21 │      DispList(la);
22 │      cout <<endl;
23 │      return 0;
24 │ }
```

2.1.2　用链表基本操作求解 $A=A\bigcap B$

【问题描述】　分别用有头结点的单链表表示两个数据元素类型为整型的集合 A 和 B,用单链表的基本操作求解问题: $A=A\bigcap B$。

【设计提示】

(1) 区别于 2.1.1 节的问题,此题要求用有头结点的单链表实现 $A=A\bigcap B$。采用 "LinkList.h" 头文件,调用已实现链表的基本操作。

(2) 解题思路一样,但单链表没有长度属性,需调用基本操作 ListLength 求取集合中元素个数。

主函数与 2.1.1 节的主函数类似,文件头及求集合交的【参考源码】如下,不同之处由下画线标出。

```
//文件头(包含文件等)
1  │ # include <iostream>
2  │ using namespace std;
3  │ # include "LinkList.h"                       //采用有头结点的单链表
//求 A=A∩B
```

```
0   template <class DT>
1   void InterSect(LNode<DT> * &La,LNode<DT> * Lb)
2   { DT e;
3     int i,j;
4     for(i=1;i<=ListLength(La);i++)              //扫描 La
5     { GetElem_i(La,i,e);
6       if(!LocateElem_e(Lb,e))                   // Lb 无此元素
7       { DeleElem_i(La,i);                       //从 La 中删除此元素
8         i--;                                    //恢复扫描位序
9       }
10    }
11  }
```

2.1.3 有序表问题

【问题描述】 实现下列有头结点单链表(设数据元素类型为整型)的操作:(1)有序表的创建;(2)插入一个新元素,表依然有序;(3)两个有序单链表的就地合并。

【设计提示】

(1) 有序表的创建方法有多种。方法一:先创建一个无序表,后排序形成有序表;方法二:要求用户输入有序序列创建有序表,此方法可靠性差;方法三:通过有序插入来创建有序表。本题采用方法三。

(2) 在有序表(设为非降序)中插入元素,需顺序查找插入位置,若有相邻元素(a_i,a_{i+1}),新元素比 a_i 大且比 a_{i+1} 小,则新元素插在 a_i 后。

两个有序表的合并方法,与稀疏多项式类似。

核心【参考源码】如下:

```
//存储结构定义
1   struct LNode                         //链表结点
2   { int data;                          //数据域,数据类型为整型
3     LNode * next;                      //指针域,指向下一个结点
4   };
// 有序插入元素
1   bool InsertElem_s(LNode * &L, int e)
2   { LNode *p, * q, * s;                //p指向q的前驱
3     s=new LNode;                       //建立新结点
4     if(!s)
5         return false;                  //结点创建失败,插入失败
6     s->data=e;                         //结点赋值
7     p=L;                               //从表首开始
8     q=p->next;
9     while(q && q->data<=e)             //顺序寻找插入点
10    { p=q;
```

```
11        q=q->next;                              //指针后移
12      }
13      s->next=q;                                // s 插在 p 之后
14      p->next=s;
15      return true;
16  }
```

//创建有序单链表

```
1   bool CreateList_s(LNode * (&L), int n)
2   { int i, e;                                    //设置工作变量
3     cout<<"输入 "<<n<<"个数据: "<<endl;
4     for(i=1; i<=n;i++)                            // n 次调用有序插入函数
5     { cin>>e;                                     //创建有序表
6        InsertElem_s(L, e);                        //每个元素均有序插入
7     }
8     return true;                                  //创建成功,返回 true
9   }
```

// 有序单链表就地合并

```
1   void UN_SortList(LNode * &La, LNode * Lb)
2   { LNode * pa, * pb, * qa, * qb;               //工作指针初始化
3     pa=La;
4     qa=pa->next;
5     pb=Lb;
6     qb=pb->next;
7     while (qa!=NULL && qb!=NULL)                  //两表均不空
8     { if (qa->data <qb->data)                     // LA 数据小
9       {  pa=qa;                                   // pa、qa 后移
10          qa=qa->next;
11      }
12      else if (qa->data>=qb->data)                // LA 数据大
13      { pb->next=qb->next;                         // qb 链接到 pa 之后
14        qb->next=qa;
15        pa->next=qb;
16        pa=qb;
17        qb=pb->next;
18      }
19     }
20     if(qb!=NULL)                                  // LA 处理完,LB 未完
21       pa->next=qb;                                // qb 链接到 qa 之后
22     delete pb;                                    //删除 lb 头结点
23     Lb=NULL;
24  }
```

```
// 主函数
1   int main()
2   {   SqList<char>la,lb,lc;
3       int na, nb;
4       cout <<"创建集合 A、B" <<endl;
5       cout <<"输入集合 A 元素个数: " <<endl;
6       cin >>na;
7       cout <<"输入集合 B 元素个数: " <<endl;
8       cin >>nb;
9       cout <<"输入集合 A 的元素:" <<endl;
10      InitList(la, na);
11      CreateList(la, na);
12      cout <<"输入元素 B 的元素:" <<endl;
13      InitList(lb, nb);
14      CreateList(lb, nb);
15      InitList(lc, lb.length +la.length);
16      cout <<"集合 A 为: ";
11      DispList(la);
17      cout <<endl;
18      cout <<"集合 B 为: ";
19      DispList(lb);
20      Union(la, lb, lc);
21      cout <<"A∪B 为: ";
22      DispList(lc);
23      InitList(lc, la.length);
24      InterSect(la,lb,lc);
25      cout <<"A∩B 为:  ";
26      DispList(lc);
27      InitList(lc, la.length);
28      Subs(la, lb, lc);
29      cout <<"A-B 为:  ";
30      DispList(lc);
31      return 1;
32  }
```

从函数 main()可知,它调用了函数 InitList()初始化单链表、函数 DispList()显示单链表和函数 DestroyList()销毁单链表,其源码参见"Linklist.h"中相关函数。

2.2 实 验 源 码

2.2.1 集合运算

【问题描述】 用线性表表示集合,实现集合交、并、差运算。

【设计说明】

(1) 采用顺序表存储集合;

（2）用已实现的顺序表解决问题。

实验中用到顺序表的创建、显示、销毁、按位序取元素、元素定位等基本操作，通过调用"SqList_exp2_1.h"实现。因为集合中不能有相同元素，对顺序表创建作适当修改。

【参考源码】

```
//顺序表创建
1   void CreateList(SqList<DT>& L, int n)
2   {  DT elem;
3      int i=0, j;
4      bool exist;
5      cout <<"请依次输入" <<n <<"个元素值: " <<endl;
6      while(i<n)                              //创建集合的 n 个元素
7      {  cin >>elem;
8         exist=false;                         //预设无相同元素
10        for (j=0; j<i-1; j++)                //判断是否存在相同元素
11            if (L.elem[j]==elem)             //已有同值元素
12               exist=true;                   //修改标志位
13            if(!exist)                       //无同值元素
14            {  L.elem[i-1]=elem;             //存入集合
15               i++;
16            }
17      }
18      L.length=n;                            //表长为创建的元素个数
19  }
```

该问题求解完整的.cpp 的【参考源码】如下。

```
//文件头
1   #include<iostream>
2   #include"SqList_exp2-1.h"                  //实现线性表创建、显示、销毁
3   using namespace std;
// 集合并 Lc=La∪Lb
1   template <class DT>
2   void Union(SqList<DT>La, SqList<DT>Lb,SqList<DT>&Lc)
3   {  DT e;
4      int i,k;
5      for (i=0; i<La.length; i++)             //将 La 全部导入 Lc
6          Lc.elem[i]=La.elem[i];
7      Lc.length=La.length;
8      for (i=1; i<=Lb.length; i++)            //扫描 Lb
9      {  GetElem_i(Lb, i, e);                 //获取 Lb 的第 i 个元素
10        if (!LocateElem_e(La, e))            //如果 La 中无此元素
11        {  k=Lc.length +1;                   //添加到 Lc 的表尾
```

```
12              InsertElem_i(Lc, k, e);
13          }
14      }
15  }
```

// 集合交

```
1   template <class DT>
2   void InterSect(SqList<DT>La, SqList<DT>Lb, SqList<DT>&Lc)
3   { DT e;
4     int i,k=0;
5     for (i=1; i<=La.length; i++)              //扫描 La
6     { GetElem_i(La, i, e);                    //获取 La 的第 i 个元素
7       if (LocateElem_e(Lb, e))                //如果 Lb 中有此元素
8       { k=Lc.length+1;                        //添加到 Lc 的表尾
9         InsertElem_i(Lc, k, e);
10      }
11    }
12  }
```

// 集合差，从 A 中去掉 B 中有的元素

```
0   template <class DT>
1   void Subs(SqList<DT>La, SqList<DT>Lb, SqList<DT>& Lc)/
2   { int i, k=0;
3     DT e;
4     for (i=1; i<=La.length; i++)              //扫描 La
5     { GetElem_i(La, i, e);                    //获取 La 的第 i 个元素
6       if (!LocateElem_e(Lb, e))               //如果 Lb 中无此元素
7       { k=Lc.length +1;                       //添加到 Lc 的表尾
8         InsertElem_i(Lc, k, e);
9       }
10    }
11  }
```

//主函数

```
1   int main()
2   { SqList<int>la,lb,lc;
3     int na, nb;
4     cout <<"\n 创建集合 A"<<endl;              //创建集合 A
5     cout <<"\n 输入集合 A 元素个数:";
6     cin >>na;
7     InitList(la, na);
8     CreateList(la, na);
9     cout <<"\n 创建集合 B"<<endl;              //创建集合 B
10    cout <<"\n 输入集合 B 元素个数: ";
11    cin >>nb;
12    InitList(lb, nb);
```

```
13        CreateList(lb, nb);
14        cout <<"\n 集合 A 为: ";
15        DisplList(la);                              //显示集合 A
16        cout <<"\n 集合 B 为: ";
17        DisplList(lb);                              //显示集合 B
18        cout <<endl;
19        cout <<"A∪B 为:  ";
20        InitList(lc, la.length +lb.length);         //初始化并集集合 C
21        Union(la, lb, lc);                          //求 C=A∪B
22        DisplList(lc);                              //显示集合 C
23        cout <<endl;
24        InitList(lc, la.length);                    //初始化交集集合 C
25        cout <<"A∩B 为:  ";
26        InterSect(la,lb,lc);                        //求 C=A∩B
27        DisplList(lc);                              //显示集合 C
28        cout <<endl;
29        cout <<"A-B 为:  ";
30        InitList(lc, la.length);                    //初始化差集集合 C
31        Subs(la, lb, lc);                           //求 C=A-B
32        DisplList(lc);                              //显示集合 C
33        cout <<endl;
34        DestroyList(la);
35        DestroyList(lb);
36        DestroyList(lc);
37        return 1;
38  }
```

2.2.2　一元多项式求导

【问题描述】　求一元多项式 $P_n(x)=p_0+p_1x+p_2x^2+\cdots+p_nx^n$ 的一阶导数。

【设计说明】　用有头结点的单链表按幂升序存储多项式。

核心代码的【参考源码】如下。

```
// 存储结构定义
1  struct PolyNode                                    //多项式结点
2  {  float coef;                                     //系数
3     int exp;                                        //指数
4     PolyNode * next;                                //指向下一项结点
5  };
//创建多项式
```

```
1   bool CreatePoly(PolyNode * & L, int n)              //尾插法创建 n 阶多项式
2   { PolyNode * p, * s;
3      p=L;
4      cout <<"按幂升序依次创建各结点!" <<endl;
5      for (int i=1; i<=n; i++)
6      { s =new PolyNode;
7         if (!s)
8            return false;
9         cout <<"输入第" <<i <<"项系数: ";
10        cin >>s->coef;
11        cout <<"输入第" <<i <<"项幂指数: ";
12        cin >>s->exp;
13        s->next=p->next;
14        p->next=s;
15        p=s;
16     }
17     return true;
18  }
```

//显示多项式

```
1   void DispPoly(PolyNode * L)                         //通过遍历结点,输出多项式
2   { PolyNode * p;
3      if(!L)                                           //空表,无显示
4      { cout<<"空表!";
5         return;
6      }
7      p=L->next;
8      while(p && p->next)
9      { cout<<p->coef<<"x^"<<p->exp<<" +";             //分别输出成员
10        p=p->next;
11     }
12     cout<<p->coef<<"x^"<<p->exp;
13  }
```

//求导

```
1   void Processlink(PolyNode * LA, PolyNode * &LB)
2   { PolyNode * p=LA->next;                            // p 指向一元多项式首元结点
3      InitPoly(LB);
4      PolyNode * q=LB;                                 //创建导数链表头结点
5      while (p)                                        // p 非空,重复
6      { int t=p->coef * p->exp;                        //幂与系数相乘
7         if (t!=0)                                     //非零
8         { PolyNode * s=new PolyNode;                  //创建结点
9            s->coef=t;
10           s->exp=p->exp -1;                          //幂减一
11           q->next=s;                                 //新结点连接到 q 之后
```

```
12        q=q->next;                          //q后移
13        q->next=NULL;                        //最后结点无后继
14      }
15    p=p->next;                              //将工作结点移向下一个
16   }
17 }
```

//主函数

```
1  int main()
2  { int m;
3    PolyNode * LA=NULL, * LB=NULL;           // LB 为 LA 的导数
4    InitPoly(LA);                            //创建多项式 A
5    cout <<"\n 请输入多项式的项数:  ";
6    cin >>m;
7    CreatePoly(LA, m);
8    cout <<"\n 创建的多项式为:  ";
9    DispPoly(LA);
10   Processlink(LA,LB);                       //多项式求导
11   cout <<"\n 该多项式的一阶导数为:  ";        //显示结果
12   DispPoly(LB);
13   cout <<endl;
14   DestroyPoly(LA);                          //销毁多项式
15   DestroyPoly(LB);
16   return 1;
17 }
```

实现中还涉及初始化多项式链表函数 InitPoly()、销毁多项式链表函数 DestroyPoly(),参见 LinkList.h 中相关函数。

对于非原子型数据元素,如本例中数据元素包含两个属性 coef 和 expn,输出时不能作为整体输出,需逐一输出各属性值。详见多项式显示函数 DispPoly()语句 9 和语句 12。

2.2.3 有序表合并

【问题描述】 将两个数据元素类型为整型的有序表 A、B 归并为一个有序表,结果存于 A 中。设计要求:空间复杂度 $O(1)$。

程序设计与源码参见上机练习题 2.1.3。

2.2.4 循环单链表

【问题描述】 基于模板机制设计并实现有头结点的循环单链表。设计要求:(1)编写一个头文件 clinklist.h,实现循环单链表的各种基本操作。(2)编写一个.cpp 文件,通过调用上述头文件,完成相应功能。

要求实现的基本操作有:(1)初始化表;(2)在指定位置插入元素;(3)删除指定位序

的元素；(4)访问第 i 个元素；(5)修改第 i 个元素值；(6)求表长；(7)显示表元素；(8)销毁表。

【设计说明】

(1) 循环单链表的结构定义与单链表一样；

(2) 区别于单链表，循环单链表将尾结点的空指针改为指向头结点，整个单链表就形成了一个环。这使得初始化操作和与遍历相关的操作(基本操作(1)~(6))的遍历循环条件发生变化。

基本操作(1)~(6)的**【参考源码】**如下，其中用黑体标注了区别于单链表的部分。

```
//(1)初始化表
0  template <class DT>
1  bool InitList(LNode<DT> * & L)
2  {  L=new LNode<DT>;                          //创建头结点
3     if (!L)
4        exit(1);                               //创建失败，退出
5     L->next=L;                                //创建成功
6     return true;                              //返回 true
7  }
//(2)在指定位置(i 处)插入元素
0  template<class DT>
1  bool InsertElem_i(LNode<DT> *  (&L), int i, DT e)
2  {  int j=0;
3     LNode<DT> * p;                            //初始化
4     p=L;                                      //工作指针初始化
5     while (p ->next !=L && j <i -1)
6     {  p =p->next;
7        j++;
8     }
9     if (j!=i-1)                               //定位失败
10       return false;
11    else                                      //定位成功
12    {  LNode<DT> * s;
13       s=new LNode<DT>;                       //建立新结点
14       s->data=e;                             //新结点赋值
15       s->next=p->next;                       // s 链接到 p 结点之后
16       p->next=s;
17       return true;                           //插入成功
18    }
19 }
//(3)删除指定位序(i)的元素
```

```
0   template<class DT>
1   bool DeleElem_i(LNode<DT> * (&L), int i)
2   {  LNode<DT> * p, * q;
3     p=L;                                        //查找从头结点开始
4     int j=0;                                     //计数器初始化
5     if (p->next==L)                              //空表
6        return false;
7     while (p->next->next!=L && j<i-1)            //定位到删除结点前驱
8     {  p=p->next;
9        j++;
10    }
11    if (j!=i-1)
12       return false;                             //删除操作
13    q=p->next;                                    //暂存删除结点位置
14    p->next=q->next;                              //从链表中摘除删除结点
15    delete q;
16    return true;                                  //删除成功,返回 true
17 }
```

//(4)访问第 i 个元素

```
0   template<class DT>
1   bool GetElem_i(LNode<DT> * L, int i, DT& e)
2   {  LNode<DT> * p;
3     p=L->next;                                   //从首结点开始,数结点
4     int j=1;                                      //计数器初值为 1
5     while (p!=L && j<i)                           //定位到第 i 个元素结点
6     {  p=p->next;
7        j++;
8     }
9     if (p==L || j>i)                              //未找到
10       return false;
11    else                                          //找到
12    {  e=p->data;                                 //获取第 i 个元素值
13       return true;                               //操作成功
14    }
15 }
```

//(5)修改第 i 个元素值

```
0   template<class DT>
1   bool PutElem_i(LNode<DT> * (&L), int i, DT e)
2   {  LNode<DT> * p;                              //创建工作指针
3     p=L->next;                                   //从首元素结点开始
4     int j=1;                                      //计数器初值为 1
5     while (p!=L && j<i)                           //查找第 i 个元素结点
6     {  p=p->next;
```

```
7          j++;
8        }
9      if (p ==L || j>i)                        //元素不存在
10        return false;
11     else                                      //找到元素
12     {  p->data=e;                             //修改元素值
13        return true;                           //修改成功
14     }
15 }
```

//(6) 表长

```
0  template<class DT>
1  int ListLength(LNode<DT> * L)
2  {  LNode<DT> * p=L;                           //工作指针指向头结点
3     int len=0;                                 //计数器赋初值 0
4     while (p->next !=L)                        //有后继结点
5     {  len++;                                  //结点数增 1
6        p=p->next;                              //指针后移
7     }
8     return len;                                //返回表长
9  }
```

//(7) 遍历输出表元素

```
0  template <class DT>
1  void DispList(LNode<DT> * L)                  //显示表内容
2  {  LNode<DT> * p;
3     if (L->next==L || L==NULL)                 //空表或表不存在
4     {  cout <<"该表为空" <<endl;
5        return;
6     }
7     p=L->next;                                 //从首元素结点开始遍历
8     while (p!=L)                               //依次输出各结点值
9     {  cout <<p->data <<"\t";
10       p=p->next;
11    }
12    cout <<endl;
13 }
```

//(8) 销毁表

```
0  template <class DT>
1  void DestroyList(LNode<DT> * (&L))            //释放链表所占空间
2  {  LNode<DT> * p;
3     while (L->next==L)                         //表非空
4     {  p=L;                                    //处理表头结点
5        L=L->next;                              //头指针后移
6        delete p;                               //释放表头结点所占内存
```

```
7       }
8       L=NULL;                                      //头指针指向空
9   }
```

主文件(.cpp)的设计参考 LinkList.cpp。

2.2.5 约瑟夫问题

【问题描述】 撇开具体背景,约瑟夫环问题描述如下。设有编号为 $1, 2, \cdots, n\,(n>0)$ 的 n 个人围成一圈,从约定编号 $k\,(1 \leqslant k \leqslant n)$ 开始报数,报到 m 的人出圈,然后从他的下一位开始新一轮报数。如此反复下去,直至所有人出圈。当任意给定 n 和 m 时,设计算法求 n 个人出圈的顺序。设计要求:对任意 n 个人,密码为 m,起始报数人编号为 k,实现约瑟夫环问题。

【设计说明】
(1) 采用无头结点的循环单链表存储圈中人的信息。
(2) 在链表中的顺序为圈中人的编号。
(3) 为方便测试不同情况,人数、密码和起报人数均通过交互方式输入。
该问题求解的完整【参考源码】如下。

```
//包含文件等
1   #include<iostream>
2   using namespace std;
//存储结构定义
1   struct person
2   {   int num;                                     //人的编号
3       person * next;
4   };
//创建循环单链表表示的圈
1   void creative_link(person * & h, int n)          //尾插法构造循环链表
2   {   int i;
3       person * p, * new_person;
4       h=new person;
5       h->num=1;
6       p=h;
7       for (int i=2; i<=n; i++)
8       {   new_person=new person;                   //新建结点
9           new_person->num=i;                       //第 i 个结点,编号为 i
10          p->next=new_person;                      //新结点插在表尾
11          p=p->next;
12      }
13      p->next=h;
14  }
```

```
// 求出圈序列
1   void Processlink(person * & h, int n, int m, int k)        //k: 起始人,m: 密码
2   {  person * p=h, * q;                   //p 为删除位置前驱,q 为删除位置
3      int count=1, t=0;                    //k 为当前报数,t 为当前出圈人
4      while (p->next->num!=k)              //定位到出队结点前驱
5         p=p->next;
6      q=p->next;                           //q 为当前报数人
7      while (p->next!=p)                   //圈中有人
8      {  if (count==m)                     //数到第 m 个,出圈
9         {  t++;                           //出圈顺序
10           cout <<q->num <<"号成员第" <<t <<"个出局" <<endl;
11           p->next =q->next;
12           delete q;
13           q=p->next;
14           count=1;
15        }
16        else
17        {  count++;                       //报数加 1,q、p 往后移位
18           p=q;
19           q=q->next;
20        }
21     }
22     cout <<p->num <<"号成员第" <<t++<<"个出局" <<endl;
23  }
```

```
// 主函数
1   int main()
2   {  int n, m, k;
3      cout <<"请一次输入人数,密码,第几个人报数"<<endl;
4      cin >>n >>m >>k;                     //设置人数,密码,起始计数位置
5      person * h=NULL;
6      creative_link(h, n);                 //创建链表
7      Processlink(h, n, m, k);             //求出圈序列
8      return 1;
9   }
```

第 3 章　栈 和 队 列

3.1　上机练习题

3.1.1　共用存储区的两个栈

【问题描述】　设有两个栈 S_1 和 S_2 都采用顺序栈方式,并且共享一个存储区[O..maxsize－1]。为了尽量利用空间,减少溢出的可能,采用栈顶相向、迎面增长的存储方式。试设计 S_1 和 S_2 有关入栈和出栈的操作算法。

【设计提示】

(1) 两个栈共用一个存储区时,两个栈的栈顶分别设在存储区的低端和高端,初始化时两栈顶分别为 S.top1＝－1, S.top2＝S.maxsize。

(2) 入栈时,两栈相向而行;出栈时,两栈背向而行。

栈结构定义、入栈与出栈的【参考源码】如下。

```
//栈结构定义
1  template <class DT>
2  struct Stack
3  {  DT * base;                              //基址
4     int maxsize;                            //栈容量
5     int top1, top2;                         //栈顶指针
6  };
//栈初始化
0  template <class DT>
1  bool InitStack(Stack<DT>&S, int n)          //初始化栈
2  {  S.base=new DT[n];                        //申请存储空间
3     if(!S.base)                              //申请失败
4        exit(1);                              //结束运行
5     S.maxsize=n;                             //栈容量
6     S.top1=-1;                               //栈顶 1
7     S.top2=S.maxsize;                        //栈顶 2
8     return true;                             //创建成功
9  }
```

//入栈

```
0    template <class DT>
1    bool Push(Stack<DT>&S, DT e, int k)              //入栈
2    {  if(S.top1+1==S.top2)
3       {  cout<<"栈满,不能入栈!"<<endl;
4          return false;
5       }
6       else if(k==1)                                 //栈1入栈
7       {  S.top1++;
8          S.base[S.top1]=e;
9          return true;                               //栈1入栈成功
10      }
11      else                                          //栈2入栈
12      {  S.top2--;
13         S.base[S.top2]=e;
14         return true;                               //栈2入栈成功
15      }
16   }
```

//出栈操作

```
0    template <class DT>
1    bool Pop(Stack<DT>&S, DT &e, int k)              //出栈
2    {  if(!(k==1 || k==2))
3           return false;
4       if(k==1)                                      //栈1出栈
5       {  if(S.top1==-1)                             //栈1空
6          {  cout<<"栈1空,不能出栈!"<<endl;
7             return false;                           //不能出栈
8          }
9          else                                       //栈1非空
10         {  e=S.base[S.top1];                       //栈1元素出栈
11            S.top1--;
12            return true;                            //栈1出栈成功
13         }
14      }
15      else                                          //栈2出栈
16      {  if(S.top2==S.maxsize)                      //栈2空
17         {  cout<<"栈2空,不能出栈!"<<endl;
18            return false;                           //不能出栈
19         }
20         else                                       //栈2非空
21         {  e=S.base[S.top2];                       //栈2元素出栈
22            S.top2++;
23            return true;                            //栈2出栈成功
24         }
25      }
26   }
```

完整源码见主教材数字资源源码"ex3-1.",其中主函数中栈元素类型为字符型。

3.1.2 单指针链队

【问题描述】 假设以带头结点的循环链表表示队列,并且只设一个指针指向队尾元素结点(注意不设头指针),试编写相应的初始化队列、入队列和出队列算法。

【参考源码】 见 3.2.5 节实验题。

3.2 实验源码

3.2.1 数制转换

【问题描述】 将十进制正整数转换为十六进制数。设计要求:(1)用递归算法求解问题。(2)以栈为工具,用非递归方法求解问题。(3)键盘输入十进制正整数,屏幕输出十六进制数。

1. 递归算法

十进制数转换为十六进制数的递归求解【参考源码】如下。

```
1   void Trans10To16_1(int n)
2   { int k;
3     if(n!=0)                //非零,递归求解
4     { k=n%16;
5       Trans10To16_1(n/16);
6       if(k<=9)              //0～9,直接显示
7         cout<<k;
8       else                  //10～15 显示为 A～F
9         cout<<char('A'+k-10);
10    }
11  }
```

2. 非递归算法

【设计说明】 以顺序栈为工具。

十进制数转换为十六进制数的非递归求解【参考源码】如下。

```
1   void N10to16_2(int n)
2   { SqStack<int>S;                //顺序栈
3     int k,StackSize=20;
4     InitStack(S,StackSize);       //创建顺序栈
5     while(n)                       //被除数非 0
6     { Push(S,n%16);               //余数进栈
7       n=n/16;                     //取商
8     }
9     while (!StackEmpty(S))        //栈非空
10    { Pop(S,k);                   //出栈
```

```
11        if(k<=9)                              //大于9的数字转换为字母
12            cout<<k;
13        else
14            cout<<char('A'+k-10);
15    }
16    DestroyStack(S);                          //销毁栈
17 }
```

3.2.2 算术表达式正确性判断

【问题描述】 判断一个可以进行整数加(＋)、减(－)、乘(×)、除(/)、求模(％)和圆括号运算的表达式在形式上是否正确。设计要求：能够判断操作数错、操作符错、括号不匹配、含非法符号等错误。

【设计说明】

(1) 表达式由键盘输入，为字符串形式。

(2) 进行3种判别：圆括号匹配及操作数与操作符是允许字符。

该问题求解的完整【参考源码】如下。

```
   //文件头
1  #include<iostream>                           //cout,cin
2  using namespace std;
3  #include "SqStack.h"                          //顺序栈
   // 括号匹配检查(表达式以"="结束)
1  bool match(char * exp)
2  { SqStack<char>S;
3    int stacksize=40;
4    InitStack(S,stacksize);
5    int flag=1;                                 //匹配标志
6    char ch;
7    char x;
8    cout<<"exp="<<exp<<endl;                    //显示表达式
9    ch= * exp++;
10   while(ch!='=' && flag)
11   { switch (ch)
12     { case '(':                               //处理"("
13         cout<<ch<<" 左括号进栈!"<<endl;
14         Push(S,ch);                           //入栈
15         break;
16       case ')':                               // 处理")"
17         if (!StackEmpty(S))                   //栈非空
18         { Pop(S,x);                           //出栈
19           cout<<" 右括号出栈!"<<endl;
20         }
```

```
21        else                                    //栈空
22        {  cout<<"右括号多!"<<endl;
23           flag=0;                              //不匹配
24        }
25        break;
26      }
27     ch= * exp++;                               //继续读入下一个字符
28     }
29   if(!StackEmpty(S))
30      cout<<"左括号多了!"<<endl;
31   if (StackEmpty(S) && flag)                   //匹配成功
32      return true;
33   else                                         //匹配失败
34       return false;
35   DestroyStack(S);
36 }
```

// 判断 **ch** 是否为操作数

```
1  bool IsOD(char ch)
2  { if(ch>='0'&& ch<='9')                        // ch 是操作数
3       return true;
4    else                                         // ch 是非操作数
5       return false;
6  }
```

// 判断 **ch** 是否为运算符

```
1  bool IsOP(char ch)
2  {  switch(ch)
3    { case'+':
4      case'-':
5      case' * ':
6      case'/':
7      case'(':
8      case')':
9      case'=':return true;
10     default:
11            return false;
12    }
13 }
```

//表达式中数据元素检查

```
1  bool IsOpOd(char * exp)
2  {  char ch;
3     bool f_op=true,f_od=true,f=true;
4     ch= * exp++;
5     while(ch!='=' && f)                         // =为表达式结束符
6     {  f_op=IsOP(ch);
```

```
7        f_od=IsOD(ch);
8        if(f_op)                              //是操作符
9            ch= * exp++;                      //取下一个字符
10       else if (f_od)                        //是操作符
11           ch= * exp++;                      //取下一个字符
12       else                                  //设置表达式错误标志
13       {    cout<<endl;
14            cout<<ch<<"不是操作数,也不是操作符!"<<endl;
15            f=false;
16       }
17   }
18   if(!f)                                    //表达式错
19       return false;
20   else                                      //表达式正确
21       return true;
22 }
```

```
//主函数
1  int main()
2  {   char exp[50];
3      cout<<"\n 请输入表达式,以=结束"<<endl;          //创建表达式
4      cin>>exp;
5      cout<<"\n 表达式: "<<exp<<endl;
6      if(IsOpOd(exp) && match(exp))                //判断表达式合理性
7          cout<<"\n 表达式正确!"<<endl;
8      else
9          cout<<"\n 表达式不正确!"<<endl;
10     return 1;
11 }
```

3.2.3 栈的逆置

【问题描述】 将栈中元素逆置。设计要求:(1)以队列为工具,实现栈元素的逆置。(2)显示逆置前、后的栈元素值。

【设计说明】

(1) 基于已实现的栈求解该问题。

(2) 队列为本问题求解工具,因此,包含文件中既有栈也有队列。

(3) 源码中采用了顺序栈和顺序队列,文件头相关源码如下。

```
1  #include<iostream>                          //cout,cin
2  using namespace std;
3  #include "SqStack.h"                        //顺序栈
4  #include "SqQueue.h"                        //顺序队列
```

以队列为工具实现栈逆置的【参考源码】如下。

```
0    template<class DT>
1    void RevStack(SqStack<DT>S)
2    { SqQueue<DT>Q;
3      InitQueue(Q,S.stacksize);                    //创建队列
4      int e;
5      while (!StackEmpty(S))                        //栈非空
6      { if(Pop(S,e))                                //出栈
7        EnQueue(Q,e);                               //入队
8      }
9      while(!QueueEmpty(Q))                         //队非空
10     { if(DeQueue(Q,e))                            //出队
11       Push(S,e);                                  //入栈
12     }
13     DestroyQueue(Q);                              //销毁队列
14   }
```

3.2.4　求任意长两个大整数的和

【问题描述】　求任意长的两个大整数的和。设计要求：(1)能够实现超出整型数据表示范围的超长整数的加法运算。(2)从高位到低位显示超长整数及运算结果。

【设计说明】

(1) 被加数和加数，由键盘输入，最初形式为字符串。

(2) 字符串形式的大整数转换为数值型整数存储到一维整型数组中时，借助栈将低位存在低下标，高位存在高下标。

(3) 运算是从低位开始。

(4) 结果输出借助栈，先输出高位，后输出低位。

该问题求解的完整【参考源码】如下。

```
     //文件头
1    #include<iostream>                    //cout,cin
2    #include<string>
3    using namespace std;
4    #include "LinkStack.h"
     // 显示大整数
1    void DispData(int R[],int n)
2    { for(int i=n-1;i>=0;i--)             //从高位开始显示
3        cout<<R[i];
4      cout<<endl;
5    }
     //将字符串形式的大整数转换为数值形式
```

```
1   void StrToNum(string str,int R[],int n)
2   {  int i,num;
3      SNode<int> * S;
4      InitStack(S);                        //创建栈
5      for(i=0;i<n;i++)
6          Push(S,str[i]-'0');              //通过栈逆置高、低位数据顺序
7      i=0;
8      while(!StackEmpty(S))
9      {  if(Pop(S,num))
10          R[i++]=num;
11      }
12      DestroyStack(S);
13  }
```

//大整数求和

```
1   void GIAdd(int A[], int na, int B[], int nb)
2   {  SNode<int> * S;
3      InitStack(S);                        //创建栈
4      int c=0;                             //进位
5      int i=0,j=0;                         //位置指针
6      int sum;
7      DispData(A,na);
8      DispData(B,nb);
9      cout<<"sum=";
10     while(i<na && j<nb)                   //由低位到高位依次求和
11     {  sum=A[i++]+B[j++]+c;
12        c=sum/10;
13        sum=sum%10;
14        Push(S,sum);                       //通过栈将结果数据顺序改为高位到低位
15     }
16     cout<<endl;
17     while(i<na)
18     {  sum=A[i++]+c;
19        c=sum/10;
20        sum=sum%10;
21        Push(S,sum);
22     }
23     while(j<nb)
24     {  sum=B[j++]+c;
25        c=sum/10;
26        sum=sum%10;
27        Push(S,sum);
28     }
```

```
29        if (c==1)
30        {  sum=1;
31           Push(S,sum);
32        }
33        cout<<"显示栈: ";
34        DispStack(S);
35        cout<<endl;
36        while(!StackEmpty(S))
37        {  if(Pop(S,sum))
38           cout<<sum;
39        }
40        DestroyStack(S);
41 }
```

// 主函数

```
1  int main()
2  {  string str1,str2;
3     int l1,l2;                        //被加数、加数的位数
4     int * N1, * N2;                   //被加数、加数
5     SNode<int> * S;                   //栈
6     cout<<endl<<"\n 输入被加数: ";
7     cin>>str1;
8     l1=str1.length();
9     N1=new int[l1];                   //存储被加数
10    StrToNum(str1,N1,l1);
11    cout<<"\n 输入加数: ";
12    cin>>str2;
13    l2=str2.length();
14    N2=new int[l2];                   //存储加数
15    StrToNum(str2,N2,l2);
16    cout<<"\n 被加数: ";
17    DispData(N1,l1);
18    cout<<"\n 加数: ";
19    DispData(N2,l2);
20    BIAdd(N1,l1,N2,l2);               //求和
21    return 1;
22 }
```

3.2.5　单指针链队问题

【问题描述】　以设有尾指针的单链表表示队列,实现该队列的基本操作:初始化、入队、出队、测队空、获取队头元素、获取队尾元素、清空队等。设计要求:参照链队的验证程序,按基本操作设计程序功能并提供交互界面,以便验证每一个基本操作。

【设计说明】　与验证程序风格一致,基本操作放在头文件(LinkQueue3-5.h)中,交互操作放在应用程序程序文件(exp3-5.cpp)中。

实现基本操作的头文件 LinkQueue3-5.h 的【参考源码】如下。

```
//存储结构定义
//结点
0   template<class DT>
1   struct QNode
2   {   DT data;                            //数据域,存储数据元素值
3       QNode * next;                       //指针域,指向下一个结点
4   };
//队列
0   template<class DT>
1   struct LinkQueue
2   {
3       QNode<DT> * rear;
4   };
//初始化队列
0   template<class DT>
1   void InitQueue(LinkQueue<DT>&Q)         //创建空队列
2   {   Q.rear=new QNode<DT>;               //创建头结点
3       if(!Q.rear)                         //创建失败
4           exit(1);                        //结束运行
5       Q.rear->next=Q.rear;                //空队属性
6   }
//销毁队列
0   template<class DT>
1   void DestroyQueue(LinkQueue<DT>&Q)
2   {   QNode<DT> * p;
3       while(Q.rear->next!=Q.rear)         //从头结点开始
4       {   p=Q.rear->next;
5           Q.rear->next=p->next;
6           delete p;                       //依次释放结点
7       }
8       delete Q.rear;
9       Q.rear=NULL;
10  }
//清空队列
0   template<class DT>
1   void ClearQueue(LinkQueue<DT>&Q)
2   {   QNode<DT> * p, * h;
3       h=Q.rear->next;                     //指向头结点
4       p=h->next;                          //指向队头元素
5       while(p!=Q.rear)                    //从队头开始
6       {   h->next=p->next;
```

```
7         delete p;                                //依次释放结点
8         p=h->next;
9      }
10     Q.rear=h;                                    //空队
11     Q.rear->next=h;
12     delete p;
13  }
```

// 入队

```
0   template<class DT>
1   bool EnQueue(LinkQueue<DT>&Q,DT e)
2   {  QNode<DT> * p;
3      p=new QNode<DT>;                             //创建新结点
4      if(!p) return false;                         //创建失败,结束运行
5      p->data=e;                                   //新结点赋值
6      p->next=Q.rear->next;                        //链接在队尾
7      Q.rear->next=p;
8      Q.rear=p;
9      return true;                                 //入队成功
10  }
```

// 出队

```
0   template<class DT>
1   bool DeQueue(LinkQueue<DT>&Q,DT &e)
2   {  QNode<DT> * p;
3      if(Q.rear->next==Q.rear) return false;       //队空,返回 false
4      p=Q.rear->next->next;                        //取出队元素
5      e=p->data;
6      Q.rear->next->next=p->next;                  //摘除队首结点
7      if(Q.rear==p)                                //只有一个元素时出队
8      {  Q.rear=Q.rear->next;                      //修改队尾
9         Q.rear->next=Q.rear;
10     }
11     delete p;
12     return true;                                 //出队成功
13  }
```

// 取队头元素

```
0   template<class DT>
1   bool GetHead(LinkQueue<DT>Q,DT &e)
2   {  if(Q.rear->next==Q.rear) return false;       //队空,返回 false
3      e=Q.rear->next->next->data;
4      return true;                                 //删除成功
5  }
```

//取队尾元素

```
0   template<class DT>
1   bool GetTail(LinkQueue<DT>Q,DT &e)
2   {   if(Q.rear->next==Q.rear)                    //队空
3          return false;                            //返回 false
4      e=Q.rear->data;                              //获取队尾元素
5      return true;                                 //操作成功
6   }
```

//测队空

```
0   template<class DT>
1   bool QueueEmpty(LinkQueue<DT>Q)
2   {   if(Q.rear->next==Q.rear)                    //队空
3          return true;                             //返回 true
4      else                                         //非空
5          return false;                            //返回 false
6   }
```

//显示队列内容

```
0   template<class DT>
1   void DispQueue(LinkQueue<DT>Q)
2   {   QNode<DT> * p;
3      p=Q.rear->next->next;
4      while(p!=Q.rear->next)
5      {   cout<<p->data<<"\t";
6          p=p->next;
7      }
8      cout<<endl;
9   }
```

3.2.6　杨辉三角形问题

【问题描述】　输出杨辉三角形数列。设计要求：利用队列求取杨辉三角形数列。

【设计说明】　源码中采用了顺序队列。

该问题求解的完整【参考源码】如下。

//文件头

```
1   #include<iostream>                              //cout,cin
2   using namespace std;
3   #include "SqQueue.h"
```

//求杨辉三角形数列并输出

```
1    void YHTriangle(int n)
2    { int e1,e2;                            //存放出队、队头元素
3      int e=1;                              //输出元素,第1行为1
4      int i,j,k;                    // i为阶数;j为数据前空格控制,k为每行元素个数
5      SqQueue<int>Q;
6      InitQueue(Q, n+2);                    //创建队列
7      EnQueue(Q,0);                         // 0、1入队
8      EnQueue(Q,1);
9      for(j=1;j<n;j++)
10         cout<<' ';
11     cout<<e<<endl;                        //第1行
12     for(i=2;i<=n;i++)
13     {  for(j=1;j<n-i+1;j++)               //每行前空格
14          cout<<' ';
15       EnQueue(Q,0);                       //预置队尾0
16       k=1;
17       while(k<=i)                         //求各元素
18       {  if (DeQueue(Q,e1) && GetHead(Q,e2))
19          {  k++;
20             e=e1+e2;
21             cout<<e<<' ';
22             EnQueue(Q,e);                 //被输出元素入队
23          }
24          else
25             cout<<"出队异常"<<endl;
26       }
27       cout<<endl;
28     }
29     DestroyQueue(Q);
30   }
```

//主函数

```
1    int main()
2    {  int n;
3       cout<<"\n请输入要创建杨辉三角形的阶数：";
4       cin>>n;
5       cout<<"\n杨辉三角形："<<endl;
6       YHTriangle(n);
7       cout<<"结束运行 Bye-bye!"<<endl;
8       return 0;
9    }
```

第 4 章　数组和矩阵

4.1　上机练习题

4.1.1　求马鞍点

【问题描述】　如果矩阵 A 中存在这样的一个元素 $A[i][j]$ 满足条件：$A[i][j]$ 是第 i 行中值最小的元素，且又是第 j 列中值最大的元素，则称之为该矩阵的一个马鞍点。请编程计算出 $m \times n$ 的矩阵 A 的所有马鞍点。

【设计提示】　根据马鞍点的特征，可知，扫描各行，对每行求出其中最小元素，然后在其所在列判断其是否为列中最大元素，如果是，则为鞍点。

$$矩阵\ A = \begin{bmatrix} 18 & 20 & 7 & 10 \\ 35 & 26 & 27 & 28 \\ 20 & 24 & 26 & 30 \end{bmatrix},马鞍点为\ A[1][1]。$$

【参考源码】

```
//文件头(包含文件等)
1   #include <iostream>
2   using namespace std;
3   const int M=3;
4   const int N=4;
//求矩阵马鞍点
1   bool HSPoint(int a[M][N])
2   { bool find=false;            //find 标识矩阵是否有马鞍点
3       bool flag=true;          //flag 标识马鞍点
4       int i1,j,k,i2,j1,min;
5       for(i1=0;i1<M;i1++)       //扫描各行
6       { min=a[i1][0];k=0;       //求各行最小元素
7           for(j=1;j<N;j++)
8               if(a[i1][j]<min)
9               { min=a[i1][j];
```

```
10                          k=j;
11                        }
12          flag=true;
13          for(i2=0;i2<M;i2++)        //判断行最小元素是否为列最大元素
14          { if(a[i2][k]>min)
15              flag=0;                //非鞍点
16          }
17          if(flag)                                          //是马鞍点
18          { cout<<endl;
19            cout<<"("<<i1<<","<<k<<"):"<<a[i1][k];          //输出
20            find=true;                                      //矩阵有马鞍点
22            }
23        }
24      return find;
25  }
```

主函数中创建矩阵,调用 HSPoint()函数可求矩阵的马鞍点。完整源码见主教材数字资源源码 ex4-1.cpp。

4.1.2　"蛇形"矩阵

【问题描述】　编程实现:将自然数 $1\sim n^2$ 按"蛇形"填入 $n\times n$ 矩阵中。此 4 阶蛇形矩阵如图 2-4-1 所示。

【设计提示】

(1) 从左上角第一个格开始(起始为 1),沿着右上角到左下角的斜线,先从上到下,再从下到上,开始按数字递增填入。

(2) n 阶蛇形阵共有 $2n-1$ 条斜线(见图 2-4-1)需填数,设置初值 leg=1 表示从右上角到左下角的斜线按数字递增填写,每次填完后 leg 取相反值,继续按相反方向填数。

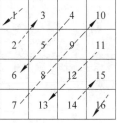

图 2-4-1　4 阶蛇形矩阵

生成 n 阶蛇形矩阵的【参考源码】如下。

```
// 创建蛇形矩阵
1   void handle(int * * &a, int n)          //处理矩阵
2   {  int count=1;                         //赋值器
3      int leg =1;                          //斜线方向
4      for (int t=0; t <2 * n-1; t++)       //斜线有 2*n-1 个元素
5      {  for (int i=0; i<n; i++)           //遍历行
6         {  for (int j=0; j <n; j++)       //遍历列
7            {  if (i +j ==t)
8                  if (leg <0)
9                    a[j][i] =count++;       //赋值
10                 else
11                    a[i][j] =count++;
```

```
12            }
13         }
14      leg =-leg;                              //调整斜线方向
15    }
16 }
```

主函数中创建矩阵,调用 handle()函数生成蛇形矩阵,另需编写矩阵显示函数。完整源码见主教材数字资源源码 ex4-2.cpp。

4.2　实 验 源 码

4.2.1　两个对称矩阵的和与积

【问题描述】　*A* 和 *B* 为两个 N 阶对称矩阵,求两个对称矩阵之和与乘积。设计要求:(1)输入,只输入对称矩阵下三角元素,存储在一维数组中。(2)输出,以阵列方式输出。

【设计说明】

(1)对称矩阵存储在一维数组中。

(2)按下标访问数组元素时,须根据下标 i、j 计算出其在一维数组中的位序,并据此在一维数组中存取元素。

(3)和矩阵与积矩阵均为非压缩存储。

该问题求解的完整【参考源码】如下。

```
//文件头
1  #include<iostream>
2  #include<iomanip>                            //left,setw()
3  using namespace std;
4  const int N=4;                               // N 阶对称矩阵
5  const int M=N * (N+1)/2;                      // N 阶对称矩阵压缩存储元素个数
// 按下标(i,j)获取矩阵元素
1  int value(int a[], int i, int j)             //获取 a[i][j]
2  {  if (i >=j)
3        return a[(i * (i +1)) / 2 +j];         // i≥j 的位序
4     else
5        return a[(j * (j +1)) / 2 +i];         // i<j 的位序
6  }
// 求对称矩阵的和 c=a+b
1  void madd(int a[], int b[], int c[][N])      //和运算
2  {  int i, j;
3     for (i=0; i<N; i++)
4        for (j=0; j<N; j++)
5           c[i][j]=value(a, i, j) +value(b, i, j);
6  }
```

// 求对称矩阵的积 **c=a * b**

```
1   void mult(int a[], int b[], int c[][N])                    //乘运算
2   {  int i, j, k, s;
3      for (i=0; i<N; i++)
4         for (j=0; j<N; j++)
5         {  s = 0;
6            for (k=0; k<N; k++)
7               s=s +value(a, i, k) * value(b, k, j);
8            c[i][j] =s;
9         }
10  }
```

//压缩对称矩阵的二维显示

```
1   void disp1(int a[])                    //输出压缩存储的对称矩阵
2   {  int i, j;
3      for (i=0; i<N; i++)
4      {  for (j=0; j<N; j++)
5            cout<<left<<setw(4)<<value(a, i, j);
6         cout <<endl;
7      }
8   }
```

// 二维矩阵显示

```
1   void disp2(int c[][N])                    //输出运算之后的矩阵
2   {  int i, j;
3      for (i=0; i<N; i++)
5      {  for (j=0; j<N; j++)
6            cout <<left <<setw(4) <<c[i][j];
7         cout <<endl;
8      }
9   }
```

// 主函数

```
1   int main()
2   {  int i;
3      int a[M],b[M];                    //压缩存储的对称矩阵 a、b
4      cout <<"请输入矩阵 A 的"<<M<<"个元素:";    //创建对称矩阵 a
5      for (i=0; i<M; i++)                    //行优先输入 a 的上三角元素
6         cin >>a[i];
7      cout <<left <<setw(4) <<"A 矩阵:"<<endl;
8      disp1(a);
9      cout <<"请输入矩阵 B 的"<<M<<"个元素:";    //创建对称矩阵 b
10     for (i=0; i<M; i++)                    //行优先输入 b 的上三角元素
11        cin >>b[i];
12     cout <<left <<setw(4) <<"B 矩阵:"<<endl;
```

```
13   disp1(b);
14   int c1[N][N], c2[N][N];
15   madd(a, b, c1);                               //求和
16   mult(a, b, c2);                               //求积
17   cout <<left <<setw(6) <<"A +B:"<<endl;
18   disp2(c1);
19   cout <<left <<setw(6) <<"A×B:"<<endl;
20   disp2(c2);
21   return 1;
22 }
```

4.2.2 "蛇形"矩阵

【问题描述】 蛇形矩阵是矩阵的一种,常被应用在编程题目与数学数列中。它是由 1 开始的自然数依次排列成的一个矩阵,有上三角形、环形或对角线等走法。编写程序,将自然数 $1 \sim n^2$ 按矩阵上三角的"蛇形"填入 $n \times n$ 矩阵中。

此问题同 4.1.2 节问题。

4.2.3 魔方问题

【问题描述】 要求在一个 $n \times n$ 方阵中不重复地填入 1 到 n^2 个数字,n 为奇数,使得每一行、每一列、每条对角线元素的累加和都相等。设计要求为(1)输入:数字 $n(3 \leqslant n \leqslant 15)$;(2)输出:以矩阵形式输出 n 阶魔方矩阵。

【设计说明】 矩阵存储空间由用户输入的阶数动态申请,因此,形参中的数组采用二维指针。

该问题求解的完整【参考源码】如下。

```
//文件头
1   #include<iostream>                             //cout,cin
2   using namespace std;
//初始化一个 n 阶矩阵
1   void initializeArray(int * * &arr, int n)
2   {  int i,j;
3      arr=new int *[n];
4      for (i=0; i<n; i++)
5         arr[i]=new int[n];
6      for (i=0;i<n;i++)
7         for (j=0;j<n;j++)
8            arr[i][j]=0;                          //所有元素均为 0
9   }
//创建魔方矩阵
```

```
1   void CreatingMagicSquare(int * * &arr, int n)
2   { int x=n / 2, y=0, p, q;              //x,y坐标起点为第一行的中点
3     arr[y][x]=1;
4     for (int i=2; i<=n * n; i++)
5     { p=x-1;
6       if (p<0)
7          p=n-1;
8       q=y-1;
9       if (q<0)
10         q=n-1;
11      if (arr[q][p]==0)              //左上移后的位置没有被填数
12      { x=p;                         //填值
13        y=q;
14        arr[y][x]=i;
15      }
16      else                          //否则,往下移位
17      { y++;
18        arr[y][x]=i;
19      }
20    }
21  }
```

//输出二维数组

```
1   void displayArray(int * * &arr, int n)
2   { int i ,j;
3     for ( i=0; i<n; i++)
4     { for (j=0; j<n; j++)
5          cout <<arr[i][j] <<"\t";
6       cout <<endl;
7     }
8   }
```

//主函数

```
1   int main()
2   { int * * arr, n=0;
3     cout <<"请输入 n,n须为奇数)" <<endl;
4     while (true)                            //保证 n 为奇数
5     { cin >>n;
6       if (n %2 ==1)
7          break;
8       cout <<"n须为奇数" <<endl;
9     }
10    initializeArray(arr, n);                //初始化数组
11    CreatingMagicSquare(arr, n);            //建魔方矩阵
12    displayArray(arr, n);                   //显示矩阵
13  }
```

第 **5** 章 树和二叉树

5.1 上机练习题

5.1.1 二叉树的若干基本操作

【问题描述】 设数据元素类型为字符型的二叉树采用二叉链表存储，编程实现下列操作：(1)创建；(2)显示；(3)4 种遍历；(4)销毁；(5)求出先序、中序和后序遍历序列的第一个结点和最后一个结点。

【设计提示】 操作(1)～(4)见《数据结构原理与应用实践教程》验证篇第 5 章二叉树的验证程序。(5)见本书 5.2.4 节。

5.1.2 二叉树的遍历

【问题描述】 设二叉树采用二叉链表存储，求出先序、中序和后序遍历序列的第一个结点和最后一个结点。

【设计提示】 见 5.2.4 节。

5.2 实验源码

本章实验给出了下列 5 个关于二叉树的任务，且要求采用二叉链表存储。

(1)用递归和非递归算法求二叉树的叶结点数；

(2)复制二叉树；

(3)用递归和非递归算法求二叉树的宽度；

(4)求先/中/后序遍历的第一个和最后一个结点；

(5)求根到叶结点的路径。

上述任务每一个问题的求解，均涉及二叉树的创建、显示、销毁等操作，因此，源码中把所有问题的求解集成在 exp5.cpp 文件中。对每一个问题，给出了功能选项。读者可按功能选项一一测试。

二叉树的基本操作在"bitree.h"文件中；非递归求叶结点，需用堆栈，源码中采用了顺序栈;非递归求宽度中用了队列,源码中采用了顺序队列。源码中的包含文件等编码如下。

```
1   #include<iostream>
2   #include<string>
3   using namespace std;
4   #include "bitree.h"
5   #include "SqQueue_bt.h"
6   #include "SqStack_bt.h"
```

5.2.1 二叉树的叶结点计数

【问题描述】 已知一棵二叉树,求该二叉树的叶结点的个数。设计要求:(1)采用二叉链表存储二叉树;(2)采用递归算法求二叉树中叶结点个数;(3)采用非递归算法求二叉树中叶结点个数。

【设计说明】 栈中元素类型为 BTNode<DT> *。

递归与非递归求叶结点数的【参考源码】如下。

//求二叉树叶结点数的递归算法
```
0   template <class DT>
1   int LeafNum_1(BTNode<DT> * bt)
2   {  if(!bt)                                        //空树,叶结点数为 0
3         return 0;
4      else if(bt->lchild==NULL && bt->rchild==NULL)
5         return 1;
6      else
7         return LeafNum_1(bt->lchild)+LeafNum_1(bt->rchild);
8   }
```
//二叉树叶结点数,非递归算法
```
0   template <class DT>
1   int LeafNum_2(BTNode<DT> * bt)
2   {  SqStack<DT>S;                                  //创建栈
3      int m=20,count=0;
4      InitStack(S, m);
5      BTNode<DT> * p;
6      p=bt;                                          //从树根开始
7      while (p!=NULL || !StackEmpty(S))              //树非空或栈非空
8      {  while(p!=NULL)                              //结点非空
9         {  if(p->lchild==NULL && p->rchild==NULL)   //叶结点
10              count++;                              //计数
11            Push(S,p);                              //入栈
12            p=p->lchild;                            //转左子树
13         }
```

```
14        if(!StackEmpty(S))                          //栈非空
15        {  Pop(S,p);                                //出栈
16        p=p->rchild;                                //转出栈结点的右子树
17        }
18    }
19    DestroyStack(S);                                //销毁栈
20    return count;
21 }
```

5.2.2　复制二叉树

【问题描述】　由一棵二叉树生成另一棵一样的二叉树。设计要求：采用二叉链表存储二叉树。

【设计说明】

（1）采用了先序遍历思想复制二叉树。

（2）用函数返回值返回复制成功的二叉树的树根。

复制二叉树的【参考源码】如下。

```
0  template <class DT>
1  BTNode<DT> * CopyBitree(BTNode<DT> * bt)
2  {  BTNode<DT> * nt;
3     if(bt==NULL)                                    //空树
4         return NULL;
5     else                                            //非空树
6     {  nt=new BTNode<DT>;                           //复制结点
7        nt->data=bt->data;
8        nt->lchild=CopyBitree(bt->lchild);           //复制左子树
9        nt->rchild=CopyBitree(bt->rchild);           //复制右子树
10    }
11    return nt;
12 }
```

5.2.3　求二叉树的宽度

【问题描述】　已知一棵二叉树，求该二叉树的宽度。设计要求：（1）采用二叉链表存储二叉树；（2）采用递归算法求二叉树的宽度；（3）采用非递归算法求二叉树的宽度。

1. 递归算法

【设计说明】

（1）各层宽度存于数据 width[]中。

（2）结点有左孩子，宽度增 1；有右孩子，宽度再增 1。

（3）计算出各层宽度，其中最大值为二叉树的宽度。

二叉树宽度的递归与非递归求解【参考源码】如下。

```
   //递归求解二叉树的各层宽度
0  template <class DT>
1  void Width_1(BTNode<DT> * bt, int width[],int i)
2  { if(bt)                                    //树非空,求各层宽度
3    { width[i]++;                             //i 初值为 1
4      Width_1(bt->lchild,width,i+1);          //有左孩子,宽度增 1
5      Width_1(bt->rchild,width,i+1);          //有右孩子,宽度增 1
6    }
7  }
```

```
   // 求最大宽度值
0  template <class DT>
1  int Width(BTNode<DT> * bt)
2  { int i,max=0;
3    int width[MaxLevel];                      //存储宽度的数组
4    for (i=1;i<MaxLevel;i++)                  //初始化为 0
5        width[i]=0;
6    Width_1(bt,width,1);                      //计算各层宽度
7    for(i=0;i<MaxLevel;i++)                   //最大宽度值为二叉树的树宽
8        if(width[i]>max)
9            max=width[i];
10   return max;
11 }
```

2. 非递归算法

【设计说明】

（1）借助队列求各层元素个数,仅保留最大的个数,为二叉树的宽度。

（2）采取了顺序队列,队列元素类型为指向二叉树的结点的指针。

【参考源码】

```
0  template <class DT>
1  int Width_2(BTNode<DT> * bt)                //求宽度的非递归算法
2  { SqQueue<DT>Q;                             //创建一个队
3    int m=20;
4    int temp=0;                               //局部宽度
5    int maxw=0;                               //最大宽度
6    int last=0;                               //同层最右结点
7    InitQueue(Q,m);
8    BTNode<DT> * p;
9    if(bt==NULL)                              //空树,宽度为 0
10       return 0;
11   else
13   { p=bt;                                   //从树根开始
14     EnQueue(Q,p);                           //树非空,入队
15     while (!QueueEmpty(Q))                  //队非空
16     { DeQueue(Q,p);                         //出队
```

```
17        temp++;                              //局部宽度计数
18        if(p->lchild!=NULL)                  //有左孩子
19           EnQueue(Q, p->lchild);            //左孩子入队
20        if(p->rchild!=NULL)                  //有右孩子
21           EnQueue(Q, p->rchild);            //右孩子入队
22        if(Q.front>last)                     //已是最右结点
23        {   last=Q.rear-1;                   //下一层最右位置
24            if(temp>maxw)
25                maxw=temp;
26            temp=0;
27        }
28     }
29  }
30  DestroyQueue(Q);                           //销毁队列
31  return maxw;
32 }
```

5.2.4　求先/中/后序遍历序列的首、尾数据元素

【问题描述】　求二叉树先序遍历序列、中序遍历序列和后序遍历序列的第一个数据元素和最后一个数据元素。设计要求：采用二叉链表存储二叉树。设计要求：采用二叉链表存储二叉树，数据元素类型为字符型。

【设计说明】

(1) 空树没有遍历序列，用函数返回值表示是否有结果。

(2) 对于非空树，用引用型参数存取遍历序列的第一个值或最后一个值。

求先/中/后序遍历序列第一和最后一个结点的【参考源码】如下。

```
// 先序遍历第一个结点
0  template <class DT>
1  bool PreOrderBiTree_N1(BTNode<DT> * bt, DT &e)
2  {  if(!bt)                                  //空树
3        return false;                         //无遍历序列
4     else                                     //非空树
5     {  e=bt->data;                           //先序遍历第一个结点
6        return true;
7     }
8  }
```

```
// 先序遍历最后一个结点
0  template <class DT>
1  bool PreOrderBiTree_Nn(BTNode<DT> * bt, DT &e)
2  {  BTNode<DT> * p;
3     if(!bt)                                  //空树
4        return false;                         //无遍历序列
5     else                                     //非空树
```

```
6        {    p=bt;
7             while(p)                    //根出发
8             {   while(P->rchild)        //至极右结点 p
9                     p=p->rchild;
10                pre=p;                   //保存极右结点 p
11                p=p->lchild;             //p 有左孩子,以 p 为新出发点
12            }
13            e=pre->data;                 //否则,p 为先序遍历最后一个结点
14            return true;
15       }
16  }
```

// **中序遍历第一个结点**

```
0   template <class DT>
1   bool InOrderBiTree_N1(BTNode<DT> * bt, DT &e)
2   {  BTNode<DT> * p;
3      if(!bt)                           //空树
4          return false;                 //无遍历序列
5      else                              //非空树
6      {   p=bt;                         //根出发
7          while (p->lchild)             //极左结点为第一个结点
8              p=p->lchild;
9          e=p->data;
10         return true;
11     }
12  }
```

// **中序遍历最后一个结点**

```
0   template <class DT>
1   bool InOrderBiTree_Nn(BTNode<DT> * bt, DT &e)
2   {  BTNode<DT> * p;
3      if(!bt)                           //空树
4          return false;                 //无遍历序列
5      else
6      {   p=bt;                         //二叉树的极右结点
7          while(p->rchild)
8              p=p->rchild;
9          e=p->data;                    //中序遍历最后一个结点
10         return true;
11     }
12  }
```

// **后序遍历第一个结点**

```
0   template <class DT>
1   bool PostOrderBiTree_N1(BTNode<DT> * bt, DT &e)
2   {  BTNode<DT> * p, * pre;
3      if(!bt)                                        //空树
4          return false;                              //无遍历序列
5      else
```

```
6    {  p=bt;
7       do
8       {  while (p->lchild)
9             p=p->lchild;
10         pre=p;
11         p=p->rchild;
12      }while(p);
13      e=pre->data;
14      return true;
15   }
16 }
```

// 后序遍历最后一个结点

```
0  template <class DT>
1  bool PostOrderBiTree_Nn(BTNode<DT> * bt, DT &e)
2  {  if(!bt)                                         //空树
3       return false;                                 //无遍历序列
4     else                                            //非空树
5     {  e=bt->data;                                  //根为最后一个结点
6        return true;
7     }
8  }
```

5.2.5　叶结点路径问题

【问题描述】　求二叉树的树根与各叶结点的路径。设计要求：(1)采用二叉链表存储二叉树，数据元素类型为字符型。(2)屏幕显示由顶点序列表示的二叉树的树根与各叶结点的路径。

【设计说明】

(1)基于先序遍历思想。

(2)从根开始由祖先到子孙，沿途结点保存在 path[] 中，同时对路径长度计数。

(3)一旦遇到叶结点，输出路径。

求根到各叶结点路径的【参考源码】如下。

```
0  template <class DT>
1  void AllPath(BTNode<DT> * bt, DT path[], int pathlen)
2  {  int i;
3     if(bt)
4     {  if(bt->lchild==NULL && bt->rchild==NULL)      //叶结点
5        {  cout<<"根到叶结点"<<bt->data<<"的路径为: ";
6           for(i=0;i<=pathlen-1;i++)
7              cout<<path[i]<<' ';
8           cout<<bt->data;
9           cout<<endl;
```

```
10  |        }
11  |      else                                    //非叶结点
12  |      {  path[pathlen]=bt->data;              //当前结点入栈
13  |         pathlen++;
14  |         AllPath(bt->lchild,path,pathlen);     //递归扫描左子树
15  |         AllPath(bt->rchild,path,pathlen);     //递归扫描右子树
16  |         pathlen--;                            //恢复下一趟计数初值
17  |      }
18  |   }
19  | }
```

第 **6** 章

图

6.1 上机练习题

6.1.1 邻接矩阵上的遍历操作

【**问题描述**】 创建一个无向图的邻接矩阵存储,在其上实现深度优先遍历和广度优先遍历。

【**设计提示**】 邻接矩阵存储的图的创建、显示、销毁及遍历中用到的 LocateVex()、Firstadjvex() 和 Nextadjvex() 等基本操作见《数据结构原理与应用实践教程》验证篇 6.1.2 节无向图的邻接矩阵实现的相关代码。

1. 深度优先遍历

深度优先遍历的实现方法有 3 种,详见 6.2.4 节。它们均可在邻接矩阵存储的图上实现。此处仅给出两种递归算法。

方法一:借助基本操作 Firstadjvex() 和 Nextadjvex() 寻找下一邻接点。【**参考源码**】如下。

```
//连通图的 DFS
0   template <class DT>
1   void DFS(MGraph<DT>G, int v)    //连通网的深度优先遍历
2   {  int w;
3      visited[v]=true;              //标识已访问
4      cout<<G.vexs[v];              //访问顶点
5      for(w=Firstadjvex(G,v);w>=0;w=Nextadjvex(G,v,w))
6      {  if(!visited[w])            //对 v 的一个未被访问邻接点
7          DFS(G,w);                 //进行 DFS
8      }
9   }
//非连通图的深度优先遍历
```

```
0    template <class DT>
1    void DFSTraverse(MGraph<DT>G)
2    {  int i;
3       for(i=0;i<G.vexnum;i++)              //访问标志初始化
4           visited[i]=0;
5       for(i=0;i<G.vexnum;i++)              //对未被访问的顶点
6       {  if(!visited[i])
7            DFS(G,i);                       //进行 DFS
8       }
9       return ;
10   }
```

方法二：将 Firstadjvex()和 Nextadjvex()查找未被访问的邻接点的操作直接细化在遍历算法中。【参考源码】如下：

//连通图的 DFS

```
0    template <class DT>
1    void DFS_MUG(MGraph<DT>G,int v)          //连通图深度优先遍历
2    {  int w;
3       visited[v]=true;                     //先访问顶点 v
4       cout<<G.vexs[v];
5       for(w=0;w<G.vexnum;w++)
6       {  if(G.arcs[v][w]!=0 && !visited[w])
7            DFS_MUG(G,w);
8       }
9    }
```

邻接矩阵上非连通图深度优先遍历算法同方法一，只需把其中的语句"DFS(G,i);"换成"DFS_MUG(G,i);"。

2. 广度优先遍历算法

广度优先遍历的实现方法有两种,详见 6.2.5 节。

方法一：借助基本操作 Firstadjvex()和 Nextadjvex()寻找下一个邻接点。【参考源码】如下：

//连通图的 BFS

```
0    template <class DT>
1    void BFS(MGraph<DT>G,int v)
2    {  int w;
3       LinkQueue<int>Q;                     //创建一个队列
4       InitQueue(Q);
5       cout<<G.vexs[v];                     //访问顶点 v
6       visited[v]=true;                     //做访问标志
7       EnQueue(Q,v);                        //入队
8       while(!QueueEmpty(Q))                //队非空
9       {  DeQueue(Q,v);                     //出队
```

```
10        for(w=Firstadjvex(G,v);w>=0;w=Nextadjvex(G,v,w))
11            if(!visited[w])                    //访问 v 所有未被访问的邻接点
12            { cout<<G.vexs[w];                  //访问
13                visited[w]=true;                //做访问标志
14                EnQueue(Q,w);                   //入队
15            }
16        }
17 }
```

//非连通图的 BFS

```
0  template <class DT>
1  void BFSTraverse(MGraph<DT>G)                  //广度优先遍历
2  { int i;
3     for(i=0;i<G.vexnum;i++)                     //访问标志初始化
4         visited[i]=0;
5     for(i=0;i<G.vexnum;i++)                     //对未被访问的结点
6     { if(!visited[i])
7         BFS(G,i);                               //进行 BFS 遍历
8     }
9  }
```

方法二：将通过 Firstadjvex() 和 Nextadjvex() 查找未被访问的邻接点的操作直接细化在遍历算法中，【参考源码】如下。

```
0  template <class DT>
1  void BFS_MUG(MGraph<DT>G,int v)
2  { int w;
3     LinkQueue<int>Q;                            //创建一个队列
4     InitQueue(Q);
5     cout<<G.vexs[v];                            //访问顶点 v
6     visited[v]=true;                            //做访问标志
7     EnQueue(Q,v);                               //入队
8     while(!QueueEmpty(Q))                       //队非空
9     { DeQueue(Q,v);                             //出队
10        for(w=0;w<G.vexnum;w++)                 //访问 v 所有未被访问的邻接点
11            if(G.arcs[v][w]!=0 && !visited[w])
12            { cout<<G.vexs[w];                  //访问
13                visited[w]=true;                //做访问标志
14                EnQueue(Q,w);                   //入队
15            }
16     }
17 }
```

邻接矩阵上的非连通图的 BFS 算法与方法一一样，只需把语句"BFS(G,i)"换成"BFS_MUG (G,i)"即可。

6.1.2 邻接表上的遍历操作

【**问题描述**】 创建一个有向图的邻接表存储,在其上实现深度优先遍历和广度优先遍历。

【**设计提示**】 邻接表存储的图的创建、显示、销毁及遍历中用到的 LocateVex()、Firstadjvex()和 Nextadjvex()等基本操作见主教材《数据结构原理与应用》或实践教程《数据结构原理与应用实践教程》配备的源码,具体位置为文件夹"6-1-2-3-ALGraph_DG"中的文件"ALGraph_DG.h"。

1. 深度优先遍历

深度优先遍历的实现方法有 3 种,详见 6.2.4 节,它们均可在邻接表存储的图上实现。与邻接矩阵一样,此处给出两种递归算法。

方法一:借助基本操作 Firstadjvex()和 Nextadjvex()寻找下一个邻接点,邻接表中 DFS【**参考源码**】如下,其实现与邻接矩阵的 DFS 类似,不同之处以黑体字标出。

```
// 连通图的 DFS
0   template <class DT>
1   void DFS(ALGraph<DT>G, int v)
2   {  int w;
3      visited[v]=true;                    //标识已访问
4      cout<<G.vertices[v].data;           //访问顶点
5      for(w=Firstadjvex(G,v);w>=0;w=Nextadjvex(G,v,w))
6      {  if(!visited[w])                   //对 v 一个未被访问邻接点 w
7           DFS(G,w);                       //进行 DFS
8      }
9   }
// 非连通图的 DFS
0   template <class DT>
1   void DFSTraverse(ALGraph<DT>G)          //邻接表存储的网的深度优先遍历
2   {  int i;
3      for(i=0;i<G.vexnum;i++)              //初始化访问标志
4          visited[i]=false;
5      for(i=0;i<G.vexnum;i++)              //对每个未被访问的顶点进行 DFS
6      {  if(!visited[i])
7           DFS(G,i);
8      }
9      return;
10  }
```

方法二:将通过 Firstadjvex()和 Nextadjvex()查找未被访问的邻接点直接细化在遍历算法中。连通图的 DFS【**参考源码**】如下。

```
0   template <class DT>
1   void DFS_ALDG (ALGraph<DT>G, int v)
2   { int w;
3     ArcNode * p;
4     visited[v]=true;                          //标识已访问
5     cout<<G.vertices[v].data;                 //访问顶点
6     p=G.vertices[v].firstarc;                 //遍历 v 的未被访问的邻接点 w
7     while(p)
8     { w=p->adjvex;
9       if(!visited[w])                         //未访问,调用 DFS
10          DFS_ALDG(G,w);
11      else p=p->nextarc;
12    }
13  }
```

邻接表上非连通图深度优先遍历算法同方法一,只需把其中的语句"DFS(G,i);"换成"DFS_ALDG(G,i);"。

2. 广度优先遍历

广度优先遍历的实现方法有两种,详见 6.2.5 节,它们均可在邻接表存储的图上实现。

方法一:借助基本操作 Firstadjvex() 和 Nextadjvex() 寻找下一个邻接点,邻接表中 BFS【参考源码】如下,其实现与邻接矩阵的 BFS 类似,不同之处以黑体字标出。

```
//连通图的 BFS
0   template <class DT>
1   void BFS(ALGraph<DT>G,int v)
2   { int w;
3     LinkQueue<int>Q;                          //创建一个队列
4     InitQueue(Q);
5     cout<<G.vertices[v].data;                 //访问顶点 v
6     visited[v]=true;                          //做访问标志
7     EnQueue(Q,v);                             //入队
8     while(!QueueEmpty(Q))                     //队非空
9     { DeQueue(Q,v);                           //出队
10      for(w=Firstadjvex(G,v);w>=0;w=Nextadjvex(G,v,w))
11      if(!visited[w])                         //访问 v 所有未被访问邻接点
12      { cout<<G.vertices[w].data;             //访问
13        visited[w]=true;                      //做访问标志
14        EnQueue(Q,w);                         //入队
15      }
16    }
17  }
// 非连通图的 BFS
```

```
0    template <class DT>
1    bool BFSTraverse(ALGraph<DT>G)           //邻接表存储的网的广度优先遍历
2    {  int i;
3       for(i=0;i<G.vexnum;i++)                //初始化访问标志
4          visited[i]=false;
5       for(i=0;i<G.vexnum;i++)                //对每个未被访问的顶点进行 BFS
6          if(!visited[i])
7             BFS(G,i);
8       return true;
9    }
```

方法二：将通过 Firstadjvex( )和 Nextadjvex( )查找未被访问的邻接点的操作直接细化在遍历算法中,连通图的 BFS【参考源码】如下。

```
0    template <class DT>
1    void BFS_ALDG(ALGraph<DT>G, int v)
2    {  int w;
3       ArcNode * p;
4       LinkQueue<int>Q;
5       InitQueue(Q);
6       cout<<G.vertices[v].data;              //访问起点 v
7       visited[v]=true;                       //做已访问标志
8       EnQueue(Q,v);                          //v 入队
9       while(!QueueEmpty(Q))                   //队非空
10      {  DeQueue(Q,v);                        //出队
11         p=G.vertices[v].firstarc;
12         while(p)                             //访问 v 所有未被访问顶点
13         { w=p->adjvex;
14            if(!visited[w])
15            { cout<<G.vertices[w].data;       //访问
16               visited[w]=true;               //做已访问标志
17               EnQueue(Q,w);                  //入队
18            }
19            p=p->nextarc;
20         }
21      }
22   }
```

邻接表上非连通图的 BFS 算法与方法一一样,只需把语句“BFS(G,i)”换成“BFS_ALDG(G,i)”即可。

6.2　实　验　源　码

6.2.1　存储结构转换问题

【问题描述】　邻接矩阵和邻接表是图的两种常用的存储方式,编程实现两种存储方式的相互转换。

【设计说明】

（1）图的创建,由用户输入顶点信息和边的两个顶点而创建。

（2）创建的是有向图,图的顶点值设为字符型。

（3）由图的邻接矩阵存储求图的邻接表存储,首先创建图的邻接矩阵存储,然后据此生成图的邻接表存储;由图的邻接表存储求图的邻接矩阵存储,步骤相反,先创建图的邻接表存储,然后据此生成图的矩阵存储。

（4）为直观判断转换是否正确,源码中增加了邻接矩阵显示和邻接表显示功能,分别在图的邻接矩阵创建后和邻接表存储创建后显示。

核心代码的**【参考源码】**如下。

```
//由邻接矩阵存储生成图的邻接表存储
0   template <class DT>
1   void MatToList(MGraph<DT> g, ALGraph<DT> &G)
2   {  int i, j;
3      ArcNode * p;
4      G.vexnum=g.vexnum;                              //顶点数
5      G.arcnum=g.arcnum;                              //边数
6      for(i=0;i<G.vexnum;i++)                         //创建顶点信息
7          G.vertices[i].data=g.vexs[i];
8      for(i=0;i<G.vexnum;i++)                         //初始化边链表指针
9          G.vertices[i].firstarc=NULL;
10     for(i=0;i<G.vexnum;i++)                         //创建边结点
11     {  for(j=g.vexnum-1;j>=0;j--)
12        {  if(g.arcs[i][j]!=0)
13           {  p=new ArcNode;
14              p->adjvex=j;
15              p->nextarc=G.vertices[i].firstarc;
16              G.vertices[i].firstarc=p;
17           }
18        }
19     }
20  }
//由邻接表存储生成图的邻接矩阵存储
```

```
0    template <class DT>
1    void ListtoMat(ALGraph<DT>G, MGraph<DT>&g)
2    { ArcNode *p;
3      int i, j;
4      g.vexnum=G.vexnum;                          //顶点数
5      g.arcnum=G.arcnum;                          //边数
6      for(i=0;i<g.vexnum;i++)                     //顶点信息
7          g.vexs[i]=G.vertices[i].data;
8      for(i=0;i<g.vexnum;i++)                     //邻接矩阵初始化
9         for(j=0;j<g.vexnum;j++)
10            g.arcs[i][j]=0;
11     for(i=0;i<g.vexnum;i++)                     //由边信息生成邻接矩阵
12     { p=G.vertices[i].firstarc;
13       while(p)
14       { g.arcs[i][p->adjvex]=1;
15         p=p->nextarc;
16       }
17     }
18     return;
19   }
```

//显示邻接矩阵

```
0    template <class DT>
1    void DispM(MGraph<DT>G)                       //显示邻接矩阵
2    { int i,j;
3      for(i=0;i<G.vexnum;i++)
4      { for(j=0;j<G.vexnum;j++)
5          cout<<G.arcs[i][j]<<'\t';
6        cout<<endl;
7      }
8    }
```

// 显示邻接表

```
0    template<class DT>
1    void DispAL(ALGraph<DT>G)
2    { int i,j;
3      ArcNode * p;
4      for(i=0;i<G.vexnum;i++)                     //扫描各行
5      { cout<<G.vertices[i].data;
6        p=G.vertices[i].firstarc;
7        while(p)                                  //显示单链表
8        { j=p->adjvex;
9          cout<<"-->"<<G.vertices[j].data;
10         p=p->nextarc;
11       }
12       cout<<endl;
13     }
14   }
```

6.2.2　有向图的路径问题

【问题描述】　编写一个程序，设计相关算法，完成如下功能：

(1) 输出有向图 G 从顶点 u 到顶点 v 的所有简单路径。

(2) 输出有向图 G 从顶点 u 到顶点 v 的所有长度为 len 的简单路径。

(3) 输出有向图 G 从顶点 u 到顶点 v 的最短路径。

设计要求：(1)图采用邻接表存储。(2)对应 3 个问题，分别用 3 个函数实现。

【设计说明】　图的创建与显示等在头文件"ALGraph_DG_6_2.h"中，这是一个缩减版的图的邻接表的实现，其中仅包括本实验用到的基本操作。

问题求解的 3 个函数【参考源码】如下。

```
//从顶点 u(顶点序号)到顶点 v(顶点序号)的所有简单路径
0   template <class DT>
1   void PathAll1(ALGraph<DT>G,int u,int v,int path[],int d)
2   {  ArcNode *p;
3      int j,w;
4      DT e;
5      d++;                                  //路径长度 d 增 1
6      path[d]=u;                            //将当前顶点添加到路径中
7      visited[u]=1;
8      if (u==v && d>0)                      //找到终点,输出路径
9      {  for (j=0;j<=d;j++)
10        {  GetVex(G,path[j],e);            //获取顶点值
11           cout<<e<<"  ";
12        }
13        cout<<endl;
14        visited[u]=0;
15        return;
16     }
17     p=G.vertices[u].firstarc;             //起始第一个边结点
18     while (p!=NULL)
19     {  w=p->adjvex;                        //w 为 u 的相邻点编号
20        if (visited[w]==0)                  //递归访问未被访问顶点
21           PathAll1(G,w,v,path,d);
22        p=p->nextarc;                       //找 u 的下一个相邻点
23     }
24     visited[u]=0;
25  }
//从顶点 u(顶点序号)到顶点 v(顶点序号)所有长度为 len 的简单路径
```

```
0    template <class DT>
1    void PathAll2(ALGraph<DT>G,int u,int v,int len,int path[],int d)   //d初值为-1
2    {   int w,i;
3        DT e;
4        ArcNode * p;
5        visited[u]=1;
6        d++;                                        //路径长度d增1
7        path[d]=u;                                  //将当前顶点添加到路径中
8        if (u==v && d==len)                         //满足条件,输出一条路径
9        {   for (i=0;i<=d;i++)
10           {   GetVex(G,path[i],e);
11               cout<<e<<" ";
12           }
13           cout<<endl;
14           visited[u]=0;
15           return;
16       }
17       p=G.vertices[u].firstarc;                   //起始第一个边结点
18       while (p!=NULL)
19       {   w=p->adjvex;                            //w为顶点u的相邻点
20           if (visited[w]==0)                      //递归访问未被访问顶点
21               PathAll2(G,w,v,len,path,d);
22           p=p->nextarc;                           //找u的下一个相邻点
23       }
24       visited[u]=0;                               //取消访问标记,该顶点可重新使用
25   }
```

//从顶点 u(顶点序号)到顶点 v(顶点序号)的最短路径

```
0    template <class DT>
1    int ShortPath(ALGraph<DT>G,int u,int v,int path[])
2    {   struct
3        {   int vno;                                //当前顶点编号
4            int level;                              //当前顶点的层次
5            int parent;                             //当前顶点的前一个顶点编号
6        } qu[MAX_VEXNUM];                           //定义顺序非循环队列
7        int front=-1,rear=-1,k,lev,i,j;
8        ArcNode * p;
9        visited[u]=1;
10       rear++;                                     //顶点u已访问,将其入队
11       qu[rear].vno=u;
12       qu[rear].level=0;                           //根结点层次置为1
13       qu[rear].parent=-1;
14       while (front<rear)                          //队非空则执行
15       {   front++;
16           k=qu[front].vno;                        //出队顶点k
17           lev=qu[front].level;
18           if (k==v)                               //若顶点k为终点
```

```
19    {   i=0;                              //在队列中前推一条正向路径
20        j=front;                          //该路径存放在 path 中
21        while (j!=-1)
22        {   path[lev-i]=qu[j].vno;         //将最短路径存入 path 中
23            j=qu[j].parent;
24            i++;
25        }
26        return lev;                        //找到顶点 v,返回其层次
27    }
28    p=G.vertices[k].firstarc;              //p 指向顶点 k 的第一个相邻结点
29    while (p!=NULL)                        //依次搜索 k 的相邻结点
30    {   if (visited[p->adjvex]==0)          //若未访问过
31        {   visited[p->adjvex]=1;
32            rear++;
33            qu[rear].vno=p->adjvex;          //访问过的相邻点进队
34            qu[rear].level=lev+1;
35            qu[rear].parent=front;
36        }
37        p=p->nextarc;                      //找顶点 k 的下一个相邻结点
38    }
39    }
40    return -1;                             //未找到顶点 v,返回-1
41 }
```

6.2.3　无向图的路径问题

【**问题描述**】　从无向图 G 中找出从 u 到 v 的经过一组顶点 $V_1[0..n-1]$,同时避开另一组顶点 $V_2[0..m-1]$ 的路径。

【**设计说明**】

（1）图的创建、显示与销毁等在头文件"ALGraph_UDG_1.h"中,这是一个缩减版的图的邻接表的实现,其中仅包含本实验用到的基本操作。

（2）采用邻接表存储方式。图的创建是基于顶点信息 vexs[]和边信息 edges[]创建,这些信息通过初始化赋值。

（3）所用测试图如图 2-6-1 所示。用户可以通过修改 vexs[]和 edges[]创建新的图。

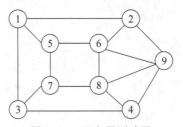

图 2-6-1　无向图测试图

（4）用一维数组 int path[]存储路径信息。

问题求解的核心【参考源码】如下。

```
// 判断一条路径是否经过指定顶点和避开指定顶点
1   bool Cond(int path[],int d,int V1[],int n,int V2[],int m)        //判断条件
2   {  int flag1=0,f1,flag2=0,f2,i,j;
3      for (i=0;i<n;i++)                                             //必经点判断
4      {  f1=1;
5         for (j=0;j<=d;j++)
6              if (V1[i]==path[j])
7              {  f1=0;
8                 break;
9              }
10         flag1+=f1;
11      }
12      for (i=0;i<m;i++)                                            //必避点判断
13      {  f2=0;
14         for (j=0;j<=d;j++)
15              if (path[j]==V2[i])
16              {  f2=1;
17                 break;
18              }
19         flag2+=f2;
20      }
21      if (flag1==0 && flag2==0)                                    //满足条件返回 true
22         return true;
23      else                                                        //不满足条件返回 false
24         return false;
25  }
//查找从顶点 vi 到顶点 vj 的满足条件的路径
0   template<class DT>
1   void TravPath(ALGraph<DT>G,int vi,int vj,int path[],int d)
2   {  int v,i;
3      ArcNode * p;
4      visited[vi]=1;
5      d++;                                                         //d 初值为-1,路径长度从 0 开始
6      path[d]=vi;
7      if (vi==vj && Cond(path,d,V1,n,V2,m))                        //对路径进行条件判断
8      {  cout<<"\n 路径"<<++count<<": ";                           //符合条件,则输出
9         for (i=0;i<d;i++)
10        {  GetVex(G,path[i],e);
11            cout<<e<<"->";
12        }
13        GetVex(G,path[i],e);
14        cout<<"->"<<e;
```

```
15  }
16  p=G.vertices[vi].firstarc;                //找 vi 的第一个邻接顶点
17  while (p!=NULL)
18  { v=p->adjvex;                            //v 为 vi 的邻接顶点
19    if (visited[v]==0)                      //递归访问未被访问顶点
20      TravPath(G,v,vj,path,d);
21    p=p->nextarc;                           //找 vi 的下一个邻接顶点
22  }
23  visited[vi]=0;                            //取消访问标记,该顶点可重新使用
24  d--;
25 }
26
```

// 由顶点信息和边信息生成无向图的邻接表存储

```
0  template <class DT>
1  void CreateUDG(ALGraph<DT>&G, DT vexs[], int m, struct edge edges[], int n)
2  { int i,j,k;
3    DT v1,v2;
4    ArcNode * p;
5    G.vexnum=m;
6    cout<<"顶点数: "<<G.vexnum<<endl;
7    G.arcnum=n;
8    cout<<"边数: "<<G.arcnum<<endl;
9    for(i=0;i<G.vexnum;i++)                  //初始化顶点结点
10   { G.vertices[i].data=vexs[i];
11     G.vertices[i].firstarc=NULL;
12   }
13   for(k=0;k<G.arcnum;k++)                  //依次取各条边的顶点信息
14   { v1=edges[k].v1;
15     v2=edges[k].v2;
16     i=LocateVex(G,v1);
17     j=LocateVex(G,v2);
18     if(i<0 || j<0 || i==j)
19     { cout<<"顶点信息错,重新输入!"<<endl;
20       k--;
21       continue;
22     }
23     p=new ArcNode;                         //生成边结点
24     p->adjvex=j;
25     p->nextarc=G.vertices[i].firstarc;     //头插法创建新边结点
26     G.vertices[i].firstarc=p;
27     p=new ArcNode;                         //创建一个新的边
28     p->adjvex=i;
29     p->nextarc=G.vertices[j].firstarc;     //头插法创建新边结点
30     G.vertices[j].firstarc=p;
31   }
32 }
```

6.2.4 俱乐部选址问题

【问题描述】 为丰富农村的文化娱乐活动，拟在村庄 $V_1 \sim V_6$ 中选择一个村庄建立俱乐部，6 个村庄之间距离如图 2-6-2 所示。每个村都希望俱乐部建在自己村里，请为俱乐部选址。

设计要求：（1）用 Floyd 算法求出任意两个村庄之间最短距离；（2）基于 Floyd 计算结果，求解可建俱乐部的村庄。

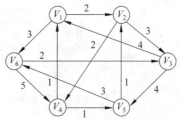

【设计说明】

（1）采用图的邻接矩阵存储。图的顶点信息 G.vexs[] 和图的邻接矩阵 G.arcs[][] 通过初始化赋值。

图 2-6-2 村庄之间的通路及距离

（2）图的顶点定位、显示与销毁等基本操作在头文件"MGraph_DN_6_4.h"中，这是一个缩减版的图的邻接表的实现，其中仅包含本实验用到的基本操作。

需求解的两个问题的【参考源码】如下。

```
//用 Floyd 算法求任意两个村庄之间的最短路径
0   template <class DT>
1   void ShortestPath_Floyd(MGraph<DT>G,int D[][MAX_VEXNUM],int n)
2   {  int k,i,j;
3      for(i=0;i<G.vexnum;i++)                    //初始化 D[][]
4         for(j=0;j<G.vexnum;j++)
5            D[i][j]=G.arcs[i][j];
6      cout<<"\nD-1:"<<endl;                      //显示 D
7      DispPath_Floyd(D,G.vexnum);
8      for(k=0;k<G.vexnum;k++)                     //以 k 为中间点对{i,j}进行检测
9      {  for(i=0;i<G.vexnum;i++)
10     {  for(j=0;j<G.vexnum;j++)
11        { if(i!=j && D[i][k]+D[k][j]<D[i][j]) //有更短距离
12              D[i][j]=D[i][k]+D[k][j];         //修改 D[i][j]
13          }
14     }
15        cout<<"\n 第"<<k+1<<"次替代后的 D"<<endl;
16        DispPath_Floyd(D,G.vexnum);
17     }
18  }
//求解可建俱乐部的村庄
```

```
1   void ClubAdd(int D[][MAX_VEXNUM],int n,int mD[MAX_VEXNUM],
                    bool mF[MAX_VEXNUM])
2   {  int i,j,k,minD;
3      for(i=0;i<MAX_VEXNUM;i++)
4      {  mD[i]=0;                              //和初值为 0
5         mF[i]=false;
6      }
7      for(i=0;i<n;i++)                         //计算往返距离
8      {  for(j=0;j<n;j++)
9         {  if(D[i][j]!=INF)
10               mD[i]=mD[i]+D[i][j];
11        }
12        for(j=0;j<n;j++)
13        {  if(D[j][i]!=INF)
14               mD[i]=mD[i]+D[j][i];
15        }
16        cout<<"各村到 "<<char(65+i)<<" 村的往返距离为:
            "<<mD[i]<<endl;
17     }
18     minD=mD[0];                              //计算最短往返距离
19     k=0;
20     mF[k]=true;                              //设其他村到第一个村往返距离最近
21     for(i=1;i<n;i++)
22     {  if(mD[i]<minD)
23        {  minD=mD[i];
24           mF[k]=false;
25           mF[i]=true;k=i;
26        }
27        if(mD[i]==minD)
28           mF[i]=true;                        //求与之返回距离最短的村
29     }
30  }
```

6.2.5 物流最短路径问题

【问题描述】 快递驿站在 A 处,快递员每天从 A 处取货送至 B~G 处,如图 2-6-3 所示。请为快递员规划最短送货路径。

设计要求:(1)用 Dijkstra 算法求出驿站到各送货点的最短距离和路径信息;(2)解析路径信息得到驿站到各送货点的最短距离的路径。

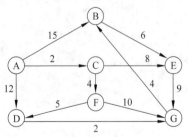

图 2-6-3 规划物流最短路径示例图

【设计说明】

(1) 采用图的邻接矩阵存储。图的顶点信息 G.vexs[]和图的邻接矩阵 G.arcs[][]通过初始化赋值。

（2）图的顶点定位、显示与销毁等基本操作在头文件"MGraph_DN_6_5.h"中，这是一个缩减版的图的邻接表的实现，其中仅包含本实验用到的基本操作。

需求解的两个问题的【参考源码】如下。

```
//用 Dijkstra 算法求驿站到其他各送货点最短距离
0   template<class DT>
1   void ShortestPath_DIJ(MGraph<DT>G, int D[],int P[], int n)   //从 v 开始
2   { int v,i,w,min;
3       bool S[MAX_VEXNUM]={false};                //记载 S 集合中的顶点
4       for(v=0;v<G.vexnum;v++)                     //初始化
5       {   S[v]=false;
6           D[v]=G.arcs[0][v];
7           if(D[v]<INF)                            //源点可直达顶点的距离
8               P[v]=0;
9           else
10              P[v]=-1;
11      }
12      S[0]=true;
13      D[0]=0;                                     //源点到自身的距离为 0
14      for(i=1;i<G.vexnum;i++)                     //求 n-1 条最短路径
15      {   min=INF;
16          for(w=0;w<G.vexnum;++w)                 //源点到未选顶点距离最小的顶点
17              if(!S[w] && D[w]<min)
18              {   v=w;
19                  min=D[w];
20              }
21          S[v]=true;                              //加入 S
22          for(w=0;w<G.vexnum;++w)                 //考量经过跳转顶点的更短路径
23              if(!S[w]&&(D[v]+G.arcs[v][w]<D[w]))//如果有更短路径
24              {   D[w]=D[v]+G.arcs[v][w];         //更新 D[]值
25                  P[w]=v;                         //更新 P[]值
26              }
27      }
28      cout<<G.vexs[0]<<"到其余各顶点的距离为: "<<endl;    //输入 D[]
29      for(w=0;w<G.vexnum;w++)
30          cout<<D[w]<<" ";
31      cout<<"\n 路径距径 P 为: "<<endl;               //输出 P[]
32      for(w=0;w<G.vexnum;w++)
33          cout<<P[w]<<" ";
34      cout<<endl;
35  }
//路径解析
```

```
0    template<class DT>
1    void Path(MGraph<DT>G,int D[],int P[],int n)
2    {  int i,k1,k2,k;
3       char vex;
4       SqStack<int>S;                          //用堆栈存储解析到的逆序路径顶点
5       InitStack(S,G.vexnum);
6       for(i=1;i<n;i++)
7       {  k1=i;
8          k2=P[k1];
9          if(k2==-1)                           //不可到达顶点
10            cout<<G.vexs[0]<<"--≯"<<G.vexs[k1]<<endl;
11         else if(k2==0)                        //直达路径
12            cout <<G.vexs[0]<<"→"<<G.vexs[k1]
13                <<":"<<D[i]<<endl;
14         else                                 //非直达路径
15         {  while(k2)
16            {  Push(S,k1);                     //顶点进栈
17               k1=k2;
18               k2=P[k1];
19            }
20            vex=G.vexs[k1];                    //输出顶点值
21            cout<<G.vexs[0]<<"→"<<vex;   //输出非直达路径
22            while(!StackEmpty(S))
23            {  Pop(S,k);
24               cout<<"→"<<G.vexs[k];
25            }
26            cout<<":"<<D[i]<<endl;
27         }
28      }
29      DestroyStack(S);
30   }
```

第7章 查 找

7.1 上机练习题

7.1.1 稀疏矩阵的散列存储

【问题描述】 有一个 10×10 的稀疏矩阵,其中 1% 的元素为非零元素,现要求用散列表作存储结构。

(1) 请你设计一个散列表。

(2) 请写一个对你所设计的散列表中给定行值和列值存取矩阵元素的算法;并对你的算法所需时间和用一维数组(每个分量存放一个非零元素的行值、列值和元素值)作存储结构时存取元素的算法进行比较。

【设计提示】

(1) 为了方便测试,稀疏矩阵可由随机函数生成非零元素的行号、列号和元素值。

(2) 遍历稀疏矩阵,由非零元素生成三元组的顺序存储和散列存储。

(3) 分别在三元组的顺序表和散列表中实现查找。

用随机函数生成 N 个非零元素的 $N \times N$ 稀疏矩阵的【参考源码】如下。

```
1   void SMCreate(int SM[N][N])
2   {   int i,j,k;
3       for(i=0;i<N;i++)
4           for(j=0;j<N;j++)
5               SM[i][j]=0;
6       cout<<endl;
7       DispM(SM);
8       k=0;
9       srand(time(0));
10      while(k<10)                     //初始化稀疏矩阵
11      {   cout<<"k:"<<k<<endl;
12          i=getRand(0,10);           //产生行号
13          j=getRand(0,10);           //产生行号
```

```
14          if(SM[i][j]==0)
15          {  SM[i][j]=getRand(1,100);
16             k++;
17          }
18       }
19    cout<<endl;
20    DispM(SM);                                //显示稀疏矩阵
21    return;
22  }
```

由稀疏矩阵 $SM[N][N]$（取 $N=10$）生成三元组表 $TM[N]$ 的【参考源码】如下。

```
1   void TMCreate(int SM[N][N],MNode TM[N])
2   { int i,j,k;
3     k=0;
4     for(i=0;i<N;i++)                          //初始化稀疏矩阵
5        for(j=0;j<N;j++)
6        {  if(SM[i][j]!=0)                      //三元组表中只存储非零元素
7           {  TM[k].i=i;                        //行号
8              TM[k].j=j;                        //列号
9              TM[k].e=SM[i][j];                 //元素值
10             k++;
11          }
12     }
13     return;
14  }
```

设散列表长 $m=N+4$，散列函数 $H(\text{key})=(2*i+3*j)\%m$，采用开放地址线性探测冲突解决方法。散列表只存储稀疏矩阵的非零元素，可以用 0 表示散列表中未用单元。由三元组表生成散列表的【参考源码】如下。

```
// 计算散列地址
1   int Hash(int i,int j,int m)                  //m是表长
2   {
3       return ((2*i+3*j)%m);
4   }
```

```
//创建三元组的散列存储,m 为表长
1   void HMCreate(MNode HM[],MNode TM[N],int m)
2   { int i;
3     int k,d;
4     for(i=0;i<m;i++)                           //初始化散列表,值为 0 表示空
5     {  HM[i].i=0;
6        HM[i].j=0;
7        HM[i].e=0;
8     }
```

```
9     for(i=0;i<N;i++)
10    {  k=Hash(TM[i].i,TM[i].j,m);                    //计算散列地址
11       d=0;
12       while(HM[k+d].e!=0)                           //非空,计算下一个地址
13       {  d++;                                       //地址偏移量增 1
14          k=(k+d)%m;                                 //线性探测
15       }
16       HM[k+d].i=TM[i].i;
17       HM[k+d].j=TM[i].j;
18       HM[k+d].e=TM[i].e;
19    }
20    cout<<endl;
21  }
```

在三元组表中顺序查找的【参考源码】如下。

```
1   void Search_TM(MNode TM[N],int i,int j)        //三元组表中顺序查找
2   {  int k,count=1;                              // count 比较次数
3      for(k=0;k<N;k++)
4      {  if(TM[k].i!=i||TM[k].j!=j)
5            count++;
6         else
7         {  cout<<"找到,比较次数: "<<count<<endl;
8            return;
9         }
10     }
11     cout<<"未找到,比较次数: "<<count-1<<endl;
12     return;
13  }
```

散列表中查找的【参考源码】如下。

```
1   void Search_HM(MNode HM[],int m,int i,int j)
2   {  int k,d,count=1;                             //count 比较次数
3      k=Hash(i,j,m);                               //计算散列地址
4      d=0;
5      cout<<"m:"<<m<<endl;
6      while(HM[k].e!=0)
7      {  cout<<"i,j,k:"<<i<<'\t'<<j<<'\t'<<k<<endl;
8         if(HM[k].i!=i || HM[k].j!=j)
9         {  count++;
10           d++;                                    //地址增 1
11           k=(k+d)%m;
12        }
13        else
```

```
14      { cout<<"找到,比较次数: "<<count<<endl;
15          return;
16      }
17    }
18    cout<<"未找到,比较次数: "<<count-1<<endl;
19    return;
20 }
```

7.1.2　二叉排序树结点删除

【问题描述】　二叉排序树采用二叉链表存储。编写一个程序,删除结点值是 X 的结点。要求删除该结点后,此二叉树仍然是一棵二叉排序树,并且高度没有增长(注意:可不考虑被删除的结点是根的情况)。

【设计提示】

(1) 二叉排序树上结点删除,分为三类:①叶结点;②只有左或右子树结点;③左、右子树均有的结点,不同类型,操作不一样。

(2) 删除结点时,首先是结点查找,然后根据被删结点的类型进行操作。

结点查找及结点删除的【参考源码】如下。

```
//在二叉排序树中删除关键字值为 key 的结点
1  template <class DT>
2  bool DeleteBST(BTNode<DT> * (&bt), DT key)
3  { if(!bt)                              //空,不能删除
4      return false;
5    else                                //非空树
6    { if(bt->data==key)                 //找到要删除的结点
7        Delete(bt);                     //删除该结点
8      else if(key<bt->data)             //key<当前结点
9        DeleteBST(bt->lchild,key);      //在左子树上删除
10     else                              //若 key>当前结点,
11       DeleteBST(bt->rchild,key);      //在右子树上删除
12     return true;                      //删除成功
13   }
14 }
//删除 p 结点
0  template <class DT>
1  bool Delete(BTNode<DT> * (&p))
2  { BTNode<DT> * q, * s;
3    if(!p->rchild)                      //被删除结点只有左子树
4    { q=p;                              //用结点的左孩子替代该结点
5      p=p->lchild;
6      delete q;
```

```
7          cout<<"成功删除"<<endl;
8       }
9       else if(!p->lchild)              //被删除的结点只有右子树
10      { q=p;                           //用结点的右孩子替代该结点
11        p=p->rchild;
12        delete q;
13        cout<<"成功删除"<<endl;
14      }
15      else                             //被删结点左右孩子均有,用前驱代替被删除结点
16      { q=p;                           // q指向当前结点 p
17        s=p->lchild;                   // s指向 p 的左孩子
18        while(s->rchild)               // s指向 p 左子树极右结点
19        { q=s;
20          s=s->rchild;
21        }
22        p->data=s->data;               // p值域替换为 s 值域
23        if(q!=p)                       //p 的左孩子有右孩子,
24            q->rchild=s->lchild;       //把 q 的右孩子用 s 的左孩子替换
25        else                           //p 的左孩子无右孩子
26            q->lchild=s->lchild;       //把 q 的左孩子用 s 的左孩子替换
27        delete s;                      //删除 s 结点
28        cout<<"成功删除"<<endl;
29      }
30      return true;
31 }
```

7.2 实 验 源 码

7.2.1 顺序查找与折半查找

【问题描述】 对有序表分别进行顺序查找和折半查找,比较其查找性能。设计要求:
(1)查找表不一定是有序表;(2)对同一组实验数据实现顺序查找和折半查找。

【设计说明】 查找表不一定是有序表,通过排序形成有序表。排序实现参见《数据结构原理与应用实践教程》验证篇第 8 章"内部排序"。

有序表上的顺序查找,可利用数据的有序性,改善查找不成功的性能。【参考源码】如下。

```
1  int Sortlist_seq(int SR[],int n, int key)
2  { int i;
3    if(key<SR[1]||key>SR[n])           //查找关键字在值域范围之外
4        return 0;                      //未找到
5    for(i=1;i<n;i++)
6    {  if(SR[i]==key)                  //找到
```

```
7            return i;
8          else if(SR[i]>key && SR[i+1]<key)        //相邻两值之间
9              return 0;                            //未找到
10       }
11       if(key==SR[n])                             //找到
12           return n;
13       else return 0;                             //未找到
14   }
```

有序表上的折半查找的【参考源码】如下。

```
1    int Search_bin(int SR[],int n,int key)
2    {   int low=1,high=n;                          //查找表的上、下限
3        int mid;
4        while(low<=high)                           //寻找区间非空
5        {   mid=(high+low)/2;                      //中位序
6          if(key<SR[mid])                          // key 小于中间位序元素值
7              high=mid-1;                          //搜索区缩至左半区
8          else if(key>SR[mid])                     // key 大于中间位序元素值
9              low=mid+1;                           //搜索区缩至右半区
10         else                                     //找到
11             return mid;                          //返回位序
12       }
13       return 0;                                  //未找到返回 0
14   }
```

源码中初始序列通过初始化赋值,采用了冒泡排序形成有序序列。

7.2.2　用二叉排序树实现字符统计

【问题描述】 统计字符串中出现的字符及次数。设计要求:(1)不统计作为分隔符的空格;(2)要求用一个二叉排序树来保存处理的结果,结点的数据元素由字符及出现的次数组成,关键字为字符;(3)采用二叉链表存储二叉排序树。

【设计说明】 扫描字符串,按照字符在字符串出现的顺序建立二叉排序树。创建中,对已有字符进行计数,新出现的字符生成新结点。为体现二叉排序树的特性,按中序遍历序列给出各字符的频次。【参考源码】如下。

```
//文件头
1    #include "iostream"
2    #include "cstring"                             //字符串处理
3    using namespace std;
// 存储结构定义
```

```
      // 数据元素结构
1    struct ElemType
2    {   char ch;                                    //字符
3        int num;                                    //字符次数
4    };
```

```
      // 二叉树结点结构
1    struct BT Node
2    {   ElemType data;
3        BTNode * lchild;
4        BTNode * rchild;
5    };
```

//插入结点,并统计次数

```
1    void InsertBST(BTNode * (&bst),char e)
2    {   if (!bst)                                   //新结点为叶结点
3        {   bst=new BTNode;
4            bst->data.ch=e;
5            bst->data.num=1;
6            bst->lchild=bst->rchild=NULL;
7            return;
8        }
9        else if(bst->data.ch==e)                    //元素已存在
10            bst->data.num++;                        //次数增 1
11       else if (e<bst->data.ch)                    // e<根结点的值,插在左子树上
12            InsertBST(bst->lchild, e);
13       else                                        //e>根结点的值,插在右子树上
14            InsertBST(bst->rchild, e);
15       return;
16   }
```

// 扫描字符串,创建二叉排序树

```
1    BTNode * CreateBST(char str[],int n)
2    {   BTNode * bst=NULL;
3        int i;
4        for(i=0;i<n;i++)
5        {   if(str[i]!=' ')
6                InsertBST(bst,str[i]);
7        }
8        return bst;
9    }
```

//按字符升序显示各字符及出现次数

```
1  void InOrDerBiTree(BTNode *bst)
2  { if(bst!=NULL)
3    {  InOrDerBiTree(bst->lchild);              //中序递归遍历左子树
4       cout<<bst->data.ch<<':'<<bst->data.num;  //输出字符和次数
5       InOrDerBiTree(bst->rchild);              //中序递归遍历右子树
6    }
7    return;
8  }
```

7.2.3　拉链法处理冲突的散列表

【问题描述】　编写一个程序,用除留余数法构造散列表,并用拉链法解决冲突,包含插入、删除、查找操作,并求成功情况下的平均查找长度和不成功情况下的平均查找长度。设计要求如下。(1)散列函数采用除留余数法,设计散列函数;(2)解决冲突采用拉链法,设数据元素为整型,构造散列表;(3)输入:可以通过键盘输入散列表的数据元素,也可以在程序中用数组定义一个数据序列;(4)输出:给出构造的散列表。对于查找成功的元素,给出在散列表中的位序及比较次数;对于查找失败的元素给出比较次数。

【设计说明】　设表长为 m,散列函数设为 $H(key)=key\%m$。散列表的创建通过调用插入元素操作完成。解决该题,相关函数有链表上元素查找、元素插入、创建散列表、显示散列表和元素删除等,各函数【参考源码】如下。

```
//存储结构定义
1  struct Node                              //元素结点
2  {  int data;
3     Node * next;
4  };
5  const int MAXM=20;
1  struct HashTable                         //散列表
2  {  Node * ht[MAXM];                      //各地址链表指针
3     int m;                               //表长
4  };
//初始化散列表
1  void InitHT(HashTable &HT,int m)
2  {  int i;
3     for(i=0;i<m;i++)                      //初始化散列
4        HT.ht[i]=NULL;
5     HT.m=m;
6  }
//链表上结点查找
```

```
0    bool SearchHT(Node * p, int e)                 //链表上结点查找
1    {  int i;
2        while (p)                                   //顺序查找
3        {  if(p->data==e)                           //找到
4              return true;
5          else p=p->next;                           //下一个结点
6        }
7        return false;                               //未找到
8    }
```

//**插入元素,采用尾插法**

```
1    bool Insert(HashTable &HT,int e)
2    {  Node * p,* s;                                //s 链表表尾
3        int index;                                  //散列地址
4        index=e%HT.m;
5        if(!SearchHT(HT.ht[index],e))               //没有相同值元素
6        {  p=new Node;
7          p->data=e;
8          p->next=NULL;
9          s=HT.ht[index];
10          if(s==NULL)                              //空链,创建首元素结点
11          {  HT.ht[index]=p;
12              return true;
13          }
14          else
15          {  while(s->next!=NULL)                  //非空链,定位到表尾
16              s=s->next;
17            s->next=p;                             //新结点插到表尾
18            return true;
19          }
20        }
21      else                                         //有相同值元素,不能插入
22          return false;
23    }
```

//**创建散列表**

```
1    bool CreateHT(HashTable &HT,int da[],int n)
2    {  int i;
3        for (i=0;i<n;i++)
4            Insert(HT,da[i]);
5        return true;
6    }
```

//**删除元素**

```
1   bool Delete(HashTable &HT, int e)
2   {   Node * p, * s;                                    //s是p的前驱
3       int index;                                        //散列地址
4       index=e%HT.m;
5       if(!SearchHT(HT.ht[index],e))                     //未找到
6           return false;
7       p=HT.ht[index];
8       if(p->data==e)                                    //删除元首
9           HT.ht[index]=p->next;
10      else                                              //非首元素
11      {   s=HT.ht[index];                               //从首元素开始
12          p=s->next;
13          while(p->data!=e && p->next)                  //顺序查找、删除元素
14              s=p;p=p->next;
15          s->next=p->next;
16      }
17      delete p;                                         //删除结点
18      return true;
19  }
```

//输出散列表

```
1   void Transverse(HashTable HT)
2   {   int i;
3       Node * p;
4       for(i=0;i<HT.m;i++)
5       {   p=HT.ht[i];
6           cout<<i<<":";
7           while(p)
8           {   cout<<p->data<<"->";
9               p=p->next;
10          }
11          cout<<"∧"<<endl;
12      }
13      return;
14  }
```

// 主函数

```
1   int main()
2   {   int i,n,e;
3       int m=7;                                          //表长
4       int da[]={18,13,22,3,28,29,74,37,56,13,11,90};    //数据序列
5       n=sizeof(da)/sizeof(int);                         //数据元素个数
6       HashTable HT;
7       InitHT(HT,m);                                     //初始化散列表
```

```
8       if(CreateHT(HT,da,n))                        //创建散列表
9           Tranverse(HT);                           //显示散列表
10      cout<<"\n 输入插入元素:";
11      cin>>e;
12      if(Insert(HT,e))                             //插入成功
13      {   cout<<"\n 插入新元素后散列表"<<endl;
14          Tranverse(HT);                           //显示散列表
15      }
16      else                                         //不能插入同值元素
17          cout<<"\n 有同值元素,不能插入"<<endl;
18      cout<<"\n 输入删除元素:";
19      cin>>e;
20      if(Delete(HT,e))                             //删除成功
21      {   cout<<"\n 删除元素后散列表"<<endl;
22          Tranverse(HT);                           //显示散列表
23      }
24      else                                         //元素不存在
25          cout<<"\n 元素不存在,不能删除!"<<endl;
26      return 0;                                     //显示散列表
27  }
```

7.2.4　开放定址法处理冲突的散列表

【问题描述】　假设有一份班级名单,姓名为汉语拼音形式。设计一个散列表,完成相应的建表和查表程序,并计算平均查找长度。设计要求如下。(1)散列函数采用除留余数法,解决冲突采用伪随机探测再散列法;(2)输入:可以通过读文件的方式输入班级名单,也可以在程序中用数组存放班级名单;(3)输出:显示构造的散列表,并计算查找成功的平均查找长度。

【设计说明】　测试数据为 30 个姓名,表长 50,除留余数的模 p 取 47。为简化处理,伪随机数取值范围为 0~50。产生伪随机序列的【参考源码】如下。

```
//产生一个(min,max)区间内有随机数
1   int getRand(int min,int max)
2   {
3       return (rand()%(max-min+1))+min;
4   }
```
//创建伪随机数组 d[]
```
1   void Create_d(int d[],int n)
2   {   int i,j;
3       for(i=0;i<n;i++)                             //初始化 d 矩阵
4           d[i]=0;
5       srand(time(0));                              //设置种子
6       i=0;
```

```
7    while(i<n)
8    { if(d[i]==0)
9      { d[i]=getRand(0,HASH_LEN);
10        i++;
11     }
12   }
13   cout<<endl;
14   cout<<"\n伪随机序列"<<endl;
15   for(i=0;i<n;i++)                    //显示 d 数组
16   { if(i%15==0)
17        cout<<endl;
18     cout<<i<<":"<<d[i]<<'\t';
19   }
20   return;
21 }
```

存储结构定义如下：

```
// 数据元素
1  struct NAME
2  { char py[20];                        //姓名拼音
3    int key;                            //关键字
4  };
5  NAME NameTable[N];                    //N 为姓名个数
// 散列表
1  struct HASH
2  { char name[20];                      //姓名
3    int si;                             //查找比较次数
4  };
5  HASH HashTable[HASH_LEN];             //散列表
```

求姓名的关键字填入 NameTable[]并显示 NameTable[]内容的【参考源码】如下。

```
1  void CreateNameTable(NAME NameTable[],int n,char name[N][20])
2  { int i,len;
3    for(i=0;i<n;i++)
4    { strcpy(NameTable[i].py,name[i]);
5      len=strlen(name[i]);
6      NameTable[i].key=NameKey(name[i],len);
7    }
8    cout<<"\n姓名关键字"<<endl;
9    for(i=0;i<n;i++)
10      cout<<i<<" "<<NameTable[i].py<<":
             "<<NameTable[i].key<<endl;
11   return;
12 }
```

由姓名数组 name[30][20]生成散列表并显示散列表的【参考源码】如下。

// 创建散列表 HashTable[HASH_LEN]

```
1   void CreateHashTable(HASH HashTable[HASH_LEN], int n,
                         char name[N][20])
2   {   int i,j,adr,len,sum;
3       for(i=0;i<HASH_LEN;i++)                        //散列表初始化
4       {   strcpy(HashTable[i].name,"\0");
5           HashTable[i].si=0;
6       }
7       for(i=0;i<n;i++)
8       {   sum=1;j=0;
9           len=strlen(name[i]);
10          adr=NameKey(name[i],len);
11          adr=adr%p;
12          if(HashTable[adr].si==0)                   //单元可用
13          {   strcpy(HashTable[adr].name,name[i]);
14              HashTable[adr].si=1;
15          }
16          else
17          {   while(HashTable[adr].si!=0)
18              {   adr=(adr+d[j++])%HASH_LEN;
19                  sum++;
20              }
21              strcpy(HashTable[adr].name,name[i]);
22              HashTable[adr].si=sum;
23          }
24      }
25      return;
26  }
```

//显示散列表

```
1   void DispHashTable(HASH HashTable[])
2   {   int i;
3       cout<<endl;
4       cout<<"\n 散列表"<<endl;
5       for(i=0;i<HASH_LEN;i++)
6       cout<<i<<" :"<<HashTable[i].name<<"\t"<<HashTable[i].si<<endl;
7       cout<<endl;
8       return;
9   }
```

在散列表中按姓名查找的【参考源码】如下。

```
1   int FindName(HASH HashTable[])
2   {  char py[20];
3      int len,adr;
4      cout<<"输入查找姓名的拼音: ";
5      cin>>py;
6      len=strlen(py);
7      adr=NameKey(py,len)%p;
8      int j;
9      if(!strcmp(HashTable[adr].name,py))        //比较一次,找到
10     {  cout<<"找到,比较一次\n";
11        return adr;
12     }
13     else                                       //未找到
14     {  j=0;
15        while(strcmp(HashTable[adr].name,"\0"))  //单元非空,继续
16        {  adr=(adr+d[j++])%HASH_LEN;
17           if(!strcmp(HashTable[adr].name,py))   //找到
18           {  cout<<"找到,比较"<<j+1<<"次\n";
19              return adr;
20           }
21        }
22        cout<<"\n 未找到\n";
23        return -1;                               //不存在
24     }
25  }
```

第 8 章　排　序

8.1　上机练习题

8.1.1　序列重排

【问题描述】　分别用顺序存储和链式存储,实现第一篇 8.4.1 节中算法设计题的第 3 题。即设有一组整数,有正数也有负数。编写算法,重新排列整数,使负数排在非负数之前。

(1) 顺序表序列重排。

【设计提示】　设两个工作指针 i,j,分别指向首元素和尾元素。交替从低端和高端扫描表,当 i 小于 j 时,重复下列操作:

① 对于低端,如果元素小于 0,i++;

② 对于高端,如果元素大于或等于 0,j--;

③ 低端和高端元素互换。

顺序表序列重排的【参考源码】如下。

```
1  ReSort_SL(int a[],int n)
2  { int i,j,temp;
3    i=0;                //重排顺序序列
4    j=n-1;
5    while(i<j)
6    { while(a[i]<=0) i++;
                        //低端扫描,非正数,位置不同
7      while(a[j]>0) j--;
                        //高端扫描,正数,位置不同
8      temp=a[i];
                //低端的正数与高端的负数互换位置
9      a[i]=a[j];
10     a[j]=temp;
11   }
12 }
```

（2）单链表序列重排。

【设计提示】 扫描单链表，如果是非负数，不处理；如果是负数，插入头结点后。
单链表序列重排的【参考源码】如下。

```
1   ReSort_LL(LNode * &L)
2   { LNode * s, * p;
3     s=L->next;                          //从链表首元素开始
4     LNode * p=L;                        // s 的前驱
5     while(s)
6     { if(s->data>=0)                    //非负数,不处理
7       { p=s;
8         s=s->next;
9       }
10      else
11      { p->next=s->next;                // s 插入头结点后
12        s->next=L->next;
13        L->next=s;
14        s=p->next;
15      }
16    }
17  }
```

8.1.2 排序方法性能比较

【问题描述】 随机生成 100 个整数。分别用下列排序方法进行排序，给出每种方法
的排序时间、比较次数和移动次数：直接插入排序、折半插入排序、简单选择排序、冒泡排
序、快速排序、堆排序。

【设计提示】

（1）直接插入排序、折半插入排序、简单选择排序、冒泡排序、快速排序、堆排序等排
序算法源码见《数据结构原理与应用实践教程》验证篇第 8 章。

（2）排序序列可以用随机函数生成。

（3）计时可采用 clock()函数，取排序开始时间和排序结束时间。clock()在头文件 ctime 中。
生成排序序列的【参考源码】如下。

```
//文件头(包含文件等)
1   #include <iostream>
2   #include <ctime>
3   #include <cstdlib>
4   using namespace std;
//控制随机数范围
1   int getRand(int min, int max)
2   {
3       return ( rand() %(max -min +1) ) +min ;
4   }
// 产生 n 个随机数,存储下标从 1 开始
```

```
1   void GetRand(int a[], int n)
2   {  int i;
3      srand(time(0));
4      for (int i=1; i<=n; i++)
5      {  a[i]=getRand(2,100);
6         cout<<a[i]<<endl;                        //查看随机数
7      }
8   }
```

计时相关【参考源码】如下。

```
1   #include <ctime>
    ……
2     clock_t begin, end;
3     begin=clock();
4     ……
5     begin=clock();
6     double duration=(double)(end-begin) / CLOCKS_PER_SEC;      //秒
    ……
```

此任务是综合训练项目之一,不提供完整源码。

8.2　实验源码

本节实验涉及两种结点,顺序存储和链式存储。8.2.1 节与 8.2.2 节的任务采用有头结点的单链表存储待排序序列,其余 3 个任务采用数组存储待排序序列。

考虑到相同存储形式的创建、输入与输出功能实现一样,将 8.2.1 节与 8.2.2 节的任务集成在 exp8-1-2.cpp 中,并调用 LinkList.h 头文件。顺序存储的 3 个任务集成在 exp8-3-4-5.cpp 中。下面仅给出任务本身求解的源码。

8.2.1　单链表上的直接插入排序

【问题描述】　设数据元素类型为整型,在单链表上实现直接插入排序算法。设计要求:
(1)非降序排序;(2)显示各趟排序结果;(3)时间复杂度不超过顺序表的直接插入排序。

单链表上直接插入非降序排序的【参考源码】如下。

```
1   template <class DT>
2   void InsertSort_LL(LNode<DT> * &L)             //非降序插入排序
3   {  LNode<DT> * p, * q, * r;
4      r=L;
5      if(!r->next||!r->next->next)                //空链或只有一个结点
6         return;                                  //无须排序
7      else
8      {  r=L->next;
9         q=r->next;
```

```
10      while(q)                              //q有所指
11      {  if(r->data<=q->data)               //插入点数据大于 r->data
12           r=q;                             //不需要插入，r 后移
13         else                               //查找插入点
14         {  p=L;
15            while(p->next->data<q->data)
16               p=p->next;
17            r->next=q->next;                // q 插在 p 的后面
18            q->next=p->next;
19            p->next=q;
20         }
21         q=r->next;
22      }
23   }
24 }
```

8.2.2 单链表上的简单选择排序

【问题描述】 设数据元素类型为整型，在单链表上实现简单选择排序算法。设计要求：(1)非降序排序；(2)就地实施排序；(3)显示各趟排序结果。

有头结点单链表直接插入排序的【参考源码】如下。

```
0   template <class DT>
1   void SelectSort_LL(LNode<DT> * &L)        //非降序选择排序
2   {  LNode<DT> * p, * q;                    //被最小值结点置换的结点
3      LNode<DT> * r;                         //求 p 为首结点的单链表最小结点
4      DT e;                                  //工作变量，用于结点数据互换
5      if(!L->next ||!L->next->next)
6      {  cout<<"空表或只有一个结点，无须排序!"<<endl;
7         return;
8      }
9      p=L->next;                             //从首元素结点开始
10     while(p->next)                         //p 有后继结点
11     {  r=p;                                //找 p 开始的单链表中关键字最小结点 r
12        q=r->next;
13        while(q)
14        {  if(q->data<r->data)
15             r=q;
16           q=q->next;
17        }
18        if(r!=p)                            //p 不是最小结点
19        {  e=p->data;                       //p 结点与最小值结点 r 互换结点值
20           p->data=r->data;
21           r->data=e;
22        }
23        p=p->next;                          //进行下一趟排序
24     }
25 }
```

8.2.3 双向冒泡排序

【问题描述】 对一组整数数据进行双向冒泡非降序排序。设计要求：(1)设计双向冒泡排序算法。(2)显示每趟排序结果。

双向冒泡排序的【参考源码】如下。

```
1   void Dd_Bubble_Sort(int R[],int n)
2   {  bool flag=true;                              //无序
3      int i=1,j;
4      int t;                                       //数据交互辅助工作变量
5      while(flag)                                  //有数据互换
6      {  flag=false;
7         for(j=i;j<=n-i;j++)                       //低端扫描
8            if(R[j]>R[j+1])
9            {  t=R[j],R[j]=R[j+1],R[j+1]=t;        // R[i]<-->R[i+1]
10               flag=true;
11           }
12        cout<<" 第 "<<i<<" 趟 (低)\t";             //显示每趟排序结果
13        DispData(R,n);
14        for (j=n-i;j>=i;j--)
15           if(R[j]<R[j-1])
16           {  t=R[j],R[j]=R[j-1],R[j-1]=t;        // R[i]<-->R[i+1]
17               flag=true;
18           }
19        cout<<" 第 "<<i<<" 趟(高) \t";             //显示每趟排序结果
20        DispData(R,n);
21        i++;
22     }
23  }
```

8.2.4 序列重排

【问题描述】 对于长度为 n 的整数数列,编程实现序列的重排,将序列中负数排在非负整数之前。设计要求：基于快速排序的序列分割思想,解决该问题。

见 8.1.1 节"顺序表序列重排"。

8.2.5 堆判断

【问题描述】 判断一个整数序列是否为大根堆。设计要求：(1)设计并实现大根堆判别算法。(2)给出判别结果。

大根堆判别的【参考源码】如下。

```
1    bool JudgeBigHeap(int R[],int n)                 //序列下标 0..n-1
2    {  int i;
3       if(n%2==0)                                    //n 为偶数
4       {  if(R[(n-1)/2]<R[n])                        //最后一个结点只有左孩子
5             return false;
6          for(i=(n-1)/2-1;i>=0;i--)                  //判断所有双分支结点
7             if(R[i]<R[2*i+1]||R[i]<R[2*(i+1)])
8                return false;
9       }
10      else                                          // n 为奇数时
11      {  for(i=(n-1)/2;i>=0;i--)
12             if(R[i]<R[2*i+1]||R[i]<R[2*(i+1)])
13                return false;
14      }
15      return true;
16   }
```

图书资源支持

感谢您一直以来对清华版图书的支持和爱护。为了配合本书的使用,本书提供配套的资源,有需求的读者请扫描下方的"书圈"微信公众号二维码,在图书专区下载,也可以拨打电话或发送电子邮件咨询。

如果您在使用本书的过程中遇到了什么问题,或者有相关图书出版计划,也请您发邮件告诉我们,以便我们更好地为您服务。

我们的联系方式:

清华大学出版社计算机与信息分社网站: https://www.shuimushuhui.com/

地　　址: 北京市海淀区双清路学研大厦 A 座 714

邮　　编: 100084

电　　话: 010-83470236　010-83470237

客服邮箱: 2301891038@qq.com

QQ: 2301891038(请写明您的单位和姓名)

资源下载: 关注公众号"书圈"下载配套资源。

资源下载、样书申请

书圈

图书案例

清华计算机学堂

观看课程直播